普通高等教育土建学科专业"十一五"规划教材
高校城市规划专业指导委员会规划推荐教材

城市道路与交通规划

（上册）

同济大学　　徐循初　　主　编
　　　　　　汤宇卿　　副主编

中国建筑工业出版社

图书在版编目（CIP）数据

城市道路与交通规划（上册）/徐循初主编. —北京：
中国建筑工业出版社，2005（2025.5重印）
普通高等教育土建学科专业"十一五"规划教材
高校城市规划专业指导委员会规划推荐教材
ISBN 978-7-112-07594-2

Ⅰ．城… Ⅱ．徐… Ⅲ.城市道路-交通规划-高等
学校-教材 Ⅳ.TU984.191

中国版本图书馆 CIP 数据核字（2005）第 105163 号

普通高等教育土建学科专业"十一五"规划教材
高校城市规划专业指导委员会规划推荐教材

城市道路与交通规划

（上册）

同济大学 徐循初 主 编

汤宇卿 副主编

*

中国建筑工业出版社出版、发行（北京西郊百万庄）

各地新华书店、建筑书店经销

建工社（河北）印刷有限公司印刷

*

开本：787×1092毫米 1/16 印张：18¾ 字数：460 千字
2005 年 9 月第一版 2025 年 5 月第三十三次印刷
定价：**26.00**元（赠教师课件）
ISBN 978-7-112-07594-2
（13548）

本教材内容分 10 章阐述，即行人和车辆基本知识、城市道路交通基本知识、城市道路平面线形规划设计、城市道路纵断面线形规划设计、城市道路横断面规划设计、道路线形综合设计、道路交叉口规划设计、城市道路路面基本知识、城市桥梁及隧道。本教材在编写中尽量结合我国道路交通规划和建设的实际情况，结合本领域最新的规划设计理念和方法，在对基础理论、基本知识阐述的同时，在工程知识方面也作了进一步的加强与深化，以利于规划设计与具体实践的有机结合。

　　本书可作为城市规划、交通规划、城市设计、建筑学等专业和相关专业的教材及教学参考书，也可供上述专业工程技术人员、管理人员在工作中参考。为更好地支持本课程的教学，我们向使用本书的教师免费提供教学课件，有需要者请与出版社联系，邮箱：jgcabpbeijing@163.com。

　　责任编辑：王玉容
　　责任设计：赵　力
　　责任校对：王雪竹　王金珠

前　言

本教材是高等院校城市规划专业使用的教材，分上册和下册。上册主要讲述城市道路规划与设计，下册主要讲述城市对外交通、居民出行交通调查和特征分析、城市公共交通、城市货运、城市道路网规划、交通整合规划等。本教材编写时，在叙述基础理论、基本知识的同时，又在工程知识方面作了加强和深化，将本领域新的规划设计理念和方法，与我国城市道路交通规划和建设的实践相结合，以利于规划设计和具体项目的实施能有机衔接。

本书可供城市规划、交通规划等相关的设计与管理人员参考，也可供高等院校相近专业课程教学参考。

本教材由徐循初任主编、汤宇卿任副主编，参加编写的人员（以姓氏拼音字母为序，下同）有：蔡军、郭亮、韩皓、韩勇、钮心毅、孙玉、汤宇卿、王天青、王璇、吴志城、许抒晔、徐循初、庄诚炯等。

在本教材的编写过程中还得到了包晓雯、范强、黄皓、纪立虎、金纯真、王娟、张须恒、张逸等的协助，在此深表谢意！

错误和缺点在所难免，敬请读者批评指正。

编　者
2005 年 7 月

目　录

绪　论

交通是人类进行生产、生活的重要需求之一，凡是有人的活动就离不开交通。就其定义来说，交通就是"人与物的运输与流通"，它包括各种现代的与传统的交通运输方式；而从广义来说，信息的传递也可归入交通的范畴。现代城市交通是一个组织庞大、复杂、严密而又精细的体系。就其运输方式来说，有道路、铁路、水路、航空、管道运输与电梯传送带等；就其空间分布来说，有城市对外的市际与城乡间的交通，城市范围内的市区与市郊间的交通；就其运行组织形式来说，有公共交通与个体交通；就其运输对象来说，有客运交通与货运交通。

《城市道路与交通规划》分为上下两册，上册为城市道路规划设计；下册为城市交通规划。本书为上册——城市道路规划设计。城市道路作为城市道路交通的物质载体是本书的重点讲述对象。

城市道路是随着城市形成而形成的。社会生产力的发展推进着人类物质文明，道路交通也是遵循着这条规律逐渐形成和发展起来的。

"道路"原为"导路"，"路者露也，赖之以行车马者也"。秦朝以后称"驰道"或"驿道"，元朝称"大道"。清朝由京都至各省会的道路为"官路"，各省会间的道路为"大路"，市区街道为"马路"。20世纪初叶，汽车出现后则称为"公路"或"汽车路"。

我国道路的发展远自上古时代。黄帝拓土开疆，统一中华，发明舟车，开始了我国道路交通的新纪元。周朝的道路更加发达，"周道如砥，其直如矢"，表明道路的平直状况。据《周礼》载，"匠人营国，方九里，旁三门，国中九经九纬，经涂九轨，环涂七轨，野涂五轨"，说明了当时城市道路网的规划布局（每轨约为2.1m）状况。当时还把道路分等，即径（牛马小路）、畛（可走车的路）、涂（一轨）、道（二轨）和路（三轨）。

周朝在道路交通管理和养护上也颇有成就。如《周礼》规定，"雨毕而除道，水涸而成梁"，意即雨后整修道路，枯水季节修理桥梁。在交通法规上规定，"国子必学之道"，要求"少避长，轻避重，上避下"，指行人要礼貌相让，年少的避年长的，轻车避重车，上坡让下坡车辆，以策安全。春秋战国时期是奴隶社会向封建社会转变的时期。这一时期道路交通有了较大的发展。著名的金牛道，是陕西入川栈道。栈道即是在烟峭壁上凿洞，插入木头、石梁，铺上板材，做成悬臂结合的路台，工程艰巨无比。有史书记载：栈道，阁道也，绝险之处，傍凿山岩，而施板梁为阁。

在奴隶社会时期，世界各地区在交道方面亦有发展。在印度河下游发掘的公元前三千多年的谟亨约·达罗城，城市接近长方形，有排列整齐的街道，主要道路呈南北向布置，顺着主导风向，宽度约 10m，东西由次要街道连接，在十字路口，拐角都成圆形，以便于车辆行驶。

发掘的公元前 6～5 世纪的罗马城市，道路是方格形，大部分街道东西向，有一条 15m 宽的贯穿全城的南北大道。在路面上分成同等宽度的三个部分，两侧为人行部分，比中间稍高，而中间部分有些地方有高出路面的石块联系着两侧人行道，是为雨天供行人过街。路侧有水沟，汇入暗沟后通往城外。

公元前 1 世纪末是罗马帝国的全盛时期，建立了包括地中海在内的大帝国，到处兴建城市，其中最大的罗马城，人口达 150～200 万之多，城内干道宽度有 20～30m，有些达到 35m，人行道和车行道分开，铺有平整的大石板。人行道和车行道之间以列柱作分隔，在多雨和暴晒地区的城市，人行道有顶盖，和柱子联成柱廊，城市中心设有广场。

在罗马帝国时期，为了维持大帝国的国家管理和军事威力的需要，路网遍及整个欧洲和小亚细亚，估计长达 7800km。主要道路中间宽度为 3.5～5.0m，用以通行步兵；两侧有 0.6m 土堤或石块砌体，用以供骑兵下马；两边再有 2.4m 骑兵道。道路由石料铺成，厚度为 1～1.25m，所用石料几乎大于现代道路用料的 10 倍。当时的运输主要是驮运，只有辎重和军官、富豪才用车辆。

罗马帝国时期所筑的道路，欧洲很多城市在 16 世纪以前还在使用，它的结构形式在以后很长一段时期中影响着欧洲各国。

我国在秦朝统一中国以后建立了统一的封建君主专制的国家，十分重视交通，将"车同轨"与"书同文"列为一统天下之大政。也就是说，把全国的车子轮辙距离统一起来，规定为六尺，同时也统一了宽窄不一的道路。于公元前 220 年开始修建以都城咸阳为中心，向各方辐射的干道网——驰道。据载当时"为驰道于天下，东穷燕齐，南极吴楚，河江之山，濒海之观毕至。道广五十步，三丈而树，厚筑其外，隐于金锥，树以青松"，反映了当时路宽绿化，边坡以铜桩加固，雄伟而壮观的状况。

公元前 2 世纪的汉代，文化发达，商业繁荣，在道路交通事业方面也有很大发展。已发掘的汉都长安城，城垣周长为 25.1km，基本呈方形，每边有三个门，每门有三个洞。并发现了车轨，宽度为 1.5m，每个门洞有四倍车轨宽，与道路相接。据记载，当时长安城内有 160 个街坊，当时称为"闾里"，城市道路经纬相通，衢路平整。在汉代，还开辟了通往中亚、西亚的交通干道，即"丝绸之路"。

唐代国家强盛，疆土辽阔，道路发展至有驿道五万里。每三十里设一驿站，驿站规模宏大。自唐以后，中国封建社会的城市规模都未超过唐长安城，但所建都城、府城的布置格局还保留原有的形式。道路系统多为南北向和东西向街道构成，呈棋盘式路网，主要街道直通城门，供车、马、轿、人混行。

宋代时发明记里鼓车，车恒指南，车行一里，木人轧击一槌。元朝驿制盛行，有驿站 1496 个，还有水站、马站、轿站、牛站及狗站等。清代运输工具更加完备，车辆分客运车、货运车和客货运车，主要以马、驴和骆驼运输。清末出现人力车。

西欧在封建社会的初期和盛期都处在四分五裂的封建割据状态中，经济遭到很大破坏，分散的小国和封建领地几乎不再需要干线来进行经常的贸易，这时大量的奴隶劳动力也不复存在了，因此，大规模的道路建设亦失去了可能。当时封建主在道路上还设立了无数收税关卡，抢劫来往客商，以致交通运输事业大为衰落，大范围的道路建设亦随之停止，仅在一些封建主集中的大城市为适应封建主奢侈的生活和发展手工业、商业的需要，铺设了一些石板街道，以供马车行驶。

到 16 世纪时，由于手工业工厂生产的发展对交通提出了新的要求。当时在道路上人工搬运和驮运已逐渐消失，代之以双轴铁轮的货车和篷车。法国仿照罗马的道路结构修建了一些道路，但石粒层厚度比当时罗马的结构减少了 $\frac{1}{2} \sim \frac{1}{3}$，路面与两旁地面高度一样，积水后就发生路面下陷。到 18 世纪才出现高出地面的路面，从而改进了道路排水，并进一步减少了石料用量。用提高路面的方法使土路基干燥，以提高路基承载力的方法，是当时劳动人民在道路建设中的新创造。英国在 1699 年开始经营公共马车，18 世纪末推行了上述道路结构，以后在欧洲就得到广泛推广。

西欧至 19 世纪大多数国家已巩固了资本主义社会制度，资产阶级取得了政权，生产迅速发展，蒸汽和机器使工业实现了革命，现代大工业代替了工场手工业，世界市场的建立，生产方式的革命，引起了交通运输工具的改革和道路建设的发展。

蒸汽机应用于交通工具是 19 世纪初从英国使用蒸汽机车开始的。在道路上行驶蒸汽机车，只使用过一段不长时期，由于蒸汽机既笨重又不经济，因此，没有得到发展。但是，蒸汽压路机的出现，使碎石路基路面得到较高的密实度，此时碎石路面逐步取代块石路面，使机动车行驶平稳。

1876 年欧洲出现世界首辆应用内燃机的汽车。汽车的诞生使道路交通发生了巨大变化，它是道路交通发展的重要里程碑。因为，汽车具有机动、灵活、速度高、投资省等特点，在第一次世界大战后得到了迅速发展，以致许多资本主义国家在一定程度上汽车客运代替了铁路客运，使铁路客运量急剧下降。近年来汽车运输，不仅在客运方面远远超过铁路，在货运方面也有一些国家超过了铁路运输。自从高速的汽车出现以后，对道路交通提出了新的要求，不仅促使在道路线型、横断布置、交道设施方面得到不断改进，而且对路面的坚固、平整、防尘技术发展等方面亦取得了新的成就。黑色路面和水泥混凝土路面就是在这段时期中产生的。

1902 年在上海出现了我国的第一辆汽车。1913 年中国以新式筑路法修筑了第一条汽车公路，自湖南长沙至湘潭，全长 50km，揭开了我国现代交通运输的新篇章。抗战时期完成的滇缅公路，其中沥青路面长 100km，是中国最早修建的沥青路面。1949 年全国解放时统计，通车里程为 7.8 万 km，机动车 7 万余辆。

新中国成立后，大力发展道路交通事业。国民经济恢复期至第一个五年计划期间（1949～1957 年），我国完成的重要公路干线有青藏、康藏、青新、川黔、

昆洛等线，全国公路里程达 30 万 km。至"九五"期间，我国公路长度已达 120
万 km，城市道路长度总计达 15 万 km。

建国以来，我国城市道路交通建设有了很大发展。回顾城市交通的发展大致
可以分为以下几个阶段：

建国初期：为配合重点工程项目的建设，在一些重点城市中进行了大规模的
基础设施建设，道路条件明显改善。至 1957 年底，全国城市道路长度和面积分
别比 1949 年增加 64％和 71％。而同期的机动车增长速度比较缓慢，道路容量大
于交通需求，城市交通比较畅通，车速稳定。与此同时，水网地区的城市水运衰
落，城乡间拖拉机运输大增。

20 世纪六七十年代：城市道路建设资金比例下降，道路建设发展缓慢。从
1966 年至 1977 年，道路面积年平均增长率仅为 2％，而同期城市机动车保有量
的年平均增长率为 6％～10％，不少大城市交通开始出现拥挤现象。这一时期，
由于实行鼓励自行车交通出行的财政补贴政策，使自行车作为城市居民的代步工
具得到了迅速发展。

20 世纪 80 年代：由于城市基础设施建设投资不足，造成严重的供需失调，各
大中城市普遍产生交通问题。该时期，由于城市机动车辆剧增，交通堵塞严重，事
故率上升，车速普遍下降，城市道路供给不足，交通成为城市管理的主要难题。

20 世纪 90 年代：城市用地面积成倍扩大，也是机动车增长很快的时期，车
流更加向市中心区集中，矛盾极其尖锐。为改变城市交通面貌，不少大城市开始
建设环路、大型立交、高架道路、轨道交通。但由于决策不当，往往只注意局部
地区交通改善，只能取得短期效果，特别是大城市道路与交通问题依然严峻。

从城市道路建设情况来看，城市道路网密度较低，1995 年全国直辖市、省
会城市及计划单列市的平均道路网密度为 0.8km/km^2；平均道路面积率为
8.4％；人均道路面积为 6.8m^2/人。据建设部 2001 年城市建设统计公报统计，
2001 年末，全国设市城市 662 个，城市人口 35747.31 万人。城市面积
607644.3km^2，其中：建成区面积 24026.63km^2。拥有城市道路长度 17.6 万
km、道路面积 249431 万 m^2。平均道路网密度为 7.33km/km^2，城市人均道路
面积 7.0m^2/人。与道路交通建设良好的欧洲发达国家相比还是相差甚远。另外，
很多城市的道路在等级结构和布局结构等方面也存在相当的问题。

目前我国城市正处于经济与城市建设快速发展时期，正确、合理的道路规划
设计是保证城市各项建设的基础，作为城市规划专业的学生应该充分认识到道路
建设的重要性。

道路具有交通、形成城市结构、公共空间、防灾和繁荣经济等方面的功能。

道路是能够提供各种车辆和行人等通行的工程设施。道路运输是交通运输的
主要方式。道路则是交通得以正常运行的重要物质载体之一。道路是交通的基
础，负担着城市内部和城际之间交通中转、集散的功能。

城市交通系统是城市四大子系统之一。城市道路网是城市结构的骨架。城市
道路是城市建设的基础，城市各类建筑依据道路的走向布置而反映城市的风貌，
所以城市道路是组织沿街建筑、划分街坊、形成城市结构的基础。

道路作为公共空间不仅为交通系统提供了空间，并在一定程度上影响城市沿街建筑的日照、通风和建筑艺术，也为布置城市公用管线、街道绿化提供了空间，同时也为城市居民交流、交往提供了场所。

现代城市的生产、生活，要求有一个安全、方便、通畅和舒适的交通运输体系，在发生火灾、水灾、地震和空袭等自然灾害或紧急情况时，能提供疏散和避险的通道与空间。

各种构筑物的使用效益，有赖于道路先行来实现。在道路建设过程中，各项基础设施得以同步进行，随着道路的建成，可使土地与开发得以迅速发展，经济得以繁荣，所以健全的道路系统能促进经济发展，方便生活。道路是经济建设的先行设施。它对商品流通、发展经济、巩固国防、建设边疆、开发山区和旅游事业的发展等方面都有巨大的作用。

目前，我国将道路按其使用范围分为公路、城市道路、厂矿道路、林区道路及乡村道路等。公路是指连接城市、乡村，主要供汽车行驶的具备一定技术条件和设施的道路。城市道路是指在城市范围内，供车辆及行人通行的具备一定技术条件和设施的道路。厂矿道路是主要供工厂、矿山运输车辆通行的道路。林区道路是指建在林区，主要供各种林业运输工具通行的道路。乡村道路建在乡村、农场，主要供行人及各种农业运输工具通行的道路。

按照道路在道路网中的地位，公路可分为干线和支线。在公路网中起骨架作用的公路称干线公路；起连接作用的公路为支线公路。

其中干线公路可分为：

国道——在国家公路网中，具有全国性的政治、经济、国防意义，并经确定为国家干线的公路，简称国道。

省道——在省公路网中，具有全省性质的政治、经济、国防意义，并经确定为省级干线公路，简称省道。

县道——具有全县性的政治、经济意义，并经确定为县级的公路。

乡道——主要为乡村生产、生活服务并经过确定为乡级公路。

另外，根据公路的使用任务、功能和适应交通量分为高速公路、一级公路、二级公路、三级公路、四级公路五个等级（表1）。

公路分级　　　　　　　　　　　　　　　　　　　表1

等　级	高　速	一　级	二　级	三　级	四　级
设计年限（年）	20	15	15	10	10
设计速度（km/h）	80、100、120	60、80、100	80、60	40、30	20
AADT（pcu/d）	25000~100000	15000~55000	5000~15000	2000~6000	400~2000
出入口控制	完全控制	部分控制	部分或不控制	—	—

注：AADT为标准车的年平均日的双向交通量，标准车一律用小客车。

高速公路是提供汽车分向、分道行驶，并全部控制出入的多车道干线公路，设计年限为20年。一级公路是供汽车分向、分道行驶的，并根据需要控制出入的多车道公路，设计年限为15年。二级公路则部分或不控制出入口，设计年限为 15 年。三级、四级公路则不需要控制出入口，设计年限为 10 年。其中高速公路和一级公路为汽车专用公路，其他为一般公路。

按照道路在道路网中的地位、交通功能以及对沿线建筑物的服务功能等，城市道路分为四类：

一、快速路

快速路应为城市中大量、长距离、快速交通服务。快速路对向车行道之间应设中间分车带，其进出口应采用全控制或部分控制。快速路两侧不应设置吸引大量车流、人流的公共建筑物的进出口。两侧一般建筑物的进出口应加以控制。

二、主干路

主干路应为连接城市各主要分区的干路，以交通功能为主。自行车交通量大时，宜采用机动车与非机动车分隔形式，如三幅路或四幅路。主干路两侧不应设置吸引大量车流、人流的公共建筑物的进出口。

三、次干路

次干路应与主干路结合，组成道路网，起集散交通的作用，兼有服务功能。

四、支路

支路应为次干路与街坊路的连接线，解决局部地区交通，以服务功能为主。

城市道路中各类道路的规划指标应符合表 2、表 3 的规定。

大、中城市道路网规划指标 表 2

项　　目	城市规模与人口（万人）		快速路	主干路	次干路	支路
机动车设计速度（km/h）	大城市	>200	80	60	40	30
		≤200	60~80	40~60	40	30
	中等城市		—	40	40	30
道路网密度（km/km²）	大城市	>200	0.4~0.5	0.8~1.2	1.2~1.4	3~4
		≤200	0.3~0.4	0.8~1.2	1.2~1.4	3~4
	中等城市		—	1.0~1.2	1.2~1.4	3~4
道路中机动车车道条数（条）	大城市	>200	6~8	6~8	4~6	3~4
		≤200	4~6	4~6	4~6	2
	中等城市		—	4	2~4	2
道路宽度（m）	大城市	>200	40~45	45~55	40~50	15~30
		≤200	35~40	40~50	30~45	15~20
	中等城市		—	35~45	30~40	15~20

城市道路规划设计的内容包括：路线设计、交叉口设计、道路附属设施设计、路面设计和交通管理设施设计等五个部分。其中道路选线、道路断面组合、道路交叉口选型等都是城市总体规划和详细规划的重要内容。城市规划师必须掌握城市道路设计的基本知识和技能。城市道路设计应本着以下原则进行：

（1）城市道路的设计必须在城市规划、特别是土地利用规划和道路系统规划的指导下进行；

小城市道路网规划指标 表3

项　目	城市人口(万人)	干　路	支　路
机动车设计速度(km/h)	>5	40	20
	1~5	40	20
	<1	40	20
道路网密度(km/km²)	>5	3~4	3~5
	1~5	4~5	4~6
	<1	5~6	6~8
道路中机动车道条数(条)	>5	2~4	2
	1~5	2~4	2
	<1	2~3	2
道路宽度(m)	>5	25~35	12~15
	1~5	25~35	12~15
	<1	25~30	12~15

（2）要求在经济、合理的条件下，考虑道路建设的远近期结合、分期发展，避免不符合规划的临时性建设；

（3）要综合考虑道路的平面线形、纵断面线形、横断面布置、道路交叉口、各种道路附属设施、路面类型，满足行人及各种车辆行驶的技术要求；

（4）设计时，应同时兼顾道路两侧城市用地、房屋建筑和各种工程管线设施的高程及功能要求，与周围环境协调，创造良好的街道景观；

（5）合理使用各项技术标准，尽可能采用较高的线形技术标准，除特殊情况外，应避免采用极限标准。

本书共分10章，章节内容的顺序安排本着由"静"到"动"、由"简单"到"复杂"，循序渐进的原则，即在第1章首先讲解城市道路上三种交通方式的自身特性；第2章讲解城市交通的基本知识和几种交通方式的交通特征；第3章和第4章分别讲述道路能够满足一辆车行驶的平、纵线形设计；第5章讲述道路上涉及多辆车相互关系的横断面设计；第6章主要讲城市道路平、纵、横的综合设计。后面的章节重点讲述道路相交时、在特殊条件下的道路设计以及道路路面的基本知识。其中第7章讲述道路交叉口规划设计和车流组织。第8章、第9章、第10章分别为城市道路路面基本知识、城市桥梁和隧道。

第1章 行人和车辆基本知识

1.1 行人基本知识

步行是人类最基本的一种交通方式。人们采用任何交通工具和任何目的出行，在出行的起始点总是要依赖步行。步行是以行人自身体力为动力的出行方式，一般只能做近距离和低速行走。步行交通的主体是行人，因此对于行人基本特征的了解非常重要。

行人静态空间主要是指行人身体在静止状态下所占用的空间范围。身体前后胸方向的厚度和两肩的宽度是人行空间和有关设施设计中所必需的基本尺寸。一般设计中常以男性身体椭圆为标准，将成年男子身体所占面积模拟成一个短轴为0.46m，长轴为0.61m的身体椭圆，其面积为0.21m²。

实际观测，一个空身的行人在人行道或广场上活动时有一个活动圈，不同直径的活动圈对行人活动的影响是不同的（图1-1-1）。

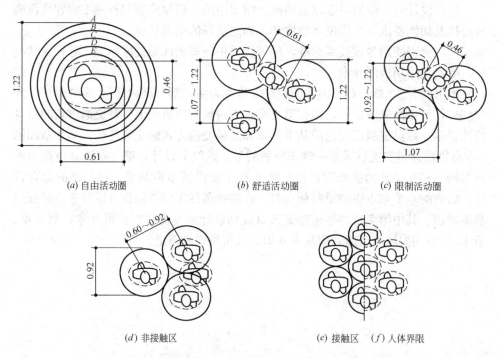

(a) 自由活动圈　　(b) 舒适活动圈　　(c) 限制活动圈

(d) 非接触区　　(e) 接触区　(f) 人体界限

图 1-1-1　行人所占空间（单位：m）

行人活动圈的大小影响行人的步行速度。当人流密度逐渐增加时，其活动圈逐渐缩小。当人均所拥有的空间达到3.7m²时，行人活动自如，可以不考虑行人间相互影响。当人均间距为 1.22～1.34m 或人均占用面积在 1.17～1.41m² 时，行人可以自由地走动，也不干扰其他人。当人均间距为 1.07～1.22m 时，或人均占用面积为 0.90～1.17m² 时，行人尚能进行横穿的走动，但有时也要干扰其他人。这个密度使人还能在舒适的范围内活动。当人均间距为 0.92～1.07m 时，或人均占有面积 0.60～0.90m² 时，在行人队伍里行进时就受到很大的限制，流速急剧下降，只能随着人群一直向前走，在这个密度里长时间待着，行走是很不舒服的。若人均间距约为 0.48～0.60m，或人均占有道路面积为 0.18～0.28m² 时，站立时会不可避免地要与他人接触，在人行队伍里活动已不大可能，排队的情况只能持续很短的时间，人就会感到非常的不舒服；若人均占有面积在 0.18m² 以下，这时人与人就要相互紧贴，是非常难受的，行人在队伍里面已不可能有任何活动，拥挤的人群会存在一种潜在的恐慌（一般是在刚刚从体育场或电影院散场时的情况），若有人逆行必然造成混乱和摩擦。所以一般选取 1.4～3.7m²/人的空间值作为确定服务水平界限的临界点。另外，满足行人通行的道路最小净空高度为 2.5m。

根据调查，我国男性步幅平均为 66.6cm，女性步幅平均值为 60.6cm，两者平均步幅为 63.6cm。行人步速的分布范围较宽，从 30m/min 到 130m/min，但集中于 60～78m/min 的范围之间。行人步行速度不仅与行人性别、年龄、出行目的有关，而且受沿街建筑物的影响。

1.2 车辆基本知识

1.2.1 车辆的基本尺寸

行驶在道路上的交通运输工具按其牵引方式分为非机动车和机动车。各种牌号、型号的载客或载货的车辆可归纳为几种"设计车辆"，以便根据设计车辆的外廓尺寸、载重量、运行特性等特征作为道路设计的依据。

1.2.1.1 机动车设计车辆

机动车设计车辆通常分为三类：

(1) 小型汽车：包括小客车、三轮摩托车、轻型越野车及 2.5t 以下的客、货运汽车。

(2) 普通汽车：包括单节式公共汽车、无轨电车与载重汽车，不包括拖车，半拖挂车。

(3) 铰接车：包括铰接式公共汽车、电车、拖车和半拖挂式载重汽车等。

在以上三类设计车辆之外，有些规范把设计车辆细分为五类，即增加微型汽车和中型汽车类。其中：微型汽车包括微型客货车、机动三轮车；中型汽车包括中型客车、旅游车和装载 4t 以下的货运汽车。

机动车设计车辆的长、宽、高等尺寸是停车场（库）设计的基础，也是道路设计中为车辆行驶留有相应空间的依据。机动车设计车辆的外廓尺寸一般是指如下尺寸：

总长——车辆前保险杠至后保险杠的距离。

总宽——车厢宽度（不包括后视镜）。

总高——车厢顶或装载顶至地面的高度。

轴距——双轴车：为前轴轴中线至后轴轴中线的距离。

        铰接车：为前轴轴中线至中轴轴中线的距离及中轴轴中线至后轴轴中线的距离。

前悬——是指为车辆前保险杠至前轴轴中线的距离。

后悬——是指车辆后保险杠至后轴轴中线的距离。

以铰接电车为例，车辆各组成部分的名称如图 1-2-1 所示。

机动车设计车辆的外廓尺寸详见表 1-2-1 和图 1-2-2。

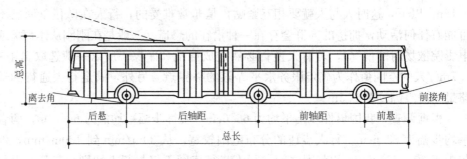

图 1-2-1　铰接无轨电车外廓各部分的名称

机动车设计车辆外廓尺寸（单位：m）　　　　　　　　　　表 1-2-1

设 计 车 型	项　目		
	总　长	总　宽	总　高
微型汽车	3.2	1.6	1.8
小型汽车	5.0	1.8	1.6
中型汽车	8.7	2.5	4.0
普通汽车	12.0	2.5	4.0
铰接车	18.0	2.5	4.0

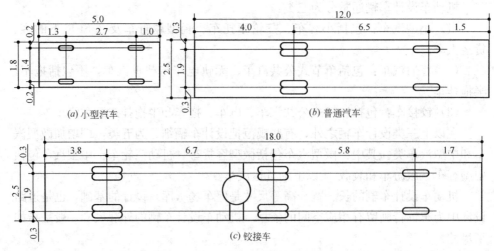

图 1-2-2　机动车设计车辆外廓尺寸（单位：m）

目前城市公共汽车的长度多在 8.2m 左右，其前悬可以达到 1.9m，前门的宽度可以达到 0.86m，以方便乘客的上下。

不同用途车辆的底盘高度要求是不同的，车辆装载货物和乘客乘车的地板面离地面的高度宜低，尤其是城市公共汽车，可使乘客上下车方便。公路长途汽车的乘客上下频率小，地板面可提高，其下可设行李厢。随着设计的完善，城市客车的底盘和公路客车的底盘差异将会越来越明显，因而在城市里的客车应该根据其特点，使用专用的底盘。

1.2.1.2　车辆的转弯半径

汽车的最小转弯半径 $R_{\min}$ 是指汽车前外轮中心的转弯半径。它由汽车本身的构造、性能决定，以铰接车为例，如图 1-2-3 所示。

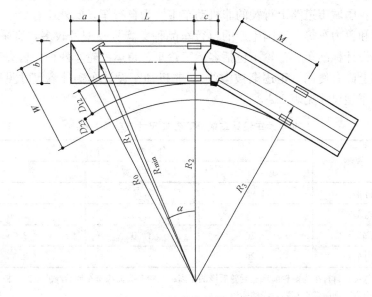

图 1-2-3　铰接车的转弯半径

前轮转向角 α 多在 $5°\sim35°$ 之间，从图中可知前轮中心回转半径 $R_1=L/\sin\alpha$；中轮中心回转半径 $R_2=L/\mathrm{tg}\alpha$，那么可以得出以下等式：

后轮中心回转半径

$$R_3=\sqrt{R_2^2+c^2-M^2} \tag{1-2-1}$$

最小转弯半径

$$R_{\min}=\sqrt{\left(R_2+\frac{b}{2}\right)^2+L^2} \tag{1-2-2}$$

车辆前端外侧回转半径

$$R_0=\sqrt{(a+L)^2+(R_2+b/2)^2} \tag{1-2-3}$$

车身通过宽度

$$W=R_0-(R_3-b/2) \tag{1-2-4}$$

前中轮内侧偏移值

$$D_{12}=R_1-R_2 \tag{1-2-5}$$

中后轮内侧偏移值

$$D_{23}=R_2-R_3 \tag{1-2-6}$$

内侧总偏移值

$$D_1=D_{12}+D_{23}=R_1-R_3 \tag{1-2-7}$$

如上图和上式所示，汽车在弯道上低速行驶时，它的前后轮及车体前后突出部分的回转轨迹将随着转弯半径的变化而变化。为保证车辆在弯道上低速行驶时不致碰撞其他物体，道路的宽度应按上述计算要求加宽至 W。其他不同类型的汽车，如集装箱拖挂车，也可同理类推。部分国产汽车的外廓尺寸、轴距和最小转弯半径详见附录 1。以上计算所得数值可以作为停车场（库）、回车场地和公交车终点站通道设计的依据。

1.2.1.3 非机动车的基本尺寸

目前我国城市道路上行驶的非机动车主要为自行车，此外还有少量人力三轮车、板车和兽力车等。我国生产的自行车品种、牌号及型号较多，宜采用 28 型自行车为设计标准车。三轮车包括客运三轮车、货运三轮车两种。兽力车在北方郊区道路上尚有使用（正逐渐被淘汰）。非机动车设计车辆外廓尺寸见表 1-2-2。自行车的车型尺寸见表 1-2-3。

非机动车设计车辆外廓参考尺寸（单位：m）　　　　　表 1-2-2

设计车型	外廓尺寸		
	总　长	总　宽	总　高
自行车	1.93	0.60	2.25
三轮车	3.40	1.25	2.50
板车	3.70	1.50	2.50
兽力车	4.20	1.70	2.50

注：1. 总长：自行车为前轮前缘至后轮后缘的距离；三轮车为前缘至车厢后缘的距离，板车、兽力车均为车把前端至车厢后缘的距离。

2. 总宽：自行车为车把宽度，其余车种均为车厢宽度。

3. 总高：自行车为骑车人骑在车上时，头顶至地面的高度，其余车种均为载物顶部至地面的高度。

自行车的车型尺寸（单位：m）　　　　　表 1-2-3

类　型	长（L）	高（H）	宽（B）
28 型	1.93	1.15	
26 型	1.82	1.00	0.52～0.60
24 型	1.47	1.00	

1.2.2 车辆的停放

1.2.2.1 机动车的停车方式

一、车型的确定

车辆种类不同，其尺寸大小各异。不同性质的停车场，停放不同类型的车辆，则需要不同的停车面积。在设计时应以停车场停车高峰时间所占比重大的车型为设计车型，如有特殊车型，应以实际外廓尺寸作为设计依据。不同车型的外

廓尺寸详见表 1-2-1。在某些场合，如体育场、会展中心或多功能会场处的停车
也可以通过两种不同的划线适应不同车型（如小汽车和大客车）的停放。

二、车辆的停发方式

按车辆停发方式可分为：前进停车，后退发车；后退停车，前进发车；前进
停车，前进发车等三种方式，如图 1-2-4 所示。

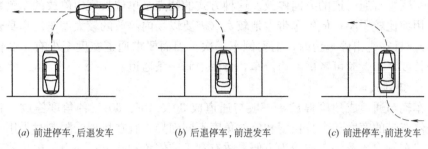

(a) 前进停车，后退发车　　　　(b) 后退停车，前进发车　　　　(c) 前进停车，前进发车

图 1-2-4　车辆的停发方式

在上述三种方式中，常采用的是后退停车，前进发车。其优点是发车迅速方
便，占地面积少，因而常用于公共停车场。前进停车，后退发车常用于家庭车
库。或用于建筑周边停车，以使车辆启动时尾气不对底层房间产生尾气影响。前
进停车，前进发车虽更为方便，但占地面积较大，多用于铰接车停车场，除有特
殊要求外，一般较少采用。由于后退停车，前进发车是常采用的停车方式，因而
后文的停车场库均以此为标准。

三、车辆的停放方式

停车场内车辆的停放方式与停车面积的计算、停车泊位的组合以及停车场的
设计有关。停车场车辆停放方式按汽车纵轴线与通道的夹角关系分，有平行式、
垂直式、斜列式三种，如图 1-2-5 所示。

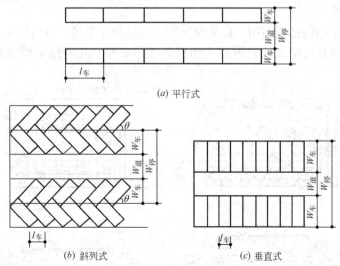

图 1-2-5　不同停车方式

$W_车$—垂直通道的车位尺寸；$l_车$—平行通道的车位尺寸；$W_道$—通
道宽度；$W_停$—单位停车宽度；θ—汽车纵轴与通道夹角

13

1. 平行式

车辆平行于通道方向的停放。这种方式的特点是所需停车带较窄，驶出车辆方便迅速；但沿路占地最长，单位长度内停放的车辆数量少。该停放方式常用于路边临时停车或短时间停放，有利于加快停车泊位的周转。

2. 垂直式

车辆垂直通行道的方向停放。这种方式的特点是单位长度内停放的车辆数量多，用地比较紧凑；但停车带占地较宽（需要以场内停放的较大型车的车身长度为准），且在进出停车位时，需要倒车一次，因而要求通道宽度至少有 1.2 倍的车身长度。布置时可考虑两边停车，合用中间一条通道。

3. 斜列式

车辆与通道成角度停放，一般与通道成 30°、45°、60° 三种角度停放。其特点是停车带的宽度随车身长度和停放角度不同而异，宜在场地受限制时采用。这种方式车辆出入及停车均较为方便，故有利迅速停置和疏散；缺点是单位停车面积（三角形用地）比垂直停放要多出现，特别是 30° 停放，土地利用率不高，用地最费，故较少采用。

以上三种停放方式各有优缺点，选用何种方式应根据停车场的性质、疏散要求和用地条件等因素综合考虑。目前我国城市较多采用"平行式"和"垂直式"两种停车方式。

1.2.2.2 停车设施类型

城市公共停车设施分为路边停车带和路外停车场（库）两大类。

一、路边停车带

路边停车带一般设在车行道旁或路边，多为短时停车，随到随开，没有一定规律。通常路边停车采用单边单排的港湾式布置，不专设通道。在交通量较大的城市次要路旁设路边停车带时，可考虑设置分隔岛和通道。

二、路外停车场（库）

路外停车场包括道路用地以外设置的露天地面停车场和室内停车库。停车库又包括地下或多层构筑物的坡道式和提升式停车库。几种停车场布置形式如图 1-2-6 所示。

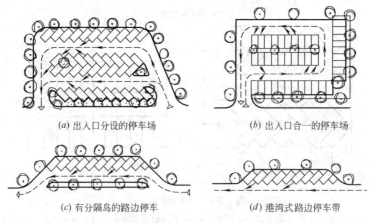

(a) 出入口分设的停车场   *(b)* 出入口合一的停车场

(c) 有分隔岛的路边停车   *(d)* 港湾式路边停车带

图 1-2-6 路外小型汽车停车场及路边停车带示例

1.2.2.3　机动车停放空间需求

一、车辆停放的净空需求

车辆停放的纵、横向净距的确定需要考虑车辆类型、停放方式、车辆进出、乘客上下所需的纵向和横向净距，同时还要考虑停车的净空高度要求。若车辆前后纵列停放，要能保证后面车辆安全出入停车泊位；若车辆平行横列停放，则要确保车门的开启。各种净空尺寸要求详见表1-2-4，表1-2-5。

车辆停放的纵、横向净距（单位：m）　　　　　　　　　　表 1-2-4

项　　目		设 计 车 型	
		微型汽车、小汽车	普通汽车、中型汽车、铰接车
车间纵向净距		2.0	4.0
背对停车时车间尾距		1.0	1.0
车间横向净距		1.0	1.0
车与围墙、护栏及其他构筑物间	纵净距	0.5	0.5
	横净距	1.0	1.0

注：停车场（库）内背对停车，两车间植树时，车间尾距为1.5m。

机动车净高要求（单位：m）　　　　　　　　　　表 1-2-5

车辆种类	各种汽车	无轨电车	有轨电车
最小净高	4.5	5.0	5.5

美国和日本划线较宽或划双线，以限定车辆横向净距，保证两车开门时不碰撞。在背对停车时，为了防止车辆车尾相碰，在两车之间可设置挡住车辆后轮的铁杆或水泥条。

二、停车带和通道宽度

在确定车辆的停放方式之后，需要确定停车带和通道宽度。这需要考虑以下因素。①设计时所选定的车型（如平面尺寸：车长、车宽、车门宽等）；②车辆进入停车泊位和发车方式；③车辆的构造、性能（如最小转弯半径）；④司机的驾驶技能和熟练程度等。确定停车带和通道宽度除了包括上述的四个因素外，还与车辆的机械性能有关，一般多采用调查和车辆试验相结合的方式进行。停车所需通道宽度及有关尺寸详见表1-2-6。

三、机动车的停放面积

在城市规划估算停车用地中，其用地总面积可按规划城市人口每人 0.8～1.0m² 计算。其中：机动车停车场的用地宜为 80%～90%，自行车停车场的用地宜为 10%～20%。

为便于计算，机动车公共停车场用地面积，宜按当量小汽车停车位数计算。各种车型的换算系数如表1-2-7所示。地面停车场用地面积，每个停车位宜为 25～30m²；停车楼和地下停车库的建筑面积，每个停车位宜为 30～35m²；路边停车带每个停车为 16～20m²。

机动车停车泊位尺寸和通道宽度（单位：m）　　　　表 1-2-6

停放方式		垂直通道方向的泊位尺寸 $W_车$					平行通道方向的泊位尺寸 $l_车$					通道宽度 $W_道$				
		I	II	III	IV	V	I	II	III	IV	V	I	II	III	IV	V
平行式	前进停车	2.6	2.8	3.5	3.5	3.5	5.2	7.0	12.7	16.0	22.0	3.0	4.0	4.5	4.5	5.0
斜列式	30° 前进停车	3.2	4.2	6.4	8.0	11.0	5.2	7.0	7.0	7.0	7.0	3.0	4.0	5.0	5.8	6.0
	45° 前进停车	3.9	5.2	8.1	10.4	14.7	3.7	4.9	4.9	4.9	4.9	3.0	4.0	6.0	6.8	7.0
	60° 前进停车	4.3	5.9	9.3	12.1	17.3	3.0	4.0	4.0	4.0	4.0	3.0	4.0	8.0	9.5	10.0
	60° 后退停车	4.3	5.9	9.3	12.1	17.3	3.0	4.0	4.0	4.0	4.0	3.5	4.5	6.5	7.3	8.0
垂直式	前进停车	4.2	6.0	9.7	13.0	19.0	2.6	2.8	3.5	3.5	3.5	6.0	9.5	10.0	13.0	19.0
	后退停车	4.2	6.0	9.7	13.0	19.0	2.6	2.8	3.5	3.5	3.5	4.2	6.0	9.7	13.0	19.0

注：表中 I 类为微型汽车；II 类为小型汽车；III 类为中型汽车；IV 类为普通汽车；V 类为铰接车。

各种车型的换算系数表　　　　表 1-2-7

车型	I	II	III	IV	V
换算系数	0.6	1.0	1.2	2.0	4.0

注：表中 I 类为微型汽车；II 类为小型汽车；III 类为中型汽车；IV 类为普通汽车；V 类为铰接汽车。

单位停车面积是停放一辆汽车所需的用地面积。它与车辆尺寸、停放方式、通道的条数及车辆集散要求等因素有关。机动车的停车面积除了满足停车需要外，还应包括绿化、步行道及其附属设施等所需的面积。其数值可通过平行通道的车位尺寸和单位停车宽度求得，两侧停车的具体计算公式如下。

单位停车宽度

$$W_停＝W_道＋2W_车 \tag{1-2-8}$$

单位停车面积

$$A_停＝W_停×l_车/2 \tag{1-2-9}$$

具体数值可参照表 1-2-8。

机动车单位停车宽度和单位停车面积　　　　表 1-2-8

停放方式		单位停车宽度 $W_停$(m)					单位停车面积 $A_停$(m²/辆)				
		I	II	III	IV	V	I	II	III	IV	V
平行式	前进停车	8.2	9.6	11.5	11.5	12.0	21.3	33.6	73.0	92.0	132.0
斜列式	30° 前进停车	9.4	12.4	17.8	21.8	28.0	24.4	34.7	62.3	76.1	98.0
	45° 前进停车	10.8	14.4	22.2	27.6	36.4	20.0	28.8	54.4	67.5	89.2
	60° 前进停车	12.6	16.8	26.6	33.7	44.6	18.9	26.9	53.2	67.4	89.2
	60° 后退停车	12.1	16.3	25.1	31.5	42.6	18.2	26.1	50.2	62.9	85.2
垂直式	前进停车	14.4	21.5	29.4	39.0	57.0	18.7	30.1	51.5	68.3	99.8
	后退停车	12.6	18.0	29.1	39.0	57.0	16.4	25.2	50.9	68.3	99.8

注：表中 I 类为微型汽车；II 类为小型汽车；III 类为中型汽车；IV 类为普通汽车；V 类为铰接汽车。

1.2.2.4　机动车的回车用地

在居住区内道路的尽端，为了汽车调头、回转方便，减少对其他车辆通行的干扰，可在适当地点设置回车场地。回车场地的常用形式和尺寸如图 1-2-7 所示。

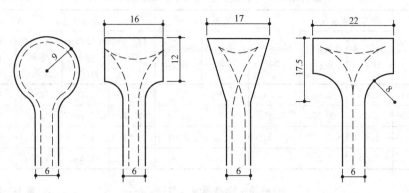

图 1-2-7 机动车的回车场地的常用形式和尺寸（单位：m）

1.2.2.5 非机动车的停放用地

非机动车以自行车为主，由于自行车体积小，使用灵活，对场地的形状和大小要求比较自由，布置设计也较为简单。在自行车停放场地的设计中首先需要考虑自行车的尺寸，（详见表 1-2-3）。其次，需要考虑自行车的停放方式、停车带和通道宽度。

一、自行车的停车方式

自行车有多种停车方式，一般采用单向排列方式，有些场合，为了节约用地和便于存放，采用双向错位、高低错位和对向悬挂等方式，如图 1-2-8 所示。

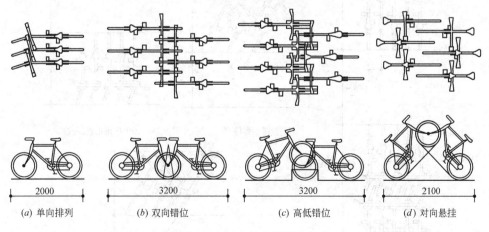

2000	3200	3200	2100
(a) 单向排列	(b) 双向错位	(c) 高低错位	(d) 对向悬挂

图 1-2-8 自行车的几种停车方式

二、自行车的排列方式及停车空间需求

自行车的排列方式，多垂直停放和成角度斜列，按场地条件可单排或双排排列，其中垂直式为常用停放方式。自行车带之间通道的宽度，按取车人推车行走时所需宽度而定，停车带宽度则与排列方式有关。自行车在路边单边停放，是一个密度问题，可按照 1m 倍数停车数来计算，停车需要考虑存取方便。大量自行车的成片停放时，要成行、成组布置，以 5 辆为一组分开布置，或将自行车停放场地划分成区、条、段，并用色块和数码编号区分，便于取车时寻找和管理，如图 1-2-9 所示。停车空间需求见表 1-2-9 和表 1-2-10。

自行车停车带宽度、通道宽度、单位停车面积　　　　　　　表 1-2-9

停放方式		停车带宽度(m)		停车车辆间距(m) $S_车$	通道宽度(m)		单位停车面积(m²/辆)			
		单排停车 $W_{车1}$	双排停车 $W_{车2}$		一侧停车 $W_{道1}$	两侧停车 $W_{道2}$	单排一侧停车 $A_{位单1}$	单排两侧停车 $A_{位单2}$	双排一侧停车 $A_{位双1}$	双排两侧停车 $A_{位双2}$
斜列式	30°	1.00	1.60	0.35	1.20	2.00	1.54	1.40	1.40	1.26
	45°	1.40	2.26	0.35	1.20	2.00	1.28	1.19	1.16	1.06
	60°	1.70	2.77	0.35	1.50	2.00	1.30	1.21	1.17	1.09
垂直式		2.00	3.20	0.40	1.50	2.00	1.41	1.35	1.25	1.17

非机动车净高要求（单位：m）　　　　　　　表 1-2-10

车 辆 种 类	自 行 车	其他非机动车
最小净高	2.5	3.5

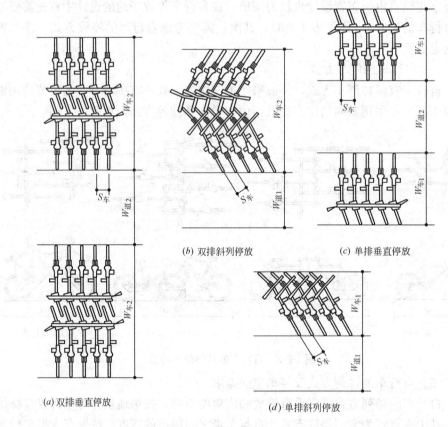

(a) 双排垂直停放　　　(b) 双排斜列停放　　　(c) 单排垂直停放　　　(d) 单排斜列停放

图 1-2-9　自行车的排列方式

一般在城市规划中估算自行车停车场用地面积时，可按每辆车占地（包括通道）1.2～1.4m² 计算而定。

1.2.3　车辆的重量与装载量

1.2.3.1　车辆的自重

车辆的自重即车辆整车装备重量，是指汽车完全装备好的重量（以千克（kg）为单位，下同）。其包括汽车全部设备（主体设备及辅助设备），并加足润滑油、燃料、冷却液，再加上备用车胎、随车工具及其他备用品的重量，通常又称为空车重量。

1.2.3.2　车辆的载重

车辆最大总重量是汽车满载时的总重量。车辆的载重即车辆最大装载量，是指最大总重量与整车装备重量之差，简称载重量。客车以客座计，对于货车还应包括驾驶室规定数量的乘员重量。每个乘员一般按65kg计算。卡车自重小于总重的1/2，即载重大于自重。部分国产汽车的自重和载重详见附录2。

车辆的总重量是自重与载重之和。它对设计道路和桥梁工程构筑物十分有用。车辆前轴与后轴的荷重分配约为1∶2，也可从汽车轮胎上的最大载重量推算出自重和车辆的总重。

1.2.4　车辆的动力特征

1.2.4.1　汽车的动力特征

一、基本动力特征

汽车由发动机、底盘、车身和电气设备等四部分组成。发动机是汽车的动力装置，底盘是汽车的主体（包括传动系、行驶系、转向系和制动系四部分）。汽车动力的传递是由传动系来完成的。传动系将发动机曲轴上产生的扭矩传递给驱动轮，再通过车轮与地面的作用产生牵引力，以克服各种行驶阻力，推动汽车行驶。汽车的构造示意见图1-2-10。

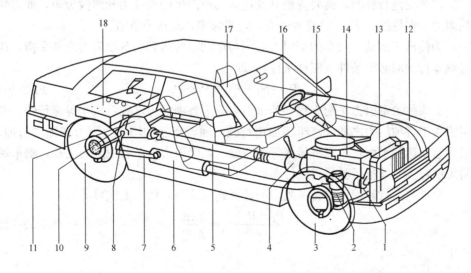

图 1-2-10　汽车的构造示意图

1—前桥；2—前悬挂；3—前车轮；4—变速器；5—传动轴；6—消声器；7—后悬挂（钢板弹簧）；8—减振器；9—后轮；10—制动器；11—后桥；12—车身；13—散热器；14—发动机；15—转向器；16—转向盘；17—座椅；18—燃油箱

汽车运动时需要不断克服运动中所遇到的各种阻力，这些阻力包括滚动阻力、空气阻力、坡度阻力和惯性阻力。

（一）滚动阻力（P_f）

指车轮在路面上滚动所产生的阻力。它是由路面与轮胎变形而引起的，与路面种类、状态、车速、轮胎结构及充气压力有关。滚动阻力 P_f 永为正值，亦即在汽车行驶的任何情况下都存在。

各种路面上的行车滚动阻力系数见表 1-2-11。

滚动阻力系数表　　　　　　　　　　表 1-2-11

路　面　种　类	滚动阻力系数
水泥混凝土与沥青混凝土路面	0.01～0.02
用沥青浇拌的平整的碎石或砾石路面	0.02～0.025
碎石或砾石路面，稍有小坑穴	0.03～0.04
大卵石路面	0.04～0.05
平整坚实干燥的土路	0.03～0.06

（二）空气阻力（P_w）

指汽车在行驶中迎风面空气受阻所引起的阻力。它与汽车迎风的压力、形状、大小及汽车后面因空气稀薄产生的吸力、汽车表面与空气的摩阻等有关。空气阻力 P_w 永为正值。

（三）坡度阻力（P_i）

指汽车爬坡时作用于汽车上的阻力。坡度阻力 P_i，上坡时为正值，平坡为零，下坡为负值。

（四）惯性阻力（P_j）

汽车变速行驶时，需要克服其变速运动所产生的惯性力和惯性力矩，即为惯性阻力。惯性阻力 P_j，加速为正值，匀速为零，减速为负值。

为使汽车运动，汽车的牵引力必须与运动时所遇到的各项阻力之和平衡，这是汽车行驶的必要条件（驱动条件），即：

$$P_t = P_f + P_w + P_i + P_j \qquad (1\text{-}2\text{-}10)$$

上式称为牵引力平衡方程。若牵引力等于各项阻力之和，汽车等速行驶。牵引力大于各项阻力之和，汽车将加速行驶；随着车速的增加，阻力亦随之增加，最后重新达到平衡，车辆将转入等速行驶。当牵引力小于各项阻力之和，则车辆将无法起步或减速行驶，以致停车。

根据汽车行驶理论中各项阻力的计算式（从略）代入上式可导得：

$$\frac{P_t - P_w}{G} = \psi + \frac{\delta \mathrm{d}v}{g \, \mathrm{d}t} \qquad (1\text{-}2\text{-}11)$$

式中

　　P_t——汽车的牵引力；

　　P_w——空气阻力；

　　G——汽车总重量；

　　ψ——道路阻力系数，是滚动阻力系数与道路坡度的代数和（$f \pm i$）；

δ——旋转物体的影响系数，与汽车车型和变速箱传动比有关；

$\dfrac{\mathrm{d}v}{g\mathrm{d}t}$——相对于重力加速度的汽车加速度。

式（1-2-11）的等号左侧表示汽车单位重量牵引力的储备，等号右侧表示汽车的动力性能。这个数值称为汽车的动力因数，以 D 来表示。它代表汽车单位重量的有效牵引力，也是能够克服道路阻力和惯性阻力的能力。动力因数即：

$$D=\frac{P_t-P_w}{G}=\psi+\frac{\delta\mathrm{d}v}{g\mathrm{d}t} \tag{1-2-12}$$

汽车的牵引质量可以用汽车动力特性图表示，它亦是汽车行驶在道路上的牵引力计算基础。因为牵引力 P_t 的大小与汽车行驶时所用的排挡有关，空气阻力 P_w 与车速有关，故可绘制出各种不同排挡时，动力因数和车速之间的关系曲线图形。

各种不同类型的汽车有其本身的动力特性。如图 1-2-11 所示是我国解放牌 CA—10B 型载重汽车的动力特性图。

图中纵坐标是动力因数 D，横坐标是速度 V（km/h），各条曲线是该汽车各排挡的动力因数和行驶速度的关系曲线。

当汽车作等速行驶时，则 $D=\psi$，根据已知的 ψ 值，就可查得汽车行驶时，所能保持的最高速度，并可知道汽车克服这种阻力所要采用的排挡。例如，行驶的道路阻力系数中 $\psi_1=0.08$ 时，可达到的最高车速为 30km/h；当行驶的道路阻力系数 $\psi_2=0.13$ 时，已超过了第Ⅲ排挡的最大

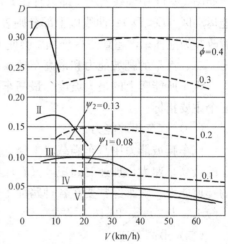

图 1-2-11 解放牌车 CA—10B 动力特性图

动力因素位，汽车不能行驶，必须换至第Ⅱ排挡，这时最高车速可达 19.5km/h。

因此，由上面分析可知，汽车行驶的第一个必要条件是：汽车在道路上行驶，必须有足够的牵引力来克服各项行驶阻力。即汽车的牵引力必须大于等于汽车的行驶阻力。汽车行驶的第二个必要条件是：牵引力必须小于或等于轮胎与路面间的最大摩擦力（即附着力），车轮才不会打滑空转，这是汽车行驶的充分条件（亦称附着条件），即：

$$P_t\leqslant Z\phi \tag{1-2-13}$$

式中

Z——作用在所有驱动轮上的荷载；

ϕ——附着系数。

附着程度取决于轮胎与路面在接触处变形后相互摩擦的情况。附着系数 ϕ 主要与下述因素有关：①路面的粗糙程度和潮湿泥泞程度；②轮胎花纹和轮胎气压；③车速；④荷载。道路上车速越高，要求路面越平整，越粗糙，则附着系数 ϕ 越高。附着系数 ϕ 值详见表 1-2-12。

汽车在不同的路面行驶附着系数表　　　　表 1-2-12

路 面 类 型	路 面 状 况			
	干燥	潮湿	泥泞	冰滑
水泥混凝土路面	0.7	0.5	—	—
沥青混凝土路面	0.6	0.4	—	—
沥青表面处置路面	0.4	0.2	—	—
中级及低级路面	0.5	0.3	0.2	0.1

受附着力所限制的动力因数为：

$$D_\phi = \frac{Z\phi - P_w}{G} \tag{1-2-14}$$

D_ϕ 值受附着系数 ϕ 大小的影响。ϕ 大则 D_ϕ 大，ϕ 小则 D_ϕ 小。所绘出的 D_ϕ 曲线如图 1-2-11 中虚线所示。即只有在 D_ϕ 曲线以下的动力特性部分，才是汽车的可能运动区（$D < D_\phi$）；曲线以上部分则表示滑磨（非工作）区。从中可见，车辆任意改装为拖挂车，超载使 G 增加，会使 D 下降，在动力因数曲线上，使 V 变小。

二、汽车的爬坡能力和最高车速

汽车所能爬上的最大坡度、最高车速和汽车加速时间是评定汽车动力性能的三个主要指标。

（一）汽车爬坡能力

汽车爬坡能力用汽车满载时 I 挡在良好路面上的最大爬坡度 i_{max} 来表示，轿车的最高车速大，加速时间短，又在较好的平坦路面上行驶，所以一般不强调它的爬坡能力。货车经常要在各种路面上行驶，所以要求它具有足够的爬坡能力，一般 i_{max} 为 30%，即 16.5°左右。

（二）最高车速

仍以图 1-2-11 为例，汽车在不同行驶条件下作稳定行驶时，会有不同的 ϕ 值，也即有不同的 D 值，而在动力特性曲线上就可以找到其相应的速度 V 值。因此，当道路条件已知时，可在动力特性图上求出在该条件下汽车行驶的最大速度，取 $D_1 = \phi$ 的直线与动力特性曲线的交点为汽车在道路阻力系数为 ϕ 时的最大行驶速度。而最高车速是指在水平良好的水泥混凝土或沥青路面上，汽车能达到的最高行驶速度。

（三）加速时间

分为原地起步加速时间和超车加速时间。原地起步加速时间是指汽车由第 I 挡起步，以最大的加速度逐步换至高挡后达到某一预定的距离或车速所需要的时间。超车加速时间大多是用高挡或次高挡，由 30km/h 或 40km/h 全力加速至某一高速度所需的时间来表示。部分汽车的最大爬坡度和最高车速详见附录 3。

根据汽车的动力性能，车辆在上坡道行驶时，汽车牵引力需要克服空气阻力、惯性阻力、滚动阻力和升坡阻力等才能前进。当汽车在上坡道等速行驶时，惯性阻力不存在，滚动阻力和空气阻力如前所述较小，一般多忽略不计，因此，剩余的主要阻力是升坡阻力。

汽车发动机转速每分钟约为 2000～2800 转，发动机经变速箱不同的齿轮传动比,使后轮产生不同的速度和牵引力。仍以解放牌 CA—10B 型载重汽车在平常行驶状态下为例,汽车动力因数 D 克服的滚动阻力系数很小,可以用 V 挡,车速可以很大。

当车辆爬较大坡度时（如 6%）,道路阻力系数 $\psi=f+i=0.09$,查图 1-2-11 曲线可知,用 V 排挡爬坡上不去,就改用 IV 挡,$D>f+i$,这时车速减慢了。

汽车在较陡坡道上行驶,有可能产生滑溜。这是由于汽车轮胎与路表面间的摩擦力不够,会引起的车轮空转打滑以及向后倒溜滑移的危险。

汽车的升坡能力也是确定道路纵坡大小的一个重要因素。由于各种车辆的构造、性能、功率不同,它们的升坡能力也不一样。国产解放牌载重汽车各排挡的升坡能力数据如表 1-2-13 所示。

解放牌 CA—10B 汽车升坡能力 表 1-2-13

排 挡	该挡最大升坡值(%)	上坡时最大车速(km/h)	该挡最大车速(km/h)
I	25	5~6	10
II	14	8~9	20
III	7	15	35
IV	3	30	67
V	1.86	70	75

注:表中数值系指在沥青路面上行驶情况。

从表中可见,汽车在陡坡路段上行驶,由于用来克服升坡阻力的牵引力消耗增加,必然导致车速降低。因此,需要对道路的坡度和坡长加以限制。

在城市道路上,小汽车的 D 很大,爬坡没问题。用载重卡车改装的铰接公共汽车,G 值由设计时的 8.5t 改装后为 22.5t,使得 D 减少了 44%。从铰接公共汽车的动力特性图中可得车速由 19.5km/h 下降为 8.2km/h。这种情况对道路交通情况很不利,使车辆在城市桥梁、隧道和立交坡道上成串慢速爬行。因此,从改善城市交通要求出发,老式的铰接车应该淘汰,改用大功率的铰接车,如图 1-2-12。

载货汽车为了多装货以降低货运成本,往往采用超载的方式,如由 15t 的载货汽车改为 30t,同时加挂 30t,使 D 降到原来的 1/4,这样爬坡能力会极差,不仅在城市里过立交时爬不上坡,在潮湿泥泞的道路上坡时打滑,影响安全行车,还会使路面和桥梁过早损坏,这种超载现象应当严格取缔。

一般城市客运高峰值比公路客运的高峰值高 1.2 倍以上,因此城市客车的底盘与公路客车的底盘的

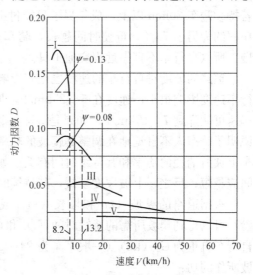

图 1-2-12 老式小功率 663 铰接式公共汽车牵引特性曲线

23

差异会越来越大，通用性越来越小。汽车发动机的功率、货运车辆的比功率每吨车重约 $7\sim10kW/t$，而城市客车的比功率要求 $8\sim11kW/t$，最大的城市客车比功率已经达到 $14kW/t$，以满足车辆经常启动、加速的要求。

三、机动车的其他性能

（一）通过性

指汽车在各种道路和无路地带行驶的能力。汽车通过性能越好，汽车使用的范围就越广。

（二）制动性

指汽车强制停车和降低车速的能力，与汽车行车安全密切相关。制动性越好，汽车才能以较高的车速行驶。但是，减速度不能太大，正常的减速度为 $1\sim1.5m/s^2$，突发性制动将使得货物和人冲到车厢头部，产生事故。

（三）行驶稳定性

指汽车遵循驾驶者指定方向行驶的能力，与汽车行车安全密切相关。

（四）行驶平顺性

指汽车在不平道路上行驶时，免受冲击和振动的能力。汽车行驶平顺性，对汽车平均技术车速、驾驶员和乘客的乘车舒适性、运货的完整性等有很大影响。

（五）操纵稳定性

指汽车是否按照驾驶员的意图控制汽车的性能。它包括汽车的转向特性、高速稳定性和操纵轻便性。

汽车的动力性能在设计制造车辆时已能满足，问题是不合理地使用与改造车辆使 D 变差；另外 D 与道路设计是否合理也有很大的关系，合理的道路设计能使 D 发挥正常。

1.2.4.2　自行车的动力特征

自行车行进时的动力是由人体发出的。成年男子付出的功率约为 $0.22kW$，若持续蹬车 $30min$ 以上，成年男子只能付出 $0.15kW$；成年女子可能付出的平均功率约为男子 70%。行驶时间越长，骑车人所发挥出功率越小，因而车速就越慢。所以自行车不宜做远程交通工具。

道路的坡度对自行车的速度也是有影响的。据观测，纵坡在 1% 以下，对自行车速度影响很小；速度在 $5\sim25km/h$，坡度可以忽略不计；当纵坡达 2% 时，车速可能降到 $7\sim10km/h$；如果是 3%，则车速可能降到 $5\sim7km/h$。这个现象说明了骑车人不自觉地在调整其爬坡的功率。根据一个人作功的特点来分析，骑车上坡所消耗的功率和其持续时间有关。如果上坡所需的功率越大，则其持续时间应越短；反之，上坡坡度平缓，其持续时间也可长些。

根据道路的纵坡（i）和坡长（l），或坡道起、终点的高差（H），通过实验，可以得到爬坡所需的持续时间（t）和自我感觉。设骑车人自重为 G_1（kg），自行车自重为 G_2（kg）（一般平车为 $24\sim25kg$），自行车载重为 G_3（kg），则爬坡所作的功：

$$w=(G_1-G_2+G_3)H \quad (kg \cdot m) \tag{1-2-15}$$

骑车人爬坡所消耗的功率：

$$P=w/t \quad (\text{kg·m/s}) \tag{1-2-16}$$

这样，按照不同年龄和性别的人及骑车载重与否的情况，可以绘出爬坡难易程度与所消耗的功率（P）和持续时间（t）的关系曲线。图 1-2-13 是根据青岛、唐山、北京、天津、上海、石家庄等城市自行车爬坡的资料，按其爬坡难易程度，画出的一条公认比较省力的 P-t 曲线，作为推荐曲线。由这条推荐曲线又可按不同的骑车速度换算成一条坡度（i）与坡长（l）的关系曲线。

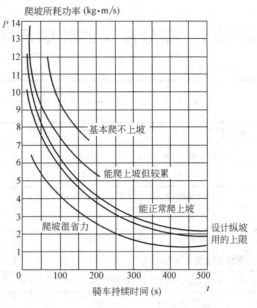

图 1-2-13 自行车爬坡消耗功率与时间的关系

例如，有一条自行车道由于地形所限，如设计采用平均坡度为 2%，坡长为 1000m，骑车人爬坡感到很累。如果按照骑车人消耗功率的特点来考虑，采用分成几个短陡坡，并在其间插入几段缓坡的作法，结果，骑车人爬坡所作的功虽一样，但所消耗的功率则不同。这样在缓坡段既可得到休息，在陡坡段又可充分利用动能变成势能，使骑车人的心理因素大为改善，能轻松地爬上这个坡道。

依据以上分析，非机动车道纵坡度和坡长应有所限制。我国规定，非机动车道纵坡度宜小于 2.5%；大于或等于 2.5% 时，应按表 1-2-14 规定限制坡长。若自行车用了排挡，此时快速冲上去（即脚踏四圈，腿还不酸），也可爬 8%~10% 的短距离（约 10~20m）的陡坡。城市中非机动车主要指自行车。自行车爬坡能力低，因此，机动车和非机动车混行的道路，应按自行车爬坡能力控制纵坡。

非机动车车行道纵坡限制坡长（单位：m） 表 1-2-14

坡 度(%)	车 种	
	自行车	三轮车、板车
3.5	150	—
3	200	100
2.5	300	150

日本、荷兰等国对自行车爬坡能力及坡长限制也有规定，如日本技术标准规定：当纵坡为 3%，最大纵坡长为 500m；当纵坡为 4%，最大纵坡长为 200m；若纵坡达 5%，最大纵坡长容许为 100m。丹麦曾在自行车道设计资料中也作了如表 1-2-15 的规定。

丹麦非机动车车行道纵坡限制坡长 表 1-2-15

纵坡值(%)	5.0	4.5	4.0	3.5	3.0
最大坡长(m)	50	100	200	300	500

附录1 部分汽车的外廓尺寸、轴距和最小转弯半径

汽车型号	外廓尺寸(mm)			轴距(mm)	最小转弯半径(m)
	长	宽	高		
梅赛德斯-奔驰 SL55AMG	4535	1815	1295	2560	5.51
雷诺 Trafic eck'up	4600	1925	2085	3020	4.4
奥迪 A4	4548	1772	1428	2650	5.7
大众帕萨特 2.8	4780	1740	1470	2803	5.6
丰田佳美 2.4	4815	1795	1400	2720	6.0
沃尔沃 XC90	4798	1898	1784	2875	5.94
依维柯都灵 V NJ6490AT	5990	2000	2425	3310	5.4
东风 EQ3260GJ	7685	2480	3007	3650/1300	8
长江 CJ6800G1	8340	2330	3100	4000	9.5
申沃 SWB6120KHV-3	11920	2500	3300	6000	12.0
东风 LZ5185CSMN	11995	2470	3950	6050/1300	12.0
梅赛德斯-奔驰 0350	11980	2500	3647	6250	10.6
巴斯 69501	11040	3172	2970	1500/3800/1500	13.5

附录 2 部分汽车的自重和载重

汽 车 型 号	汽车总重量(kg)	整备重量(kg)
梅赛德斯-奔驰 SL500	2140	1845
梅赛德斯-奔驰 SL55AMG	2195	1900
奥迪 TT Coupe1.8T	1765	1395
大众帕萨特 2.8	1925	1550
丰田佳美 2.4	1935	1470
沃尔沃 XC90	2532	1982
劳斯莱斯幻影	3030	2485
宇通莱茵	18000	13900
东风 EQ3260GJ	26500	11050
长江 CJ6800G1	10100	6750
申沃 SWB6120KHV-3	16520	12000
东风 LZ5185CSMN	18450	12450
梅赛德斯-奔驰 0350	19000	13600
巴斯 69501 型	31800	17800

附录 3　部分汽车的最大爬坡度和最高车速

汽　车　型　号	最大爬坡度(%)	最高车速(km/h)
梅赛德斯-奔驰 SL500	—	250
梅赛德斯-奔驰 SL55AMG	—	250
宝马 Z8	—	250
奥迪 A8	—	250
雷诺 Trafic eck'up	—	160
大众帕萨特 2.8	—	202
丰田佳美 2.4	—	188
东风雪铁龙萨拉 2.0	—	187
劳斯莱斯幻影		240
沃尔沃 XC90	25	210
宇通莱茵	—	120
东风 EQ3260GJ	28	89
长江 CJ6800G1		80
安源 PK6150DX	15	60
东风 LZ5185CSMN	26	80
梅赛德斯-奔驰 0350	35.6	125

第2章　城市道路交通基本知识

2.1　交通流基本概念

凡在道路上通行的车辆和行人都有像气体和液体那样流动的特点，如流量、速度和密度等性质。因此，将在道路上通行的车流和人流统称为交通流。交通流必须具备两个条件：一是在道路上，二是在通行中。

2.1.1　交通流的分类

按交通主体的不同可分为车流、人流以及混合交通流。

按交通流输送的对象可分为客流和货流。

交通流状况主要是车辆与车辆之间以及车辆与道路线形、道路环境之间相互影响的结果。按交通设施对交通流的影响分为连续流和间断流。连续流和间断流主要是以交通设施类型对交通流性质的影响区分。连续流没有象交通信号那样在交通流外部引起交通流中断的固定因素的影响。间断流受引起交通流周期性间断的固定因素的影响。引起交通间断的固定因素有交通信号、通车标志和其他类型的管制设备。不论交通量大小如何，这些设备都会引起交通周期性停止或车速显著减慢。

按交通流的交汇流向可分为交叉、合流、分流和交织流。交汇交通流是指行驶在不同车道上的两股或多股交通流交汇运动的状态。其中分为两种：一是借助交通信号或其他管制设施进行的交叉。二是不借助交通信号或其他管制设施进行的合流、分流和交织。合流是指两条分离的车道交通合并为一条车道的一种流向；分流则为有一条车道交通流分成两个分离车道上的车流流向；交织是指行驶方向相同的两股或多股交通流，沿着相当长的路段，通过驾驶改换车道使交通流彼此穿插对方路径进行的交叉运行。

按交通流内部的运行条件及其对驾驶员和乘客产生的感受可分为自由流、稳定流、不稳定流和强制流。

2.1.2　交通流参数概述

行驶在道路上的各种车辆，由于出行目的不同、车型不同、行驶路线各异，其运行状态随道路条件、交通环境和驾驶员特点而有不同变化。尽管这种变化非常复杂，但通过大量观测分析，各种交通运行状态是具有一定特征性倾向的。交通流运行状态的定性定量特征即称为交通流特性。用以描述和反映交通流特性的一些物理量称为交通流参数。

通常描述交通流特性有三大参数：交通量（流量）、速度和密度。另外，用通行能力来评价道路的服务水平。

2.1.2.1 交通量、速度与密度

交通量（Q）是指单位时间内通过道路某一地点或某一断面的车辆数量或行人数量。前者称车流量，后者称人流量。按车辆类型可分为：机动车交通量和非机动车交通量。交通量是一个随机数，随不同时间、不同地点而变，但其变化的现象在时空分布上具有很明显的特征。研究或观察交通量的变化规律，对于进行交通规划、交通管理、交通设施的规划、设计方案比较和经济分析，以及交通控制与安全，均具有重要意义。在分析计算交通量时，如对交通体不加具体说明，一般是指机动车的流量。

速度（V）的一般定义是指车辆或行人在单位时间内行驶或通过的距离。

密度（K）是指在某一瞬时内单位道路面积上分布的车辆数或行人数量。

2.1.2.2 服务水平与通行能力

一、服务水平

服务水平是交通流中车辆运行的以及驾驶员和乘客或行人感受的质量量度。亦即道路在某种交通条件下所提供运行服务的质量水平。服务水平一般由下列要素反映，即速度、行程时间、驾驶自由度、交通间断、舒适度和方便及安全等。道路的服务水平主要以道路上的运行速度和交通量与可能通行能力之比，综合反映道路的服务质量。即道路在某种交通条件下所提供运行服务的质量水平，用以区别道路上出现的各种不同车流状态。

在设计车速确定的前提下，服务水平的好坏，主要与路段上的交通量大小有关。在达到基本通行能力（或可能通行能力）之前，交通量越大，则交通流密度也越大，而车速越低，运行质量也越低，即服务水平也越低。达到基本通行能力（或可能通行能力）之后，交通量不可能再增加，而运行质量越低交通量也越低，但是交通流密度仍越来越大，直至车速及交通量均下降至零为止。

二、通行能力

道路通行能力是指正常的气候和交通条件下，道路上某一路段或交叉口单位时间内通过某一断面的最大车辆数或行人数量，以 veh/h，p/h 或 veh/d 表示。车辆中有混合交通时，则采用等效通行能力的当量汽车单位（pcu/h 或 pcu/d）。

道路通行能力与交通量概念不同，交通量是指某时段内实际通过的车辆或行人数。一般交通量均小于道路的通行能力。在小得多的情况下，驾驶员可以自由行驶，可以变更车速、转移车道，还可以超车。交通量等于或接近于道路通行能力时，车辆行驶的自由度就明显降低，一般只能以同一速度列队循序行进。当交通量稍微超过通行能力时，车辆就会出现拥挤、甚至堵塞。所以，道路通行能力是一定条件下通过车辆的极限值，不同的道路条件和交通条件下，有不同的通行能力。通常在交通拥挤经常受阻的路段上，应力求改善道路或交通条件，以期提高通行能力。

道路通行能力是道路交通特征的一项重要指标，是道路规划、设计及交通管理的基本依据。其具体数值随道路等级、线形、路况、交通管理与交通状况的不同而有显著的变化。城市道路的通行能力可分为基本通行能力（理论通行能力）、可能通行能力和设计通行能力。

基本通行能力——是指道路组成部分在道路、交通、控制和气候环境均处于

理想条件下，该组成部分一条车道或一车行道的均匀段上，或某一横断面上，单位时间内通过的车辆或行人的最大数量，也称理论通行能力。

可能通向能力——是指一已知道路的一组成部分在实际或预测的道路、交通、控制和气候环境条件下，该组成部分一条车道或一车行道对上述诸条件有代表性的均匀段上，或某一横断面上，不论服务水平如何，单位时间内所能通过的最大车辆或行人的最大数量。

设计通行能力——是指一设计中的道路的组成部分在预测的道路、交通、控制和气候环境条件下，该组成部分一条车道或一车行道对上述诸条件有代表性的均匀段或某一横断面上，在所选用的设计服务水平下，单位时间内能通过车辆或行人的最大数量。

按研究对象不同可分为路段通行能力、交叉口通行能力。研究中路段设计通行能力存在两种情况：不受交叉口影响的机动车道设计通行能力、受平面交叉口影响的机动车道设计通行能力。另外人行道和自行车道的通行能力也是道路设计的重要依据之一。相关内容将在后文中进行详细讲解。

2.1.3　交通调查

2.1.3.1　交通调查的步骤

交通调查的对象主要是交通流现象，而与交通流有关的国民经济发展、经济结构、运输状况、城乡规划、道路等交通设施、交通环境等均可做专项调查。主要调查有交通量、行车速度、密度、延误、居民出行和车辆出行特征调查，停车、行人、自行车调查，交通事故、交通环境调查等。调查内容是随着调查的目的和要求不同而确定。调查方法可以现场观测、访问和印发调查表格等多种方式进行。本章主要介绍交通量调查的内容。

交通量调查主要有四个步骤：

一、选定观测点

确定观测范围之后，先选择观测断面，设立观测点。选择的观测点要保证视线清晰，避免干扰，不宜设在公共汽车停靠站和车辆或行人出入频繁的建筑物前面。观测路段上的交通量，宜选择在车流比较稳定的断面。观测交叉口的流量、流向，则需要在进入交叉口的每条相交道路上各选一断面，观测点可以设在停车线附近。如果观测全市交通的分布状况，则需要在各交叉口之间的各个路段上设置观测断面，同时进行观测，才能显示出整个道路网上面交通流量的分布状况。

二、确定观测日期和时间

由于人工观测不可能常年连续进行，只能选择有代表性的日期和时间进行短期的抽样观测。而交通量的大小因工作日、假日、上下班时间、季节、气候状况等不同而变动，因此确定抽样观测的日期和时间时，必须先考虑上述因素，决定一年中观测的次数、每次观测的天数及一天观测的时数。

三、统计表格的设计

观测统计表格的内容，是根据不同的观测目的和要求而设计的。其中对时间分段和交通分类两项，应予仔细考虑。分得过粗会影响使用要求，过细则会花费大量人力。在调查道路断面交通量时，常取 5min 或 15min 为一个计量时段，统计高峰小时或一天的交通量。

四、绘制统计分析图表

现场记录整理所得的统计资料是数据成果。为了使资料一目了然，有助于发现和分析问题，常在统计资料基础上整理成各种形式的统计分析图表，例如反映某交叉口流量流向分配情况、高峰小时各种机动车辆所占比重、交叉口各种交通流量的分时分布状况等。

2.1.3.2 交通量调查的内容

就某一具体的交通量调查而言，收集哪类数据，取决于调查资料的用途。一般有以下几种情况：

一、不分流向调查

用于研究日交通量，绘制交通流量图，确定交通量趋势等。

二、分流向调查

用于分析通行能力，确定信号灯配时，为实行交通管理措施提供依据，制定道路改造规划，获得圈定范围内的车辆总数等。

三、转向调查或交叉口调查

用于交通渠化设计，制定禁止转向措施，计算通行能力，分析多发事故交叉口，评价交通拥挤等。

四、分车种调查

用于确定结构设计和几何设计标准，预估从道路使用者处获得的年收益，计算通行能力（受货运车辆影响的），确定机械计数法的修正系数等。

五、车辆占有调查

用于确定每车乘客数的分布，某一区域内的累计人数，使用运输设施的人所占的比例等。

六、行人交通调查

用于估算步行道和人行横道的需求量，为设置行人过街信号灯提供依据，确定交通信号配时等。

七、境界出入调查

在圈定的区域（中心商业区、购物中心、工业区等）的境界上进行交通量调查。用于统计在一定时间内进入和离开该区域的车辆和（或）人员的数量，得到该调查区域内聚集的车辆或人员的总数。

八、分隔查核线调查

在穿过分隔核查线的所有道路上进行的分车种交通量调查。用于确定交通趋势，扩充城市出行数据，进行交通分配等。

2.1.3.3 交通量计数方法

交通量技术调查的测记方法主要取决于所能获得的设备、经费和技术条件、调查的目的以及要求提供的资料情况等。一般有人工计数法、浮动车法、机械计数法、录像法。

一、人工计数法

由一个人或几个人在指定的地点和规定的观测时间内记录下通过观测点的车

辆数、累计时间及分段时间（5min、10min）的累计交通量。使用的工具除必要的计时器外，一般还需要手动计数器和其他记录用的记录板、纸和笔。

人工计数法适用于任何地点、任何情况的交通量调查，机动灵活，易于掌握，精度较高。但是调查员需要进行培训，加强职业道德和组织纪律性教育，并具有良好的责任心。一般适用于：转向交通量调查，分车种交通量调查，车辆占用调查，行人交通量调查，高速公路的交通量调查。

二、浮动车法

此法是由英国道路研究试验所的沃尔卓普（Wardrop）等人提出的方法，可同时获得某一路段的交通量、行驶时间和行车速度，是一种较好的交通综合调查方法。

该方法需要一辆测试车，车中一人记录与测试车对向开来的车辆数；一人记录与测试车同向行驶的车辆中，被测试车超越的车辆数和超越测试车的车辆数；另一人报告和记录时间及停驶时间。行程距离应已知或有里程读取，或向有关单位获取。整个调查过程，测试车一般需测调查路线往返行驶 12～16 次（即 6～8 个来回）。

测试车行驶时应尽可能接近观测车流的平均速度，当交通量很小时，则应接近调查路段的限制车速。对于多车道路段，最好变换车道行驶，并尽可能使超车次数、被超车次数大致相等。

三、机械计数法

根据调查的要求，可以选择所需的自动机械技术装置，进行连续性调查，可以得到一天 24h 交通量、一个月或一年的累计交通量等各种数据。自动机械计数装置一般由车辆检测器（传感器）和计数器两部分组成。这种装置可以节省大量人力，使用方便，可以同时进行范围广泛的调查，精度也较高，特别适用于长期连续性交通量的调查。但是这类装置也存在着一些不足，如一次性投资大，使用率往往不太高，特别是对调查项目的适应性较差。它们大部分无法区分车辆类型、车辆分流流向，对于行人交通量和自行车（非机动车）交通量调查往往无能为力。

四、录像法

目前常利用录像机（摄像机、电影摄影机或照相机）作为高级的便携式记录设备。可以通过一定时间的连续图像给初始时间间隔的或实际上连续的交通流详细资料。这种方法的优点是现场人员较少，资料可长期反复使用，比较直观，可以获得较全面的交通资料。缺点是费用比较高，整理资料花费人工多，目前多用于研究工作的调查中。这种方法适合于街道交叉口的交通情况分析，一般将摄影装置安装在交叉口附近的制高点上，镜头对准交叉口，按一定的时间间隔（如 30s、40s 或 60s）自动拍摄一次或连续摄像或摄影。

五、利用车辆定位系统计量法

上世纪末，国外利用全球定位系统（GPS）进行车辆导航，能够获得在两个起讫点之间最便捷的线路。与此同时，交通统计部门也就获得了在不同路段、不同时段的车流量、车速和车辆在城市道路网空间的分布状况等大量有用的原始资料。我国近年也在发展全球定位系统，首先用于物流运输车辆的跟踪，今后也会发展到城市交通资料的调查。

2.2　行人交通流特征

2.2.1　行人交通速度、密度与流量的关系

道路上行人的速度、密度与流量存在以下关系：

$$Q=K \cdot V \qquad (2\text{-}2\text{-}1)$$

式中

Q——单位时间内单位人行道宽度内通过的行人数量（人/min/m）；

V——每分钟步行距离（m/min）；

K——单位面积行人数量（人/min）。

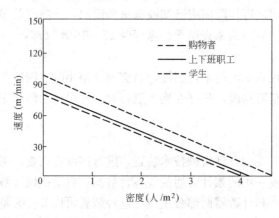

图 2-2-1　行人速度与密度的关系

行人流的速度表示每分钟行走的距离。速度是衡量服务水平的一个重要标准。行人占有空间值的倒数就是行人密度，表示每平方米的行人数量。随着行人密度增加，每人占有的空间减少，行人个人的机动性下降，速度随之下降（图 2-2-1）。

图 2-2-2 所示，行人最大流量在很小的范围内下降，即在人流密度达 1.3～2.2 人/m² 时流量最大，或行人占用空间在 0.46～0.8m²/人时的流量可达最大。

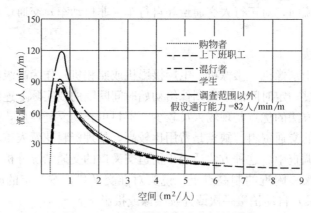

图 2-2-2　行人流量与行人空间的关系

图 2-2-3 表示行人速度与流量间的关系。这些曲线与机动车流线相似。它表明当人行道上有少量行人时，空间较大，行人可选择较高的步行速度。当流量增加时，由于行人间隔较近，速度下降。当达到拥挤的临界状态时，行走变得很困

难，流量和速度都下降了。

2.2.2　人行道上的人流特征

由于行人是随机到达的，大多数不规则的人行交通流，总会出现短时间波动的现象。在人行道上，由于有交通信号灯引起的人流受阻和排队，进一步扩大了这些随机的波动。公共交通站点也会在某个短时间内拥出大量人流，紧跟着一段时间又是无人流

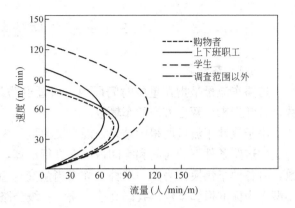

图 2-2-3　行人速度与流量的关系

出现。人流成团地在一起行走，成为人群。这个时候要考虑人群速度的快慢，行走速度快的行人不得不跟随人群慢走，行走速度慢的行人也会跟着人群快走。

街道转角处要比街道内的人行情况复杂得多，因为在这里会出现相交的行人流、穿过街道的行人和等候信号灯的排队人群，由于这些地方的人流特别集中，所以常成为行人特别拥挤的地方。街道转角处人行交通超负荷的运转，有时甚至会需要延长行人过街的绿灯时间或者会延误转弯车辆，影响机动车的运行。在转角处，要考虑满足红灯期间行人站立等待的面积要求和另一个方向行人在绿灯期间通行的面积要求，保证双向行人顺畅的过街。否则站立的行人在等候信号时会出现争先恐后的排队现象。人行横道内的行人流的特征和人行道的特征基本相似，上班人流的步行速度为 100m/min。而人行横道上的平均步行速度，经常为 70～80m/min，这是由于转弯车辆使行人步行受到干扰，降低了服务水平。

行人过街有单人穿越和结群而过两类。在过街时，第一种情况是待机而过。行人等待汽车停止或车流中有足以过街的空档才过街，他们步伐均匀。第二种是适时过街。行人走到人行横道起点正好车流中出现可穿越的空档，行人随即过街。他们多半是在走过路中线以后加快步伐。第三种情况是抢行过街。车流中本无可穿越的空挡，但行人快步抢行，在路中停步，再过街。行人过街时，是根据左侧的来车情况决定过街的，等待过街时间的长短与汽车交通量、街道宽度、年龄大小是否上班高峰时间等有关。在高峰时间、年轻人、路宽、车辆又多，过街行人往往缺乏耐心，先穿越一半路幅，在路中等候时机再过，所以在此设置行人安全岛十分需要。

行人喜欢走捷径。据调查，为走横道线而绕行 20m 以上，超越了很多人的心理接受范围。所以要加强安全教育，采取必要的防范措施，使过街行人走横道线。若行人沿人行横道过街和经天桥（或地道）过街的时间大致相同时，约有 80% 的人愿意使用天桥和地道。若使用后者的时间大于直接过街，使用天桥或地道的人就大大减少，若超过一倍时间时，则几乎无人使用天桥和地道。天桥和地道相比，使用天桥的人，安全感较强。

2.3 车辆交通流特征

2.3.1 车流量

道路车流量是指在单位时间段内，通过道路某一断面或某一条车道的车辆数，且常指来往两个方向的车辆数。

由于统计车流量所得的结果是混合交通量。为计算交通量，应将各种车种在一定的道路条件下的时间和空间占有率进行换算，从而得出各种车辆间的换算系数，将各种车辆换算为单一车种，称为当量交通量（pcu/单位时间）。国外多以小型车为标准换算车辆。我国高速公路、一级公路至四级公路和城市道路均以小型车为标准换算车辆，换算系数见表 2-3-1。

城市道路各种车辆对标准车的换算系数　　　　表 2-3-1

位置 车型	路　段	环形平交	设信号平交
小型车	1.0	1.0	1.0
中型车	1.5	1.4	1.6
大型货车、公共汽车	1.5	1.5	1.6
拖挂车、铰接车、大货车	2.0	2.0	2.5
摩托车	0.5	0.5	0.5
自行车	0.2	0.2	0.2

由于交通量时刻在变化着，对不同计量的时间，有不同的表达方式，一般取某一时段内的平均值作为该时间段的代表交通量。

$$平均交通量 = \frac{1}{n} \sum_{i=1}^{n} Q_i \quad （pcu/单位时间） \tag{2-3-1}$$

式中

Q_i——各规定时间段（分钟、小时、日）内交通量的总和；

n——统计时间内（小时、日、年）的规定时间段的个数。

根据统计时间段类型的不同可分为日交通量、小时交通量和时段交通量（不足一小时的统计时间）。

2.3.1.1 平均日交通量

平均日交通量依其统计时间的不同又可分为年平均日、月平均日和周平均日交通量。年平均日交通量在城市道路设计中是一项极其重要的控制性指标，用作道路交通设施规划、设计、管理等的依据，是确定车行道宽度、人行道宽度和道路横断面的主要依据。

$$年平均日交通量 = \frac{1}{365} \sum_{i=1}^{365} Q_i \quad （pcu/d） \tag{2-3-2}$$

2.3.1.2 小时交通量

将观测统计交通量的时间间隔缩短，能更加具体反映观测断面的交通量变化情况。因此，常用到以下概念：

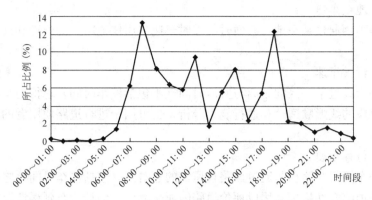

图 2-3-1　某市居民全日出行时间分布

小时交通量——是指一小时内通过观测点的车辆数。

高峰小时交通量——是指一天内的车流高峰期间连续 60min 的最大交通量。

城市道路上的交通量有明显的高峰现象。一定时间内（通常指一日或上午、下午）出现的最大小时交通量成为高峰小时交通量。在一天中，工作上下班前后有早高峰和晚高峰，通常以早高峰为最大，时间最集中；晚高峰次之，但持续时间长；中午的峰值较小。

根据国内一些城市的交通调查，高峰小时中最大连续 15min 的交通量约占高峰小时交通量的 1/3 左右。一天中高峰小时的交通量约占全天交通量的 1/6 左右。其具体数值应通过交通调查得到。

设计交通量——作为道路规划和设计依据的交通量，成为设计交通量。一般取一年的第 30 小时交通量作为设计交通量。即将一年中 8760 小时的交通量按大小次序排列，从大到小序号第 30 位的那个小时交通量（图 2-3-2）。

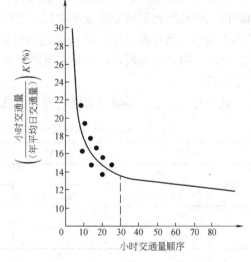

图 2-3-2　第 30 位最高小时交通量示意图

2.3.1.3　时段交通量（流率）

对不足 1 小时的时间间隔内观测到的交通量换算为 1 小时的车辆数称为当量小时流率，或简称流率。计算式为：

$$流率 = n 分钟内观测到的车辆数 \times \frac{60}{n} \quad (pcu/h) \tag{2-3-3}$$

式中

n——观测时间，一般取用 5min 或 15min。

2.3.2　行车速度

车速是泛指各种车辆的速度，是单位时间（t）内行驶的距离（S）。按 S 和 t 的取值不同，可定义为各种不同的车速。

一、地点车速

它是车辆通过某一地点断面时的瞬时车速，用作道路交通管理和规划设计时参考用。

二、行驶车速

它是指驶过某一区间距离与所需时间（不包括停车时间）求得的车速，用于评价该路段的线形顺适性和通行能力分析，也可用于进行道路使用者的成本效益分析。

三、行程车速

它是车辆行驶路程与通过该路程所需的总时间（包括停车时间）之比。行程车速是一项综合性指标，用以评价道路的通畅程度，估计行车延误情况。要提高运输效率，归根结底是要提高车辆的行程车速。

四、设计车速

道路几何设计所依据的车速，称为计算行车速度，也称设计车速。它是指在气候良好、交通密度低的条件下，一般驾驶员在路段上能保持安全、舒适行驶的最大速度。

汽车在道路上以一定车速行驶，除了车辆本身要有良好的性能外，还要求道路提供相应的技术保证。例如车行道的宽度、道路的平面线形及纵坡是否平缓、道路的几何形状乃至路面质量等均与行驶速度有关。行驶速度不同，对道路的要求亦不相同，因此道路设计前所确定的计算行车速度是道路设计的一项重要依据。否则，道路建成后，汽车要在道路上以最高速度行驶，也会被上述各项几何要素所限制。

我国对大、中、小城市道路网规划的机动车设计车速规定见表 2-3-2。

大、中、小城市道路网规划的机动车设计车速（单位：km/h）　　表 2-3-2

城市规模		快速路	主干路	次干路	支路
大城市	>200 万人	80	60	40	30
	50～200 万人	60～80	40～60	40	30
中等城市		——	40	40	30
小城市		——	干路 40		20

车辆在行驶时若经常变换排档，改变车速，将导致燃料和时间的额外消耗，机件和轮胎的磨损加剧，驾驶员也倍感疲劳。因此同一条道路上的计算行车速度应该一致，以使车辆状态较稳定。不同设计车速的道路衔接处，应设过渡段。过渡段的最小长度应能满足行车速度变化的要求，其变更位置应选择在容易识别的地点，如道路交叉口、匝道、道路出入口等，并设置相应的交通标志。

以上几种车速代表了不同的作用。地点车速是经过理论分析推算所得的车速。设计车速是道路几何设计的计算所依据而制定的车速。行驶车速是车辆在道路上实际行驶的车速。

行车速度既是道路规划设计中的一项重要控制指标，又是车辆运营效率的一项主要评价指标，对于运输经济、安全、迅捷、舒适具有重要意义。了解和掌握各类道路上行车速度及其变化规律，是正确进行道路网规划、设计和车辆运营、管理的基础。

2.3.3 车流密度

车流密度是指在某一瞬时内一条车道的单位长度上分布的车辆数。它表示车辆分布的密集程度，其单位为 pcu/km，于是有：

$$K = \frac{N}{L} \quad (\text{pcu/km}) \tag{2-3-4}$$

式中

K——车流密度（pcu/km）；

N——单车道路段内的车辆数（pcu）；

L——路段长度（km）。

道路上车头间隔也反映车流密度。车头间隔常用车头间距与车头时距两种方式表示：

2.3.3.1 车头间距

在同向行驶的车流中，前后相邻两辆车的车头之间的距离称为车头间距，用 h_s 表示（图 2-3-3）。计算公式如下：

$$h_s = L_车 + \frac{V}{3.6}t + S_制 + L_安 \quad (\text{m/pcu}) \tag{2-3-5}$$

式中

$L_车$——车身长度（m）；

V——行车速度（km/h）；

t——司机反应时间（s），驾驶人员发现前方问题后到采取措施的反应时间内行驶的距离，一般取 1.2s；

$S_制$——后车正常制动刹车与前车紧急刹车的制动距离之差值（m）；

$L_安$——安全距离（m），车辆距前车的最小距离，一般取 5m。

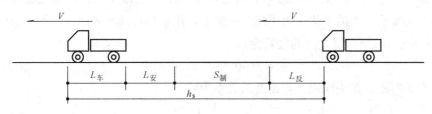

图 2-3-3 车头间距

制动距离的大小取决于制动效率和行车速度，制动力取决于轮胎与道路表面之间的道路阻力系数、路面的附着系数之和。在不同季节、不同气候条件、不同粗糙程度的路面上行车时，路面的附着系数不同，可从相应规范中查取。根据能量守恒定律，制动力与停车距离的乘积应当等于车速从 v 降到零时的动能消耗，下式成立：

$$G(\phi + f \pm i)S_制 = \frac{1}{2}Mv^2 = \frac{G}{2g}v^2 \tag{2-3-6}$$

式中

ϕ——附着系数；

f——滚动阻力系数；

i——道路坡度，上坡取正号，下坡取负号；

G——车辆重量。

公式整理后，代入重力加速度数值。另外，从安全角度考虑，由于刹车受到制动性能影响，制动距离需要乘上安全系数 K，所以制动距离最终计算公式整理如下：

其中 $S_{制}$ 的计算公式如下：

$$S_{制}=\frac{K_2-K_1}{2g(\phi+f\pm i)}\times\left(\frac{V}{3.6}\right)^2 \quad (m) \qquad (2\text{-}3\text{-}7)$$

式中

K_1——前车刹车安全系数；

K_2——后车刹车安全系数；

ϕ——附着系数，一般取 0.3；

f——滚动阻力系数，可取 0.02；

i——道路坡度，上坡取正号，下坡取负号。

将式 2-3-7 代入 2-3-5 可得：

$$h_s=L_{车}+\frac{V}{3.6}t+\frac{K_2-K_1}{2g(\phi+f\pm i)}\times\left(\frac{V}{3.6}\right)^2+L_{安} \qquad (2\text{-}3\text{-}8)$$

观测路段上所有车辆的车头间距平均值，称为平均车头间距，用 $\overline{h}_s(m/pcu)$ 表示。平均车头间距 $\overline{h}_s(m/pcu)$ 与密度 K（pcu/km）之间的关系为

$$\overline{h}_s=1000/K \quad (m/pcu) \qquad (2\text{-}3\text{-}9)$$

2.3.3.2　车头时距

在同向行驶的车流中，前后相邻两辆车驶过道路某一断面的时间间隔称为车头时距（h_t）。车头时距可通过车头间距 h_s 除以行驶速度 v 求得。观测道路上所有车辆的车头时距的平均值为平均车头时距，用 $\overline{h}_t(s/pcu)$ 表示。平均车头时距 $\overline{h}_t$（s/pcu）与交通量之间的关系为：

$$\overline{h}_t=3600/Q \quad (s/pcu) \qquad (2\text{-}3\text{-}10)$$

车头时距、车头间距、与速度的关系为：

$$h_s=\frac{V}{3.6}h_t \qquad (2\text{-}3\text{-}11)$$

2.3.4　车流量、行车速度和车流密度之间的关系

2.3.4.1　基本关系

在一条车道上，车流量 Q、行车速度 V、车流密度 K 存在以下关系：

$$Q=K\cdot V \qquad (2\text{-}3\text{-}12)$$

式中

Q——平均流量（pcu/h）；

V——平均车速（km/h）；

K——平均车流密度（pcu/km）。

2.3.4.2　速度与密度的关系

1963 年，格林希尔茨（Greenshields）提出了速度-密度线性关系模型，如图 2-3-4 及公式 2-3-13、公式 2-3-14：

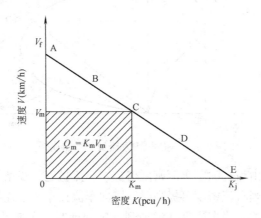

图 2-3-4　速度-密度关系曲线图

图中

　Q_m——最大流量。

　V_f——畅行速度。当车流密度趋于零、车辆可以畅行无阻时的最大速度。

　V_m——临界速度。流量达到 Q_m 时的速度。

　K_m——最佳密度。流量达到 Q_m 时的密度。

　K_j——阻塞密度。车流密集到所有车辆无法移动时的密度。

$$V=V_f\left(1-\frac{K}{K_j}\right) \tag{2-3-13}$$

$$K=K_j\left(1-\frac{V}{V_f}\right) \tag{2-3-14}$$

式中

　V_f——畅行速度；

　K_j——阻塞密度。

研究表明，平均车速与车流密度是直线关系，并且模型与实测数据拟合良好。当 K 趋近 0 时，$V=V_f$，即在车流密度很少的情况下，车辆可以自由速度行驶。当 K 趋近 K_j 时，$V=0$，即在车流密度很大时，车辆速度就趋向于零，出现交通阻塞。

2.3.4.3　速度、密度与流量的关系

将式（2-3-14）代入式（2-3-12），得：

$$Q=K_j\left(V-\frac{V^2}{V_f}\right) \tag{2-3-15}$$

上式可用一条抛物线表示（图 2-3-5），图中斜率为车流密度 K。速度-密度-流量曲线形状与实测结果十分相似。三者之间的关系见图的右侧部分。开始时车流密度稀少，通过的车流量也很小；车流量随着车流密度的提高而增加，车速稍

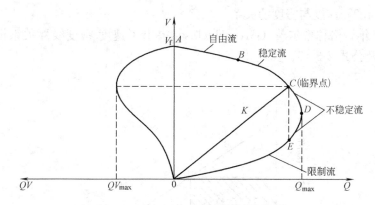

图 2-3-5　速度-密度-流量关系曲线图

有下降，车流为自由流；随着车流密度增加，车流量进一步增大，车流在道路上处于稳定流状态；当车流密度再提高时，同向车流在车道上连续行驶时，车和车之间存在着相互影响，当车流密度增加到一定程度时，车速就出现不稳定状态，这些车辆同样在道路上行驶时，时快时慢，但这时通过的车流量最多；当车流密度继续增大时，车速和车流量随之每况愈下，车流进入强制流状态，后车的行动还受到前车的制约，并且受制约的状况要向后传递，后车动作要比前车的动作延迟一点时间。当车流密度很大时，车辆间的空档已经很小，若驾驶稍有不慎，就会发生车辆追尾事故。当密度继续增大到阻塞密度 K 时，速度趋近于零，交通流量也趋近于零，此时道路上的车流被完全阻塞。

若将式（2-3-15）乘上 V，取横坐标为 QV，即察看车辆通过得又多又快时与车速的关系见图 2-3-5 的左侧部分。此曲线为三次方的曲线，即车速与流量曲线所包围面积的积分值。从曲线中可以看到：当车流密度增加时，车速虽有所下降，但车辆在稳定流时通过的流量是又多又快；当车流进入不稳定流后，状况就急剧下降。这说明在城市快速路和主干路上控制驶入车数，保持一定车流密度的重要性。

目前国内外的一些城市，在快速路和主干路上设置了传感器或使用卫星传感自动定位导向装置（GPS），将自动收集到的交通信息传递到控制中心的电子计算机，选择出最佳运行方案，再发出指令，指挥车辆应遵循的行驶方向，以此来迅速地调度交通流，使整个道路系统发挥最大的效能。

2.3.5　汽车在城市道路上的行驶特征

由于城市道路有不同等级，车辆在行驶过程中归纳起来可分为连续流和间断流。

2.3.5.1　连续流

连续流一般出现在无平面交叉口的城市道路上。

在城市快速路上，车辆可以不间断地连续行驶，它在道路上的分布是随机的、离散型的。在车流密度不大时，后面的快车要超越前面比它慢的车，可以自由变换车道超车，然后再汇到前面的车流中去。到了立体交叉口，或路侧出入的匝道口，也很容易分流、合流，自由出入。当车流密度增加，车辆行驶的自由度就受到前车的制约，尤其是在不稳定流的状态，车速时快时慢，变化又突然，容易发生交通事故。所以，在整个行驶过程中道路上的车流密度是决定车辆能否自由交织、变换车道，出入车道，能否按规定的车速安全、舒适行驶的关键。国外常用道路上每车道的车流密度值来确定其分级的服务水平。

对于城市快速路的服务质量，人们最关心的是车速和在路途上耗费的时间。但在连续稳定的交通流内，流量是随车流密度的增加而增加的。为此，采用车流密度作为规定连续流道路路段服务水平的参数。按照每车道每公里分布的当量小汽车数分成若干级别（美国分 6 级），定出每级的最大车流密度，由此规定出各级服务水平下的平均行程速度和道路饱和度，以及相应的最大服务流量。道路的饱和度（v/c）是一个相对值，表明道路上车辆的充盈程度，是指道路上的车流量（Volume）与其可能通行能力（Capacity）之比。我国尚无服务水平的技术规定，大都是套用国外的做法。

2.3.5.2 间断流

间断流一般出现在有平面交叉口的城市道路上。

在城市主干路上，若纵横两个方向行驶的车辆都较快又多，这时就要用信号灯管理交通，借着红绿灯的不同相位，将纵横两个方向的车流在时空上错开通过。这时道路网上各个流向的车流就被切成一段段，间断式地向前行驶。最理想的是使它们在到达交叉口时，横向的车流正好驶过交叉口。这时道路上的车流大都能在绿灯中通过，使道路发挥最大的效能。这时城市道路上可用于分布车辆的道路面积最多只能占道路总面积的一半（图 2-3-6），这是理想的绿波交通状况。实际上，城市交通是很复杂的。例如交叉口间距不等、路段流量不均匀、车种繁多、人车混杂等等，都能影响道路上的车速，产生交叉口交通延误，降低交叉口的通行能力，进而限制了路段的通行能力。所以，盲目追求宽马路、不展宽交叉口的做法，是得不偿失的。

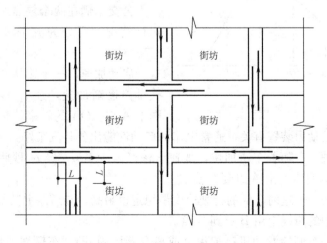

图 2-3-6　理想状态的绿波交通

此外，城市主干路的功能以通为主，设计车速在 60km/h 以上，安全停车视距是很长的。实测表明，道路上的车速越快，其停车视距越长、视角也越窄，驾驶员的视点聚焦在前方远处，而对道路两侧近处的景观形象是模糊的。若要求车辆速度快，就必须简化道路两侧的交通状况。但目前国内许多城市的主干路的路幅都做得很宽，既有机动车道、非机动车道、路边停车带，又有吸引大量人流和客流的沿街商店和公交站点，使道路路段上纵横两个方向的交通都很繁忙，相互干扰严重，最终驾驶员只能将车速降到 15km/h 以下，导致主干路的效能低下。

在有平面交叉口的城市次干路上，机动车流量和车速要比主干路小些，一般仍采用信号灯管理、或用环形交叉口。按道路性质和功能，它兼有通与达的任务，道路两旁建筑和商店吸引人流和非机动车流要比主干路多，道路上出入交通频繁，公交线路和停靠站多，路边停车也多，交通情况比较复杂，有时还会影响到主干路交叉口的交通。

在有平面交叉口的城市支路上，由于支路网密，每公里支路所承担的车流量都较少，设计车速也很低，它主要起交通出发和到达的作用，并且还常承担路边停车的功能。总体上看，城市支路的交通情况与前者比较，要简单些。国外城市对于车流量低的支路交叉口，常用让路规则和停车规则管理交通。在车辆驶过交叉口时，先在停车线前停止后再启动，纵横向车辆相让，一隔一的依次通过交叉口，并且对过街行人是车让人的做法，以策安全。但应指出：由于种种原因，我国城市中的支路十分稀少，次干路也不多，许多本该由支路和次干路承担的功能都由主干路承担，造成道路功能混杂，交通汇集量过大，问题十分严重，这是今后城市道路交通整治的重点。

2.3.6　城市公共交通车辆行驶的特征

2.3.6.1　公交车辆运行的典型特征

公共交通车辆是按固定线路行驶，沿途停靠站点的。所以，它的速度变化就受到站距的限制，与道路上其他车辆的行驶特征不同。

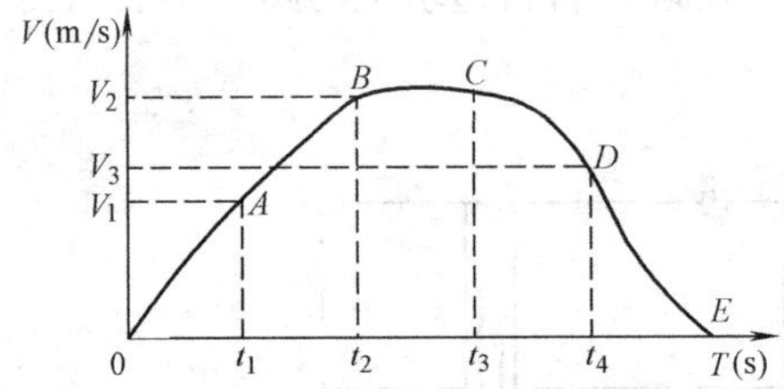

图 2-3-7　公交车运行情况

公交车辆在两个停靠站之间的典型运行情况，可分为五个过程，如图 2-3-7。

启动加速——车速从 0 启动，经变换排档逐渐加速，经 t_1 秒后达到 V_1，图中 A 点。OA 的斜率就是车辆的加速度，与车辆的动力装置有关，通常电车的启动性能比公共汽车好。

加速行驶——随着车速加快，加速度逐渐减少至 0，经 t_2 秒后，速度达到 V_2，在图中的曲线上由 A 点到 B 点。

等速行驶——这时车辆的行驶速度最稳定也最高，与道路上其他车辆的车速相近。在图中的曲线上由 B 点到 C 点。

淌车——车辆的发动机已熄火（或离合器已脱开），车辆靠惯性向前行驶，车速受到各种行车阻力影响逐渐降低，经 t_4 秒后降到 V_3，在图中的曲线上由 C 点到 D 点。

制动——车辆临近停靠站，驾驶员踩下制动器，使车辆的减速度更大，直到车辆刹停。在图中的曲线上由 D 点到 E 点。

从曲线图可知：车辆在两站之间以 V_2 高速行驶只有一小部分时间，其余部分的速度都是比较低的，平均行驶速度要比最高速度低许多。图中尚未计及道路交叉口红灯及其他交通干扰车速的影响情况。若车辆的加速性能差，站距短，道路交通情况复杂，则公交车辆的平均行驶速度就很小。因此，宜在城市道路上劈出公交港湾站、公交专用道，减少公交车辆与其他车辆的相互干扰，以保证公交车辆的正常运行。

2.3.6.2　行驶速度 $V_{行}$

由于一条公交线路所经过的道路和街道情况比较复杂，站距也不等，各站间的行驶速度 $V_{行}$ 会有较大差别。所以，通常用的平均行驶速度 $V_{行}$ 是按整条线路计的（图 2-3-8）。

$$V_{行} = \frac{l_{线}}{\sum t_{行}} \tag{2-3-16}$$

式中

$l_{线}$——线路长度；

$t_{行}$——车辆在线路两站间行驶的时间；

$\sum t_{行}$——车辆在线路各站间行驶时间之和。

2.3.6.3　运送速度 $V_{送}$

它是公交车辆运送乘客的速度，是衡量乘客在旅途消耗时间多少的一个重要指标（图 2-3-9）。

$$V_{送} = \frac{l_{线}}{\sum t_{行} + \sum t_{停}} \tag{2-3-17}$$

式中

$l_{线}$——线路长度；

$\sum t_{行}$——车辆在线路各站间行驶时间之和；

$\sum t_{停}$——车辆在线路各站上停靠时间之和。

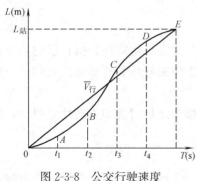

图 2-3-8　公交行驶速度

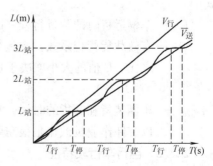

图 2-3-9　公交运送速度

车辆沿途停靠的总时间决定于：停站次数、每次停站上下车的人数和每人所花的时间，通常它约占车辆在全线行驶和停靠时间总和的 $25\% \sim 30\%$。这项时间的大小不仅影响运送速度，还影响停靠站和线路的通行能力。因此，缩短这段时间对乘客、尤其是特大城市的乘客有很大的意义。目前，我国城市公共交通在同一条道路上的线路重复太多，使站点被堵塞，延长了车辆停站时间，降低了运送速度。运送速度大约为：市区 14～18km/h，郊区 16～25km/h。

2.3.6.4 运营速度（$V_营$）

它是公交车辆在线路上来回周转的速度。是衡量整个客运企业或某条线路上车辆运营情况好坏的指标（图 2-3-10）。

$$V_营 = \frac{2 \cdot l_线}{\sum t_行 + \sum t_停 + \sum t_{首末停}} \qquad (2\text{-}3\text{-}18)$$

式中

  $\sum t_{首末停}$——车辆在线路两端首末站上停歇的时间，其余符号同前。式中的分母表示车辆在线路上一个来回的周转时间。

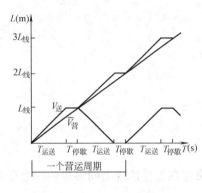

图 2-3-10 公交运营速度

上述三种速度是逐个减少的，其中主要的影响者是行驶速度。这三种速度在各个城市、一年四季或一天各小时中也是不同的，影响它的主要是天气、道路与街道上交通和线路上客流的拥挤程度。

客运出租汽车没有沿途停站情况，行驶速度和运送速度要比公共汽车高得多。若在郊区线路上使用长站距和优先通过交叉口的公交专用道，也能大大提高车速。

2.3.7 城市货运车辆行驶的特征

城市中的货运车辆大都是门到门的运输，没有沿途停站的情况，所以，行驶速度要比公交车高，并且行驶速度和运送速度是一样的。

货运车辆的运营速度 $V_营$ 是表示货运车辆运货时周转速度的重要指标。

$$V_营 = \frac{L/\beta}{[(L/\beta)/V_行] + t_{装卸}} \qquad (2\text{-}3\text{-}19)$$

式中

  L——车辆运货时的载货行程（km）。

  β——有效载货行程系数。它是载货行程与为完成运货任务所行驶的总行程之比。B 值的大小取决于货运调度工作的好坏和所承运的货物，一般为 0.5～0.6。

  $t_{装卸}$——车辆装货和卸货的时间。它在车辆整个运货时间中占的比重很大，所以装卸作业机械化是很需要的。

2.3.8 自行车行驶特征

一般自行车在路段上占用道路面积约为 4～10m²/车，但在交叉口停车线前拥挤堵塞时，其密度很大，一般为 2～4m²/车，有时甚至更大。在南京市珠江路观测，自行车的密度平均值高达 0.63 辆/m²。而北京市对 8 个路口的观测，自行的密度最高可达 0.54 辆/m²。

有资料统计，不同速度下自行车占用道路面积是不同的。自行车以 5km/h

骑行时，占用道路面积约为 4.1m²；10km/h 时，占用道路面积为 5.2m²；12km/h 时，占用道路面积 6.2m²；15km/h 时，占用道路面积为 8.1m²；20km/h 时，占用道路面积 10m²；25km/h 时，占用道路面积 12m²；30km/h 时，占用道路面积为 16m²。

自行车的特征与机动车相比有很大的不同：

一、摇摆性

自行车转向灵活，反应敏捷，正常行驶时，横向摆动 0.4m 宽，但在行进中常因超车、让车或加速而偏离原骑行车道线，甚至有时突然偏离或冲出原骑行车道线。

二、成群性

自行车交通流在路段上不严格保持有规则的纵向行列，而是成群行进，交叉口信号灯的控制是这种现象的原因之一；另一方面是由于骑车人喜欢成群结队，这是同机动车交通流显著不同的一个特点。

三、单行性

与成群性相反，有些骑车人不愿在陌生人群中骑行，也不愿紧紧尾随别人之后，往往冲到前面个人单行，或滞后一段单行。

四、多变性

由于自行车机动灵活，爱走近路，又易于转向、加速或减速，因而骑车速度和自行车流向常常突然变化，还有在车流中你追我赶的现象。

自行车行驶时绝大多数车辆是互相错位的。左右两车靠得近时，前后两车的间距就大；左右两车离得远时，前后两车靠得就近，万一发生刹车，后车仍能插入前面的两车之间，还有左右摆动把手的余地而不致撞车。每车所占用的活动面积 A 值是自动调节的。在路段上，当每车的 A 值大于 8m² 时，骑车人的车速不限，行人尚可穿越自行车流去公交车站；当 A 值为 6m² 时，骑车超车已较难，行人也难穿过自行车流；当 A 值为 4.5m² 时，车速下降到 10km/h 左右，车流较密集，行人不可能横穿自行车流；当 A 值小于 3m²，车速小于 8km/h，一车倒下，相邻或后面的自行车会跟着倒下，或车速骤降而推行，只有个别人骑车。在交叉口的骑车人在绿灯初期大量人推车而行，当 A 值达到 2.2m² 时，即可骑行。从 A 值的变化可知，车流密度与车速有密切关系。例如：自行车在平段行驶时，车流密度正常；到了上坡段，车速变慢，车流变密，A 值变小；下坡时，车速加快，车流变稀，A 值就变大，而这时所通过的自行车数并没有变化。又如进入交叉口的自行车受到红灯阻拦，车流也会变密；离交叉口后又会变稀。如果道路上自行车流本来就很密，当交叉口红灯一拦，整条车流没有多少压缩余地，立刻会在停止线前出现一条自行车长龙，即使交叉口开放绿灯，停止线处的自行车已可驶出，但排成长龙的自行车流密度变稀要有一段时间，使后续的骑车人仍然不断下车，排队现象会继续向后延长，达一二百米，甚至波及到下一个交叉口。这时，排成长龙的自行车流往往要等二次绿灯后才能通过交叉口，这对交叉口的畅通、提高道路通行能力都是不利的。此外，北方城市冬天结冰路滑，车流太密也容易摔倒出事。

第3章　城市道路平面线形规划设计

3.1　平面线形规划设计的内容

道路线形指道路路幅中心线（又称中线）的立体形状。道路平面线形指道路中线在平面上的投影形状。在城市道路规划设计中，由于经常会碰到山体、丘陵、河流和需要保留的建筑，有时还因地质条件差而需要避开不宜建设的地方，所以无论城市道路还是公路不可避免要发生转折，因此就需要在平面上设置曲线。因此平面线形是由直线和曲线组合而成的。

平曲线通常由圆曲线及两端缓和曲线组成。当圆曲线半径足够大时可以使直线与圆曲线直接衔接（相切）；当设计车速较高、圆曲线半径较小时，直线与圆曲线之间以及圆曲线之间要插设缓和曲线。

如果城市道路转折角度不大，可把转折点设在交叉口，使道路线形呈折线状。这样可以减少道路上的弯道，便于道路施工和管线埋设，也有利于道路两侧建筑的布置。如果转折点必须设置在路段上，则需要根据车辆运行要求设置成曲线。曲线又可分为曲率半径为常数的圆曲线和曲率半径为变数的缓和曲线。

城市道路平面线形规划设计的主要任务为：根据道路网规划确定的道路走向和道路之间的方位关系，以道路中线为准，考虑地形、地物、城市建设用地的影响；根据行车技术要求确定道路用地范围内的平面线形，以及组成这些线形的直线、曲线和它们之间的衔接关系；对于小半径曲线，还应当考虑行车视距、路段的加宽和道路超高设置等要求。

城市道路平面线形规划可划分为总体规划、详细规划两个阶段。总体规划阶段的城市道路平面线形规划主要是根据城市主要交通联系方向确定城市主要道路中心线的走向，并进一步确定城市路网。详细规划阶段的城市道路平面线形规划设计，一般是在上一层次已经确定的城市道路网规划基础上进行的，需要进一步详细确定用地范围内各级道路主要特征点的坐标、曲线要素等内容，便于进一步的道路方案设计。

3.2　平曲线规划设计

在城市道路规划设计中，一般采用圆弧曲线连接直线路段。为了使线形平顺，必须是切点相连。

3.2.1　圆曲线的半径与长度

汽车在弯道上行驶时，驾驶员转动方向盘，使汽车作圆周运动。由于离心力的作用，车上的乘客与货物同样受到离心力的作用，同时汽车也可能产生横向滑移。汽车在弯道上行驶时，作用在汽车横截面上的力，有垂直向下的汽车重力 G 和水平方向的离心力 C，以及轮胎和路面之间的横向摩阻力，如图 3-2-1 所示。

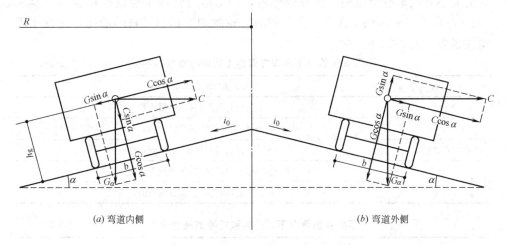

(a) 弯道内侧　　　　　　　　　　　　　　　　(b) 弯道外侧

图 3-2-1　汽车行驶受力分析

作用在汽车上的离心力为：

$$C = m\frac{v^2}{R} = \frac{Gv^2}{gR} = \frac{GV^2}{127R} \qquad (3-2-1)$$

式中

　　m——汽车的质量（kg）；

　　G——汽车的重量（N）；

　　g——重力加速度（9.8m/s^2）；

　　v——计算行车速度（m/s）；

　　V——计算行车速度（km/h）；

　　R——平曲线半径（m）。

把作用在汽车上（通过重心）的汽车重力 G 和水平方向的离心力 C 沿垂直于路面方向和平行于路面方向进行分解，可以把离心力所提供的、指向运动轨迹外侧的水平力称为横向力。则横向力为：$Y = C\cos\alpha \pm G\sin\alpha$

由于 α 很小，故 $\sin\alpha \approx \text{tg}\alpha = i_0$，$\cos\alpha \approx 1.0$。于是有：

$$Y = \frac{GV^2}{127R} \pm Gi_0 \qquad (3-2-2)$$

式中

　　i_0——道路横坡，"—"表示车辆在弯道内侧车道上行驶；"＋"表示车辆在未设超高的曲线外侧车道上行驶。

单位车重的横向力称为横向力系数 μ，表示汽车在做圆周运动时，每单位车辆总重所受的横向力，即汽车、乘客、车上装载物所受到的横向力与其自身重量的比值。将式 3-2-2 移项整理可得：

$$\mu = \frac{Y}{G} = \frac{V^2}{127R} \pm i_0 \qquad (3-2-3)$$

如果横向力系数为 0.1，那么就相当于体重为 50kg 的人，有 5kg 的横向力在推他。如果横向力继续增加，那么，人会感觉不舒服，横向不稳定。因此，横向力系数的大小是判定道路设计转弯半径是否符合要求的基本条件。若横向力系数的大小对汽车不产生横向滑移或倾覆，说明道路转弯半径设计符合基本要求（表 3-2-1）。另外，汽车在弯道上行驶时，轮胎的磨损与燃料的消耗要比直线段增加很多（表 3-2-2）。

不同 μ 值情况下汽车在弯道上行驶时乘客的感受 表 3-2-1

μ 值	汽车转弯时乘客的感觉
<0.10	不感到有曲线的存在，很平稳
0.15	感到有曲线的存在，尚平稳
0.20	已感到有曲线的存在，略感到不稳
0.35	感到有曲线的存在，已感到不稳定
0.40	非常不稳定，站立不住而有倾倒的危险

不同 μ 值情况下对燃料和轮胎消耗的影响 表 3-2-2

μ 值	燃料消耗(%)	轮胎消耗(%)
0	100	100
0.05	105	160
0.10	110	220
0.15	115	300
0.20	120	390

把式 3-2-3 移项，可得圆曲线半径的计算公式：

$$R = \frac{V^2}{127(\mu \pm i_0)} \ (\text{m}) \tag{3-2-4}$$

式中

V——计算行车速度（km/h）。

μ——横向力系数。

i_0——道路横坡。"—"表示车辆在未设超高的曲线外侧车道上行驶；"+"表示车辆在曲线外内车道上行驶。

汽车所受的横向力 Y 使汽车向弯道外侧滑动，而轮胎和路面之间的摩阻力 $G\phi_\text{横}$ 阻止汽车滑移，因此，汽车不产生横向滑移的必要条件是：

$$Y \leqslant G\phi_\text{横} \tag{3-2-5}$$

式中

$\phi_\text{横}$——横向摩阻系数，与车速、路面种类及状态、轮胎状况等有关。

由于 $Y = \mu G$，上式可写成：

$$\mu \leqslant \phi_\text{横} \tag{3-2-6}$$

由于轮胎在纵向和横向的刚度和轮胎花纹等的影响不同，横向摩阻系数 $\phi_\text{横}$ 与纵向摩阻系数 $\phi_\text{纵}$ 的数值不同，它们与第一章所述的附着系数 ϕ 有着如下的关系：

$$\phi^2 = \phi_横^2 + \phi_纵^2$$

$$\phi_纵 = (0.7 \sim 0.8)\phi$$

$$\phi_横 = (0.6 \sim 0.7)\phi$$

式 3-2-5 表明保证车辆行驶稳定的极限条件是 $\mu = \phi_横$，那么式 3-2-4 可以写成：

$$R = \frac{V^2}{127(\phi_横 \pm i_0)} \text{（m）} \tag{3-2-7}$$

圆曲线半径分为不设超高的最小半径、极限最小半径和一般最小半径。

不设超高的最小半径：指道路半径较大，离心力较小时，汽车若沿双向路拱外侧行驶时，路面的摩擦力足以保证汽车安全行驶所采用的最小半径。在计算过程中，公路一般 μ 采用 0.035，城市道路一般 μ 采用 0.067。在城市建成区，城市道路两侧建筑物已经形成，故尽可能不设超高，以免与建筑物标高不协调，影响街景美观。

极限最小半径：指圆曲线半径采用的极限最小值。它在当地形困难或条件受限制时方可使用。采用极限最小半径时，设置最大超高。城市道路在郊区的超高横坡度可采用 2%～6%，μ 一般采用 0.15。

一般最小半径：指设超高时的推荐半径。其数值介于不设超高的最小半径和极限最小半径之间。超高值随半径增大而按比例减少。

由式 3-2-7 算出的 R 值，称为圆曲线不设超高容许的最小半径。

选用圆曲线的半径值，应与当地地形、经济等条件相适应，并应尽量采用大半径曲线，以提高道路使用质量。我国的道路设计规范提出了相关规定，可以查取这些数据，选用适合的半径。一般只有在设计条件比较苛刻的情况下才通过计算确定弯道半径。但最大半径不宜超过 10000m。

城市道路圆曲线的最小半径与最小长度　　表 3-2-3

计算行车速度(km/h)	80	60	50	40	30	20
不设超高的最小半径(m)	1000	600	400	300	150	70
设超高的推荐半径(m)	400	300	200	150	85	40
设超高的极限半径(m)	250	150	100	70	40	20
圆曲线最小长度(m)	70	50	40	35	25	20
平曲线最小长度(m)	140	100	85	70	50	40

3.2.2　小半径弯道路面的超高与加宽

3.2.2.1　超高设置

如果因为地形、地物的原因，道路实际允许的最大转弯半径小于上述不设超高的圆曲线的最小半径时，车辆在弯道外侧行驶就要减速，否则就会产生过大的横向力。为了减少横向力，就需要把弯道外侧横坡做成与内侧同向的单向横坡，即称为超高横坡度 $i_超$（%）。

超高横坡度 $i_超$ 可根据 3-2-4 移项整理，计算公式如下：

$$i_超 = \frac{V^2}{127R} - \mu \text{（%）} \tag{3-2-8}$$

式中

V——计算行车速度（km/h）；

R——圆曲线半径（m）；

μ——横向力系数。

当计算所得到的超高横坡度小于路拱横坡时，宜选用等于路拱横坡的超高，以利于测设。

设置超高使重力的水平分力与离心力方向相反，横向力将减少。但是超高不能无限增大，因为如果碰到雨雪等天气，汽车的行驶速度降低，重力作用可能造成汽车向道路弯道内侧滑移，所以超高的最大值存在合理的范围。我国的城市道路的超高坡度一般取 2‰～6‰（表 3-2-4）。

城市道路设计车速与最大超高横坡的选取   表 3-2-4

计算行车速度（km/h）	80	60,50	40,30,20
最大超高横坡度（%）	6	4	2

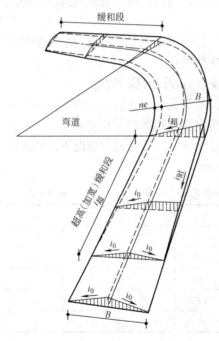

图 3-2-2　超高缓和段的设置

城市道路一般较宽，设置超高可能会导致道路两侧用地高差变化较大，不利于道路两侧用地车辆的进出与地面排水，也不利于街道景观组织，所以城市道路一般通过增大道路转弯半径的办法，解决车辆行驶要求，很少设置超高。超高往往是设置在立交的匝道上和山地风景区道路上。为了使道路从直线段的双坡面顺利转换到具有超高的单坡面，需要一个渐变的过渡段，称为超高缓和段（图 3-2-2）。

超高缓和段长度的计算随超高横坡过渡方式之不同而异，通常超高横坡有下述两种过渡方法：

一、绕内边缘旋转

先将外侧车道绕路中线旋转，当达到与内侧车道同样的单向横坡后，整个断面绕未加宽前的内侧车道边缘旋转，直至超高横坡值（图 3-2-3a）。在纵断面设计时，应注意中心线标高设计应符合超高横坡过渡的要求。此时，超高缓和段长度可按下列公式计算：

$$l_{超} = \frac{B \Delta i_{超}}{P} \ (m) \qquad (3-2-9)$$

式中

$l_{超}$——超高缓和段长度（m）；

B——路面宽度（m）；

$\Delta i_{超}$——i_0 与 $i_{超}$ 的代数差；

P——超高渐变率，即旋转轴与车行道（设置路缘带时，则为路缘带）外侧边缘之间相对升降的比率。城市道路超高渐变率见表 3-2-5。

设计车速与超高渐变率的选取　　　　　　　　　　　　表 3-2-5

计算行车速度(km/h)	80	60	50	40	30	20
超高渐变率	1/150	1/125	1/115	1/100	1/75	1/50

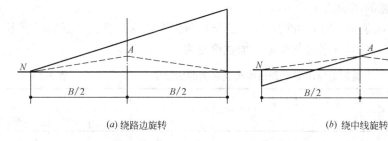

(a) 绕路边旋转　　　　　　　　　　(b) 绕中线旋转

图 3-2-3　超高方式

二、绕中线旋转

先将外侧车道绕中线旋转，当达到与内侧车道构成单向横坡时，整个断面一同绕路中线旋转，直至达到超高横坡值。一般多用于旧路改建工程（图 3-2-3b）。

超高缓和段 $l_{超}$ 计算公式如下：

$$l_{超}=\frac{B}{2}\left(\frac{i_0+i_{超}}{P}\right) \ (\text{m}) \tag{3-2-10}$$

式中

B——路面宽度；

i_0——道路横坡度（%）。

由超高缓和段长度计算公式可知，绕中线旋转的方式，在同样超高值下，缓和段长度较短，但内缘降低较多，在纵坡不大的挖方路段将不利于排水。这种绕中线旋转的方式，对纵断面线形设计标高无影响。所以，在设计时，要综合考虑边沟排水、构造物控制标高等因素，合理选择旋转方式。

3.2.2.2　加宽设置

汽车在弯道上行驶时，各个车轮的行驶轨迹不同，在弯道内侧的后轮行驶轨迹半径最小，而靠近弯道外侧的前轮行驶轨迹半径最大。当弯道半径较小时，这一现象表现得更为突出。为了保证汽车在转弯时不侵占相邻车道，凡小于 250m 半径的曲线路段均需要加宽（图 3-2-4）。对于双车道路面总加宽值可按下式确定：

图 3-2-4　小半径弯道加宽

$$e = \frac{L^2}{R} + \frac{0.1V}{\sqrt{R}} \ (\text{m}) \qquad\qquad (3\text{-}2\text{-}11)$$

式中

　　e——双车道加宽值（m）。

　　V——计算行车速度（km/h）。

　　L——小型汽车、普通汽车前保险杠至后轴轴心线的距离；铰接车前保险杠到中轴轴心线的距离（m）。

　　R——设加宽的圆曲线半径（m）。

当道路有三四条车道时，可按 e 的一倍半，两倍来计算车道总加宽值，更多车道可以此类推。城市道路每条车道的加宽值见表3-2-6。

城市道路小半径圆曲线每条车道的加宽值（m）　　　　表 3-2-6

车型＼圆曲线半径（m）	250～200	200～150	150～100	100～60	60～50	50～40	40～30	30～20	20～15
小型汽车	0.28	0.30	0.32	0.35	0.39	0.40	0.45	0.60	0.70
普通汽车	0.40	0.45	0.60	0.70	0.90	1.00	1.30	1.80	2.40
铰接车	0.45	0.55	0.75	0.95	1.25	1.50	1.90	2.80	3.50

在城市道路中，当机动车、非机动车混和行驶时，一般不考虑加宽。车道加宽一般仅限于快速交通干道、山城道路、郊区道路以及立交的匝道。

为了适应车辆在弯道上行驶时后轮轨迹偏向弯道内侧的需要，通常公路的加宽设在弯道内侧。城市道路为了便于拆迁和实施，有时两侧同时加宽。在圆曲线内加宽为不变的全加宽值，两端设置的加宽缓和段由直线段加宽为0，逐步按比例增加到圆曲线的全加宽值。当设缓和曲线和超高缓和段时，加宽缓和段与其相等。否则，加宽缓和段长度按渐变率1：15设置，且长度不小于10m。

为了提高行车安全性，在道路设计中考虑超高与加宽的同时，也要考虑立面要素的引导作用。通过植物、路堑、边坡、路缘石、挡土墙、护栏、岩壁、建筑物等立面要素，把道路线形的形象突出表现出来，从而对诱导驾驶员的视线起到关键作用，减少交通事故的发生。

3.2.3　缓和曲线

在城市道路上，尤其是城市快速路上，经常存在不同等级道路的衔接，这些衔接往往对道路平面线形设计有较大的影响，这就需要设置缓和曲线。其目的是通过曲率的逐渐变化，适应车辆转向操作的行驶轨迹和路线的顺畅，缓和行车方向的突变和离心力的骤增，使离心加速度逐渐变化，并可作为缓和超高变化的过渡段，从而使汽车从直线段安全、迅速地驶入小半径弯道。较理想的缓和曲线应符合汽车转向行驶轨迹和离心力逐渐增加的要求，可以使汽车在从直线段驶入半径为 R 的平曲线时，既不降低车速又能徐缓均衡转向，使汽车回转的曲率半径能从直线段的 $\rho=\infty$ 有规律地逐渐减小到 $\rho=R$，这一变化路段即为缓和曲线段，如图3-2-5。

缓和曲线多采用回旋线（或称辐射螺旋线），也可采用三次抛物线、双纽线等形式。

3.2.3.1　缓和曲线的作用

一、曲率连续变化，便于车辆遵循车道行驶

汽车在转弯行驶的过程中，存在一条曲率连续变化的轨迹线。无论车速高低，这条轨迹线都是客观存在的，它的形式和长度则随行驶速度、曲率半径和司机转动方向盘的快慢而有所不同。在低速行驶时，司机可以利用路面的富余宽度使汽车保持在

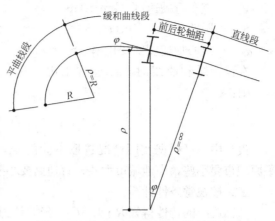

图 3-2-5　汽车在缓和曲线上的行驶情况

车道范围之内，因此没有必要设置缓和曲线。但在高速行驶或曲率急变时，汽车则有可能超出自己的车道，驶出一条很长的过渡轨迹线。从安全的角度出发，有必要设置一条驾驶者易于遵循的路线，使车辆不致侵入相邻车道。

二、离心加速度逐渐变化，旅客感觉舒适

汽车由直线驶入圆曲线或由圆曲线驶入直线，在两段直线与曲线之间各设置一条过渡曲线，可以缓和离心加速度的变化，使乘客感觉比较舒适。

三、超高横坡度逐渐变化，行车更加平稳

当行车道从直线上的双坡断面过渡到圆曲线上的单坡断面，或由直线上的正常宽度过渡到圆曲线上的加宽宽度时，如果速度较高，车辆会发生左右摇晃。设置一定长度的缓和曲线，可以使行车更加平稳。

四、与圆曲线配合得当，增加线形美观

圆曲线与直线直接相连时，如果连接处曲率突变，视觉上会有不平顺的感觉。设置缓和曲线，可以保证线形连续、圆滑，增加线形的美观。另外，其外观感觉也比较安全，可以收到显著效果。

3.2.3.2　缓和曲线长度

缓和曲线要有足够的长度，使司机能够从容地打方向盘，使乘客感觉舒适，线形美观流畅，同时保证圆曲线上的超高、加宽过渡也能在这一长度内完成。通常可从以下几方面考虑其长度：

一、旅客感觉舒适

汽车行驶在缓和曲线上，其离心加速度（a）将随着缓和曲线曲率的变化而变化，若变化过快，将会使旅客有不舒适的感觉。

离心加速度的变化率：$\alpha_s = \dfrac{a}{t} = \dfrac{v^2}{Rt} = \dfrac{v^3}{RL_s} = 0.0214\dfrac{V^3}{RL_s}$

缓和曲线最小长度公式：

$$L_{s(\min)} = 0.0214\frac{V^3}{\alpha_s R} \tag{3-2-12}$$

式中

V——汽车行驶速度（km/h）；

R——圆曲线半径（m）；

α_s——离心加速度的变化率（m/s^3）。

在设置缓和曲线时，α_s 通常采用 0.6 m/s^3，并以 V（km/h）代替 v（m/s），则：

$$L_{s(min)} = 0.036 \frac{V^3}{R} \tag{3-2-13}$$

设计中，可根据实际情况选取不同的 α_s，高速路要小些，低速路要大些；平原城市要小些，山地城市大些；直通路要小些，交叉口大些。

二、按视觉条件计算

从回旋线的特性得知 $R \cdot L = C'$。经验认为，当 $C' = R^2/9 \sim R^2$，即可使线形顺畅协调。所以缓和曲线的长度：

$$L = R/9 \sim R \tag{3-2-14}$$

缓和曲线长度应取较大值，一般取 5 的整倍数。

三、行驶时间不过短

缓和曲线不管其参数如何，都不可使车辆在缓和曲线上的行驶时间过短而使司机驾驶操纵过于匆忙。一般认为，汽车在缓和曲线上的行驶时间至少应有 3s，所以：

$$L_{s(min)} = \frac{V}{1.2} \tag{3-2-15}$$

考虑了上述影响缓和曲线长度的各项因素，《城市道路设计规范》（CJJ 37—90）制定了城市道路的最小缓和曲线长度，见表 3-2-7。

城市道路缓和曲线最小长度　　　　　　　　　表 3-2-7

计算行车速度(km/h)	80	60	50	40	30	20
缓和曲线最小长度(m)	70	50	45	30	25	20

3.2.3.3 缓和曲线的省略

在直线和圆曲线之间设置缓和曲线后，圆曲线产生了内移值 ΔR。在 L_s 一定的情况下，ΔR 与圆曲线半径成反比，当 R 大到一定程度时，ΔR 值甚微，即使直线与圆曲线径相连接，汽车也能完成缓和曲线的行驶，因为在路面的富余宽度中已经包含了这个内移值。所以《城市道路设计规范》（CJJ 37—90）规定，在下列情况下可不设缓和曲线：

1. 计算行车速度小于 40km/h 时，缓和曲线可用直线代替。

2. 圆曲线半径大于表 3-2-8 不设缓和曲线的最小圆曲线半径时，直线与圆曲线可直接连接。

不设缓和曲线的最小圆曲线半径　　　　　　　　表 3-2-8

计算行车速度(km/h)	80	60	50	40
不设缓和曲线的最小圆曲线半径(m)	2000	1000	700	500

3.2.3.4　缓和曲线的设置和要素

一、缓和曲线的设置

缓和曲线设置在直线与圆曲线间，在起点处与直线段相切，而在终点处与圆曲线相切，所以圆曲线的位置必须向内移动一距离 ΔR。通常采用圆曲线的圆心不动，使半径略为减小而向内移动的方法。在图 3-2-6 中，JD 是道路中线的交点，B 点是原来圆曲线的起点，F 点是原来圆曲线的终点，插入缓和曲线 AE 后，缓和曲线与圆曲线相接于 E 点，缓和曲线起点则为 A 点，而原来的圆曲线向内移动一距离 ΔR。在测设时，已知圆曲线半径 R，偏角 α；圆曲线起点 B 及终点 F 的位置，所以，必须算出缓和曲线起点 A 的位置（q 值）、缓和曲线与圆曲线衔接点 E 的位置（x_h，y_h 值），以及原来的圆曲线向内移动的距离 ΔR。这三个数值确定后，即可设置缓和曲线。设置缓和曲线后，将减小圆曲线的中心角 α。减小后的中心角等于 $\alpha-2\beta$，因而设置缓和曲线的可能条件即为 $\alpha>2\beta$。

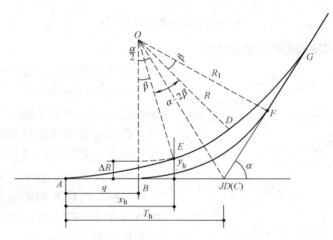

图 3-2-6　缓和曲线与圆曲线的衔接

当 $\alpha=2\beta$，两条缓和曲线将在弯道中央连接，形成一条连续的缓和曲线。当 $\alpha<2\beta$ 时，则不能设置所规定的缓和曲线，这时必须缩短缓和曲线的长度或增大圆曲线半径（直至不设缓和曲线的圆曲线半径）。

二、缓和曲线的要素

通过计算可以得出缓和曲线的要素（图 3-2-7）如下：

切线总长：

$$T_h=T+q=(R+\Delta R)\,\mathrm{tg}\,\frac{\alpha}{2}+q \tag{3-2-16}$$

外矢距：

$$E_h=(R+\Delta R)\sec\frac{\alpha}{2}-R \tag{3-2-17}$$

曲线总长：

$$L_h=\frac{\pi}{180}R(\alpha-2\beta)+2L \tag{3-2-18}$$

超距：

$$D = 2T_h - L_h \tag{3-2-19}$$

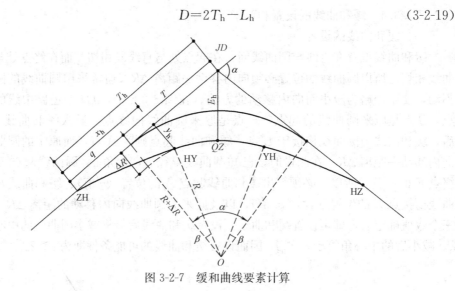

图 3-2-7　缓和曲线要素计算

3.2.4　平面线形的组合与衔接

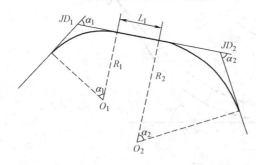

图 3-2-8　同向曲线

在城市道路上，道路平面线形可能会出现连续转折，产生道路平曲线相连的现象。为了车辆行驶安全与平稳，需要妥善解决曲线间的衔接。曲线与曲线、直线与曲线应当在切点部位衔接。在道路定线时，衔接点必须给出坐标。转向相同的曲线称为同向曲线（图 3-2-8）。转向相反的曲线称为反向曲线（图 3-2-9）。不同半径的两同向曲线直接相连、组合而成的曲线则称为复曲线（图 3-2-10）。

城市道路半径不同的同向圆曲线符合下列条件之一时，可构成复曲线：

（1）小圆半径大于表 3-2-8 所列不设缓和曲线的最小圆曲线半径时。

（2）小圆半径大于表 3-2-9 所列半径时。

（3）小圆曲线按规定设置最小缓和曲线长度，且大圆与小圆内移值之差不超过 0.1m 时。

（4）大圆半径与小圆半径之比：计算行车速度大于或等于 80km/h，且 $R_1 : R_2 < 1.5$ 时；计算行车速度小于 80km/h，且 $R_1 : R_2 < 2.0$ 时。

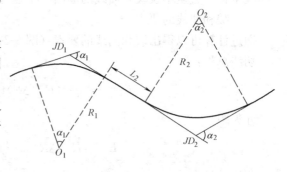

图 3-2-9　反向曲线

当复曲线的两圆曲线超高不同时，应按超高横坡差从公切点向较大半径曲线内插入超高加宽过渡段，其长度为两超高缓和长度之差或与超高坡差相应的超高

复曲线中的小圆临界半径 表 3-2-9

设计车速(km/h)	120	100	80	60	40	30
临界曲线半径(m)	1500	1500	900	2500	2500	130

缓和长度。

曲线的衔接应注意以下问题：

（1）相邻曲线半径悬殊不宜过大。如果相差过大，司机反应不过来，可能会发生车辆冲出道路的交通事故。一般认为相邻曲线半径的差距不宜超过一倍，并注意加设交通标志。

（2）同向曲线间的直线最小长度宜大于或等于 6 倍的计算行车速度值；两反向曲线间最小直线长度宜大于或等于 2 倍的计算行车速度值，见表 3-2-10 的规定。同向曲线间以短直线相连而成的曲线称断背曲线，它破坏了平面线形的连续性，应当避免。如若不可避免，这段短直线可用大半径的曲线来代替。

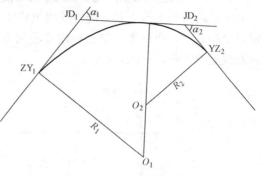

图 3-2-10　复曲线

直线的最大长度及曲线间直线的最小长度表 表 3-2-10

设计车速 V(km/h)			120	100	80	60	40	30	20
直线最大长度(20V)(m)			2400	2000	1600	1200	800	600	400
直线最小长度(m)	同向曲线	一般值(6V)	720	600	480	360	240	180	120
		特殊制(3V)	—	—	—	—	120	90	60
	反向曲线间(2V)		240	200	160	120	80	60	40

（3）注意超高的衔接。对于不设超高的同向曲线一般可用直接衔接。若同向曲线的超高不同，仍可将两曲线连成复曲线，不过需要在半径较大的曲线段内侧设置从一个超高横坡度过渡到另一个超高横坡度的缓和段。如果两曲线在设置超高缓和段之外还有较短直线距离，应当通过改变直径的方法使两曲线直接连通，或将剩余直线做成单坡断面。对于不设超高的反向曲线，一般可以直接衔接；若有超高，应当至少留出不小于两个曲线超高缓和段长度之和的直线段，其长度不得小于 20m。

（4）长直线尽端，转弯半径不宜过小。长直线往往使司机对前方道路的估计较为乐观，而车速增加。当突然转入小半径曲线，容易发生危险事故。

3.3　路线坐标与方位角计算

城市道路的设计与施工放样，需用坐标系统，在地形图上，城市三角网导线点，图根导线点均测有坐标，路网规划阶段即定出控制点的坐标及路线走向方位角。沿线建筑物据此也测有坐标，以保证路线与沿线建筑物的相对关系。在设计和测设中常用解析法（即坐标法）定线：通常先在地形图上定线，计算直线段和曲线段的起讫点、转折点和某些特征点的坐标值，然后按坐标进行实地放样，以使点线关系建立在可靠的数据基础上，获得较高的精确度。

3.3.1　用控制点坐标和直线段斜率确定直线段

一条路线是由若干相交的直线段组成的。地形图上定线后，可对每段直线选定两个控制点，或一个控制点和该线段的方位角（即从正北 X 轴方向顺时针量到测线上的夹角，见图 3-3-1）。

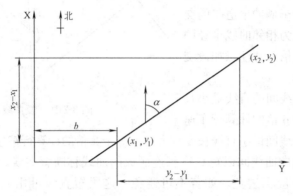

图 3-3-1　道路直线方程式

道路直线方程式为：

$$y = Kx + b \tag{3-3-1}$$

式中，K 为斜率。

如已知直线上两控制点 (x_1, y_1)、(x_2, y_2)，则斜率：

$$K = \frac{y_2 - y_1}{x_2 - x_1} \tag{3-3-2}$$

b 为直线与 Y 轴的截距：

$$b = y_1 - kx_1 = y_1 - \frac{y_2 - y_1}{x_2 - x_1} x_1$$

则直线方程为：

$$y = \frac{y_2 - y_1}{x_2 - x_1} x + y_1 - \frac{y_2 - y_1}{x_2 - x_1} x_1 \tag{3-3-3}$$

3.3.2　道路曲线段的方程和坐标计算

3.3.2.1　确定偏角

如已知两直线的方程为 $y = K_1 x + b_1$ 和 $y = K_2 x + b_2$，按联立方程，可求得两线交点 JD 的坐标为 (x_1, y_1)。

由于 $K_1 = \mathrm{tg}\theta_1$，$K_2 = \mathrm{tg}\theta_2$，可按公式 $\theta = \mathrm{arctg}\dfrac{\Delta y}{\Delta x}$ 算出两直线的方位角，两线的交角即路线的偏角公式如下：

$$\alpha = \theta_2 - \theta_1 \tag{3-3-4}$$

α 为正值时，路线向左偏；α 为负值时，路线向右偏。

3.3.2.2　圆曲线要素计算

道路圆曲线一般通过曲线要素来描述，如图 3-3-2。圆弧线连接的两个直线段的交点用 JD 表示，转折角用 α 表示，曲线半径用 R 表示，起点一般用 ZY 表示，终点用 YZ 表示，中点用 QZ 表示，切线长用 T 表示，弧长用 L 表示，外距用 E 表示。圆曲线要素包括道路转折角 α、曲线半径 R、切线长 T、弧长 L、外距 E 五个要素，根据几何学原理，可得以下关系式：

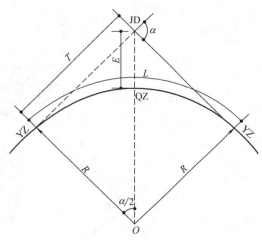

图 3-3-2　道路圆曲线要素

$$R = T \mathrm{ctg} \frac{\alpha}{2} \tag{3-3-5}$$

$$T = R \mathrm{tg} \frac{\alpha}{2} \tag{3-3-6}$$

$$L = \frac{\pi}{180} R \alpha \tag{3-3-7}$$

$$E = R \left(\sec \frac{\alpha}{2} - 1 \right) \tag{3-3-8}$$

这些公式一般用于道路平面线形规划。通常道路转折角是由道路的走向决定的（为已知要素），可先选用 R 值根据几何关系求得，也可先按理想线位需要的外距 E 或切线长 T 为控制，反算 R 值。

如果道路平曲线半径发生变化，外距就会增大或缩小；假设曲线内侧或外侧有不宜穿越或不可拆除的地物，曲线半径的大小就可基本决定（比如在旧城改造中，可能有古树、古建筑需要保留，道路必须与这些建筑物、树木保持一定距离），此时就会用到外距、半径、道路转折角的关系式。曲线半径计算有时还会用到切线与半径的关系式。比如桥梁，若将桥梁设计成弯桥，在车辆运行时，桥梁会受到横向力，而增加了桥梁的设计造价与难度。因此一般规定，在直桥的两端各留出一段直线长度，使车辆在行驶到桥上时保持直线运动，此时就会用到切线、半径、道路转折角的关系式。

3.3.2.3　圆曲线各特征点坐标计算

如图 3-3-3 所示，用 JD 坐标及曲线要素即可算得下列特征点坐标：

曲线起点 ZY 坐标：
$$\left. \begin{array}{l} x_1 = x_0 - T \cos \theta_1 \\ y_1 = y_0 - T \sin \theta_1 \end{array} \right\} \tag{3-3-9}$$

曲线终点 YZ 坐标：
$$\left. \begin{array}{l} x_2 = x_0 - T \cos \theta_2 \\ y_2 = y_0 - T \sin \theta_2 \end{array} \right\} \tag{3-3-10}$$

曲线中点 QZ 坐标：
$$\left. \begin{array}{l} x_中 = x_0 - E \cos \theta_0 \\ y_中 = y_0 - E \sin \theta_0 \end{array} \right\} \tag{3-3-11}$$

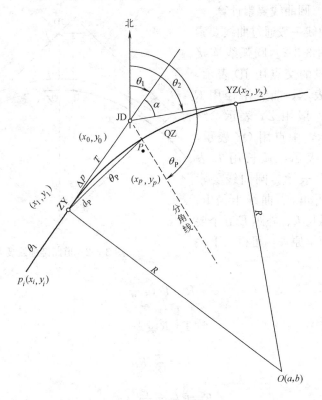

图 3-3-3　用解析法标定圆曲线

曲线上任意点 P 坐标：

$$\left.\begin{array}{l} x_P = x_1 - a'_P\cos\theta_P \\ y_P = y_1 - d_P\sin\theta_P \end{array}\right\} \tag{3-3-12}$$

式中

θ_P——ZY 至 P 边之方位角：

$$\theta_P = \theta_i \pm \Delta P \tag{3-3-13}$$

d_P——P 点 ZY 距的直线距离：

$$d_P = 2R\sin\Delta P \tag{3-3-14}$$

$$\Delta P = \frac{1}{2}\left(\frac{l_P}{R} \times \frac{180}{\pi}\right) = 28.65\frac{l_P}{R} \tag{3-3-15}$$

式中

l_P——P 点距直圆点（ZY）之圆弧长。

路线上主要桩点的坐标，可依路线前进方向依次计算。也可以每个转点桩为原点进行计算。

3.3.2.4　里程桩的编制

直线段上里程桩的编制在于求算两点间的间距 L_0。已知两点坐标，可算出坐标增量 $\Delta x = x_2 - x_1$，$\Delta y = y_2 - y_1$，再由 $K = \mathrm{tg}\theta$ 查得 $\cos\theta$ 和 $\sin\theta$，即可求出：

$$L = \frac{\Delta x}{\cos\theta} \tag{3-3-16}$$

也可求出 $$L=\frac{\Delta y}{\sin\theta}\text{（用以校核）} \tag{3-3-17}$$

还可求出 $$L=\sqrt{\Delta x^2+\Delta y^2} \tag{3-3-18}$$

求得间距后，即可依次编里程桩。

曲线上里程桩的编制：

直线上里程桩编制得 JD（转点）桩号后，则：

圆曲线起点桩号　ZY 桩号＝JD 桩－T

圆曲线终点桩号　YZ 桩号＝ZY 桩号＋L

圆曲线中点桩号　QZ 桩号＝YZ 桩号－$L/2$

验算　JD 桩号＝QZ 桩号＋0.5（$2T-L$）

3.3.2.5　应用举例

【例一】　有一道路计算行车速度为 30km/h，在某点由于地形阻隔，需要产生转折，转折角为 30°，已知弯道曲线中点 QZ 的里程桩号为 1＋060.86，圆曲线半径为 2000m。试求：（1）曲线起点、终点的里程桩号；（2）弯道转折点的里程桩号。（横向力系数取 0.067，道路横坡为 1.5％，道路纵坡为 2％）

【解】

圆曲线半径：R＝2000m

曲线长度为：$L=\dfrac{\pi}{180}R\alpha=1047.20$m

曲线起点坐标为：1＋060.86－$L/2$＝1＋060.86－523.60＝0＋537.26

曲线起点坐标为：1＋060.86＋$L/2$＝1－060.86＋523.60＝1＋584.46

曲线切线的长度为：$T=R\mathrm{tg}\dfrac{\alpha}{2}=2000\mathrm{tg}15°=535.90$m

弯道转折点的里程桩号为：0＋537.26＋T＝0＋537.26＋535.90＝1＋073.16

3.4　行车视距

行车视距是指为了行车安全，在道路设计中应当保证驾驶人员在一定距离范围内能随时看到前方道路上出现的障碍物，或迎面驶来的车辆，以便及时采取刹车制动措施，或绕过障碍物。这个必不可少的距离称为行车视距。行车视距包括：停车视距、会车视距、超车视距、错车视距。但后两种视距是驾驶员在超车与错车时的判断视距，与城市道路设计的关系较小，所以本章从略。

3.4.1　停车视距

指在同一车道上，车辆突然遇到前方障碍物，如行人过街、违章行驶交通事故以及其他不合理的临时占道等，而必须及时采取制动停车所需要的安全距离。这一过程主要包括反应距离、制动距离和安全距离。三者之和即为停车视距（图 3-4-1）。

停车视距可用下式表示：

$$S_{停} = L_{反} + S_{制} + L_{安} \qquad (3\text{-}4\text{-}1)$$

式中

$L_{反}$——反应距离（m）。是驾驶人员发现前方问题后到采取措施的反应时间内行驶的距离。

$S_{制}$——制动距离（m）。是指后车正常制动刹车与前车紧急刹车的制动距离之差值。当障碍物为静物时 K_1 为零。也可以说，制动距离即指司机开始制动到安全停止时所行驶的距离，计算方法详见第二章。

$L_{安}$——安全距离（m）。车辆距障碍物的最小距离。

图 3-4-1 停车视距计算示意

驾驶人员从发现障碍物到采用制动刹车生效所经历的时间称为反应时间 t (s)。反应时间与驾驶人员反应的灵敏程度、车辆性能、质量有关，通常选用 1.2s。如果车速为 V(km/h) 或 v(m/s)，则反应距离为：

$$L_{反} = vt = \frac{Vt}{3.6} \quad (\text{m}) \qquad (3\text{-}4\text{-}2)$$

将式 3-4-2 及 2-3-7 代入 3-4-1 可得：

$$S_{停} = \frac{Vt}{3.6} + \frac{(K_2 - K_1)V^2}{254(\phi + f \pm i)} + L_{安} \quad (\text{m}) \qquad (3\text{-}4\text{-}3)$$

式中

V——行车速度（km/h）；

t——反应时间（s）；

K_1——前车刹车安全系数，当障碍物为静物时 K_1 为零；

K_2——后车刹车安全系数；

ϕ——附着系数，一般取 0.3；

f——滚动阻力系数；

i——道路坡度，上坡取正号，下坡取负号；

$L_{安}$——安全距离（m），车辆距障碍物的最小距离；

道路的行车安全距离 $L_{安}$ 一般按 5m 考虑。

3.4.2 会车视距

会车视距系指对向行驶的车辆在同一道路上相遇，又来不及错让时，必须采取制动刹车所需要的最短安全距离（图 3-4-2）。同样包括反应时间的行驶距离、

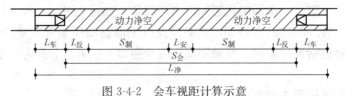

图 3-4-2 会车视距计算示意

制动刹车后的行驶距离、完全停止后的最小安全距离。可见，在同样情况下会车视距约为停车视距的 2 倍。

3.4.3 行车视距选用

对于分道行驶的城市道路可采用停车视距检验城市道路视距要求，校核平面线形；对于未设分隔带或划线标志的道路必须按会车视距校核平面线形。根据城市道路设计车速规定，运用上述公式可求出不同道路所需的最小安全距离。在规划设计过程中，可直接查阅表 3-4-1 选用相应数据。车行道上对向行驶的车辆有会车可能时，应采用会车视距。其值为停车视距的 2 倍。

城市道路的停车与会车视距 表 3-4-1

计算行车速度(km/h)	80	60	50	45	40	35	30	25	20	15	10
停车视距(m)	110	70	60	45	40	35	30	25	20	15	10
会车视距(m)	220	140	120	90	80	70	60	50	40	30	20

3.4.4 平面线形视距的保证

汽车在弯道上行驶时，弯道内侧的行车视线可能被树木、建筑物、路堑、边坡或其他障碍物所遮挡，因此在路线设计时必须检查平曲线上的视距能否得到保证，如有遮挡时，则必须清除视距区段内侧横净距内的障碍物，如图 3-4-3 所示。

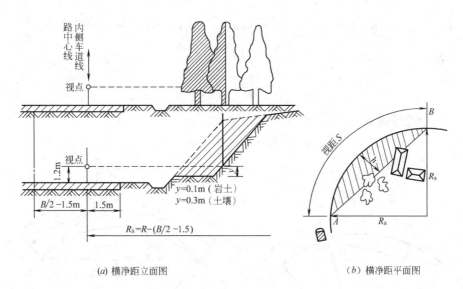

(a) 横净距立面图 　　　　　　　(b) 横净距平面图

图 3-4-3 视线障碍与视距

图中的阴影部分是阻碍司机视线的范围。该范围以内的障碍物必须清除。h 为内侧车道上汽车应保证的横净距。所谓横净距，即道路曲线最内侧的车道中心线行车轨迹由安全视距两端点连线所构成的曲线内侧空间界限（即包络线）的距离（图 3-4-3b）。h 为内侧车道上的横净距。通常小汽车驾驶员的视线高度为 1.1~1.2m 左右。卡车较高，所以一般去除 1.2m 减去 y（m）以上的障碍物

（当边坡为岩石时，y 取 0.1m，当边坡为土质时，y 取 0.3m）。

不设缓和曲线时的平曲线内横净距的计算：

一、曲线长度（L）大于视距（S）（图 3-4-4a）

根据几何学原理可得出以下关系式：

$$h = R_s\left(1 - \cos\frac{\gamma}{2}\right) \tag{3-4-4}$$

$$\gamma = \frac{S}{R_s} \times \frac{180}{\pi} \tag{3-4-5}$$

因

$$\cos\frac{\gamma}{2} = \cos\frac{S}{2R_s} = 1 - \frac{1}{2}\left(\frac{S}{2R_s}\right)^2$$

所以

$$h \approx \frac{S^2}{8R_s} \tag{3-4-6}$$

式中

R_s——沿内侧车道行驶的曲线半径，即为加宽路面内缘半径加 1.5m（1.5m 是司机位置至路面边缘的距离）；

S——视距（m）；

γ——视距 S 对应的曲线圆心角；

α——路线转角。

二、曲线长度（L）小于视距（S）（图 3-4-4b）

$$h = h_1 + h_2 = R_s\left(1 - \cos\frac{\alpha}{2}\right) + \frac{S-L}{2}\sin\frac{\alpha}{2} = R_s\left(1 - \cos\frac{L}{2R_s}\right) + \frac{S-L}{2}\sin\frac{L}{2R_s}$$

故

$$h \approx \frac{L}{8R_s}(2S - L) \tag{3-4-7}$$

式中符号同上

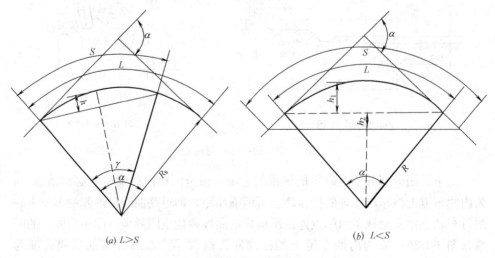

（a）$L > S$　　　　　　　　　　　　（b）$L < S$

图 3-4-4　不设缓和曲线时最大横净距计算图

对于曲线内侧影响视距的切除范围，一般均按图 3-4-5 所示的图解法进行。视距包络线就是以多点视距所切割而包络的一条曲线，然后依各个桩号清除的横净距转绘到横断面上，以确定路堑、边坡等障碍物的清除范围。

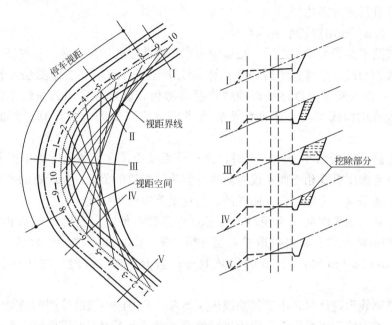

图 3-4-5　平面曲线上的视线清除包络线

3.5　城市道路平面线形设计

3.5.1　平面线形设计的一般原则

城市道路平面线形的设计是城市总体规划和详细规划阶段的重要内容之一。道路的平面线形定线在满足城市规划要求的基础上，其工程设计要依据以下原则：

（1）平面线形连续、顺势，应与地形、地物相适应，与周围环境相协调；

（2）满足行驶力学上的基本要求和视觉、心理上的要求；

（3）保证平面线形的均衡与连贯；

（4）避免连续急弯的线形。

3.5.2　平面线形设计步骤

3.5.2.1　初步拟定平面线形

在平面定线之前，应首先明确道路走向。道路走向应根据城市交通联系、路网规划确定。道路平面线形的初步拟定就是根据道路走向，按照拆迁量、工程经济、车辆运行要求、城市未来发展要求、城市某区块的规划设计思路等基本要求，合理确定平面线形初步方案。

地形图是城市道路平面设计应当收集的必要基础资料。1：2000～1：5000 的地形图，一般用作道路网规划和走向设计；详细规划中的道路平面设计一般需要 1∶1000～1∶500 的地形图。地形图上一般标有地形、地物，可以看出山川河流、建筑物、构筑物、地形标高、建筑层数与用途。首先在地形图上可大致定线，在初步确定平面线形之后，还应当进行现场踏勘，进一步确定道路选线的合理性，并进行多方案比较。

3.5.2.2 选用弯道平曲线半径

在道路平面线形确定之后，接着应考虑平面曲线的衔接问题。首要任务是确定道路级别与设计车速；然后初步估算曲线半径（可采用手工作图法或计算机作图法）；再查阅城市道路平面曲线半径参考值，确定应采用的曲线半径。如果实际允许的曲线半径小于曲线半径参考值，应当借助公式计算必须的超高设置。

当道路的转折角小于 3°～5°时，由于外距较小，在一般允许施工误差范围内，可以考虑用折线相连而不设置曲线。但为了街道的美观、路缘石的平顺，城市道路中还是应当考虑设置平曲线的。快速道路也应当如此。

在计算确定平面曲线半径时，为了道路测设方便，应当对计算数值取整。当 $R<125m$ 时，按 5 的倍数取整；当 $125<R<150m$ 时，按 10 的倍数取整；当 $150<R<250m$ 时，按 50 的倍数取整；当 $R>1000m$ 时，按 100 的倍数取整。

在道路线形设计时，小半径曲线还应当考虑弯道内侧视线障碍的清除。对于上下分行的道路应当采用停车视距进行检验，对于上下混行的道路应当采用会车视距进行校验。

3.5.2.3 编制里程桩

道路平面直线段、曲线段确定之后，应从路线起点，按每 20m、50m 或 100m 的距离（建成区等建筑密集段距离一般小一些，郊区与城市新区距离可大一些）依前进方向顺序编列里程桩号；对曲线起点、中点、终点以及桥涵人工构筑物、道路交叉口等特征点编列加桩。各桩号一般自西向东或自南向北排列，如图 3-5-1 所示。

3.5.2.4 确定道路红线

道路红线指道路用地（S）宽度加上市政设施所需增加的用地（U）宽度和在道路上所增加的城市绿化用地（G）宽度所组成的总宽度界限。道路宽度与道路的等级、功能有关，可通过城市总体规划和城市交通规划确定。对于城市总体规划文件中未涉及的城市支路，应根据城市发展布局、城市交通规划和交通组织的要求，参照《城市道路交通规划设计规范》（GB 50220—95）确定合理的道路宽度。

3.5.2.5 绘制平面图

先在现状地形图上用细的点划线绘制出道路中心线，然后用粗实线绘出道路红线、车行道线、车行道与人行道分界线；并进一步绘出绿带分隔线以及各种交通设施，如交通岛、公交停靠站台、停车场的位置。此外，还应标明建筑主要出入口，对于交叉口需要表明转弯半径、中心岛尺寸、交通信号设施等的具体位置，如图 3-5-2 所示。

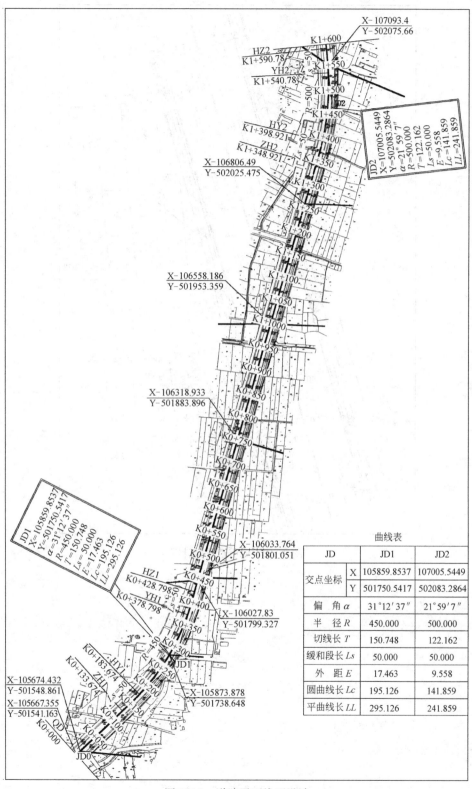

图 3-5-1　道路平面线型设计

曲线表

JD		JD1	JD2
交点坐标	X	105859.8537	107005.5449
	Y	501750.5417	502083.2864
偏 角 α		31°12′37″	21°59′7″
半 径 R		450.000	500.000
切线长 T		150.748	122.162
缓和段长 Ls		50.000	50.000
外 距 E		17.463	9.558
圆曲线长 Lc		195.126	141.859
平曲线长 LL		295.126	241.859

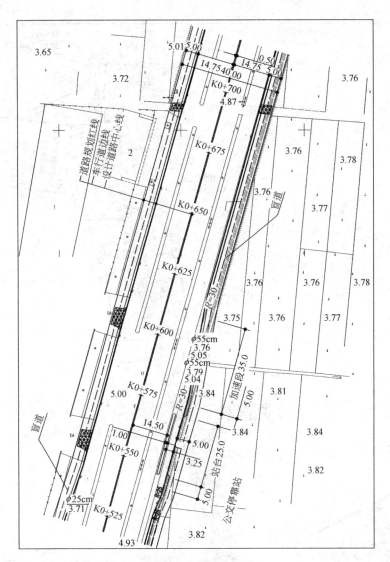

图 3-5-2　城市道路设计图

第4章 城市道路纵断面线形规划设计

4.1 纵断面规划设计的内容

道路纵断面线形指道路中线在垂直水平面方向上的投影。它反映道路竖向的走向、高程、纵坡的大小，即道路起伏情况。城市道路的纵断面设计，是结合城市规划要求、地形、地质情况，以及路面排水、工程管线埋设等综合因素考虑，所确定的一组由直线和曲线组成的线形设计。

道路纵断面设计的主要内容是根据道路性质、等级、行车技术要求和当地气候、地形、水文、地质条件、排水要求以及城市竖向设计要求、现状地物、土方平衡等，合理地确定连接有关竖向控制点（或特征点）的平顺起伏线形。它具体包括：确定沿线纵坡大小及坡段长度以及变坡点的位置；选定满足行车技术要求的竖曲线；计算各桩点的施工高度，以及确定桥涵构筑物的标高等。

在城市道路上，一般均以道路车道中心线的竖向线形作为基本纵断面。当道路横断面为有高差的多幅路或设有专用的自行车道时，则应分别定出各个不同车行道中心线的纵断面。当设计纵坡很小，在采用锯齿形边沟排泄路面水的路段，还需做出锯齿形边沟的纵断面设计线。

4.2 道路纵坡

道路纵坡指道路中心线（纵向）坡度，坡长则指道路中心线上某一特定纵坡路段的起止长度。道路纵坡的大小关系到交通条件、排水状况与工程经济。因此，需要对各种影响因素进行分析。

4.2.1 最大纵坡

4.2.1.1 影响因素

一条道路的容许最大设计纵坡，要考虑行车技术要求、工程经济等因素，同时还必须根据道路类型、交通性质、当地自然环境以及临街建筑规划布置要求等，来拟定相应的技术标准。

一、考虑各种机动车辆的动力要求

从对汽车的动力因数的分析可知，当车辆驶上较大的纵坡时，必然要降低车速，增加车流密度。因此，为了保证一定的设计行车速度，道路的纵坡就不能过大。

坡度过陡，下坡行驶的车辆容易溜坡，且下坡时因冲力过大而易出事故。一般说来，在纵坡大于 8% 的路段，下坡时，由于车辆刹车次数增加，而使制动器发热导致刹车失效，最终酿成车祸。因此，在一般情况下，机动车道的最大纵坡多不超过8%。国外在风景旅游区的陡坡山路上，每1km在道路右侧设置一个很陡的反向坡紧急停车斗，斗内铺有松散道渣，以便失速车辆冲入刹停，通过紧急停车斗旁的紧急电话获救。

二、考虑非机动车行驶的要求

根据第一章对自行车爬坡能力的分析，适合自行车骑行的道路坡度宜为2.5%以下；适合平板三轮车骑行的纵坡宜为2%及以下。我国山城重庆、贵阳等地由于受地形条件限制，道路纵坡均较大。如重庆市中心区的北区干道最大纵坡达7%以上；贵阳的市区干道中华路、延安路纵坡多在3.5%～4.0%以上，甚至达5.1%，因而自行车、三轮车交通受很大限制，有的路段极少非机动车行驶。一般平原城市道路的纵坡应尽可能控制在2.5%以下，城市机动车道的最大纵坡宜控制在5%以下。

同时，当纵坡较大时，对坡长也应有所控制。因为，当纵坡大于2%时，自行车上坡速度会降低。若纵坡是3%，则上坡速度会降到7～8km/h。这说明骑车人不自觉地在调整爬坡的功率。从一个人做功的特点来分析，骑车上坡所消耗的功率和持续时间有关。根据自行车实际爬坡情况，可以找出一条比较省力的功率—时间曲线，再根据骑车爬坡速度换算成一条坡度与坡长的关系曲线，如图4-2-1，可供设计自行车道纵断面时参考之用。

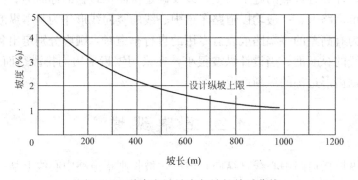

图 4-2-1 骑车爬坡坡度与坡长关系曲线

在设计纵坡时，还应考虑自行车下坡的冲坡情况。一般在3%左右的长坡道上溜行，车速可达18～20km/h，这时可在路面上铺设振动带，使骑车人自觉降低车速；若坡度大于4%，车速太快，容易发生危险，坡长应有适当控制，即只宜用短陡坡，并且宜在坡道末端加一段小于1%的缓坡段，以缓和车速。同理，对于爬陡坡或长坡的人，也需要隔一段有一个缓坡段，使体力得到调解，心理因素获得改善。

因此，为了充分发挥机动车的升坡能力，又照顾到非机动车的安全通畅行驶，有时候可将机动车与非机动车交通分开，并分别采用各自容许的较大纵坡度。

三、考虑自然条件的影响

我国幅员辽阔，各地自然气候、地理环境差异较大。一般来说，道路所在地区的地形起伏、海拔高度、气温、雨量、湿度等，都在不同程度上影响机动车辆的行驶状况和爬坡能力。例如，在气候寒冷、路面上易产生季节性冰冻积雪的北部地区，或气候湿热多雨的东南、南方地区，若路面泥泞，车轮与路表面间的摩擦系数较正常情况要小，从而使汽车的牵引力得不到充分发挥，故需要在清扫路面、保持清洁的同时，适当降低最大容许纵坡的取值。

对于高原城市，车辆的有效牵引力常因空气稀薄而减小，从而相应降低了汽车的升坡能力。因此，从道路设计角度考虑，一般将最大容许纵坡度折减 1%。同时，由于北方冬天风大，多雪，易结冰，为保证安全，多数人不骑车而改乘公交车，由此会对公交车的服务产生较大影响。在道路设计中，对此也应有所考虑。

四、考虑沿街建筑物的布置与地下管道敷设要求

纵坡过大，不仅将增加地下管道埋设的困难（如需要增加跌水井的设备，或不必要的管道埋深），而且还会给临街建筑及街坊内部的建筑布置带来不便，并影响街景美观。因此，选择纵坡最大值，应在干道网规划布局基础上，结合城市规划、管线综合的状况慎重考虑。

4.2.1.2　最大纵坡要求

综合以上因素，设计中城市道路的最大纵坡容许值可参考表 4-2-2，并结合实际情况确定。至于山城道路应控制平均纵坡度。越岭路段的相对高差为 200～500m 时，平均纵坡度宜采用 4.5%；相对高差大于 500m 时，宜采用 4%；任意连续 3000m 长度范围内的平均纵坡度不宜大于 4.5%。因受地形条件的限制和工程经济方面的考虑，各类道路的设计最大纵坡有可能在部分路段超出表 4-2-1 的建议值，此时，需要采取相应措施，如加设交通标志、降低设计车速等，以保证行车安全。

城市道路机动车道最大纵坡限制值　　　　表 4-2-1

计算行车速度(km/h)	80	60	50	40	30	20
最大纵坡限制值(%)	6	7	7	8	9	9
最大纵坡推荐值(%)	4	5	5.5	6	7	8

注：海拔高度在 3000～4000m 的高原地区，城市道路最大纵坡推荐值按列表数值折减 1%。积雪寒冷地区最大纵坡度推荐值不超过 6%。

4.2.1.3　坡长限制

道路纵坡一定时，尚需对陡坡路段的坡长适当限制。这是因为坡长甚短时，汽车往往可借行驶中原有动能的辅助，不变排档而升坡；但若坡道过长，则往往需要换档降速行驶来爬坡，结果会增加燃料消耗和机件磨损，并使车流密度加密。因此，根据一般载重汽车的性能，当道路纵坡大于 5% 时，需对坡长宜加以限制，并相应设置坡度不大于 2%～3% 的缓和坡段；当城市交通干道的缓和坡段长度不宜小于 100m，对居住区道路及其他区干道，亦不得小于 50m。道路纵坡的坡长限制可参见表 4-2-2。

城市道路机动车道较大纵坡坡长限制值 表 4-2-2

计算行车速度(km/h)	80			60			50			40		
纵坡（%）	5	5.5	6	6	6.5	7	6	6.5	7	6.5	7	8
坡长限制（m）	600	500	400	400	350	300	350	300	250	300	250	200

非机动车车行道纵坡度宜小于 2.5%。大于或等于 2.5% 时，应按表 4-2-3 规定限制坡长。

城市道路非机动车道较大纵坡坡长限制值 表 4-2-3

坡度(%) \ 坡长限制(m) \ 车种	自行车	三轮车、板车	坡度(%) \ 坡长限制(m) \ 车种	自行车	三轮车、板车
3.5	150	—	2.5	300	150
3.0	200	100			

坡长既不宜过长，但也不宜过短。过短的坡段，路线起伏频繁，对行车、道路视距及临街建筑布置均不利，一般其最小长度应不小于相邻两竖曲线切线长度之和。当车速在 20~50km/h 之间时，坡段长不宜小于 60~140m。城市道路纵坡段最小长度见表 4-2-4。

城市道路纵坡段最小长度 表 4-2-4

计算行车速度(km/h)	80	60	50	40	30	20
城市道路坡段最小长度(m)	290	170	140	110	85	60

4.2.1.4 合成坡度

当汽车行驶在弯道与陡坡相重叠的路段上时，行车条件十分不利。从道路线形分析来看，在小半径弯道上行车，因弯道内侧行车轨迹半径较道路中心线的半径为小，故弯道内侧车行道的圆弧长度较道路中线处短，因而车行道内侧的纵坡就相应大于道路中线处的设计纵坡，这一特点，弯道半径愈小愈明显。综上分析可知，为了保证汽车在小半径弯道路段上安全而不降速行驶，必须使该处道路设计纵坡比直线段上所容许的最大纵坡有所减少，使得道路弯道超高的坡度与道路纵向坡度所组成的矢量和，即合成坡度在规定范围内（表 4-2-5）。设计时应尽可能避免陡坡与急弯组合。

弯道合成坡度限制 表 4-2-5

计算行车速度(km/h)	80	60	50	40	30	20
合成坡度(%)	6	6.5	6.5	7	7	8

注：积雪地区道路合成坡度应小于或等于 6%。

对于合成坡度的计算公式为：

$$i_{合} = \sqrt{i_{超}^2 + i_{纵}^2} \qquad (4\text{-}2\text{-}1)$$

式中

　　$i_合$——合成坡度（%）；

　　$i_超$——超高横坡度（%）；

　　$i_纵$——弯道上的纵坡度（%）。

4.2.2　最小纵坡

道路最小纵坡值系指能适应路面上雨水排除，和防止并不致造成雨水排泄管道淤塞所必需的最小纵向坡度值。为保证道路地面水与地下排水管道内的水能通畅快速排除，道路纵坡也不宜过小，一般希望道路最小纵坡度应大于或等于0.5%，困难时可大于或等于0.3%。遇特殊困难，纵坡度小于0.3%时，应设置锯齿形偏沟或采取其他排水措施。

这一纵坡值应根据当地雨季降雨量大小、路面类型以及排水管道直径大小而定，一般变化于0.3%~0.5%之间。不同路面的纵坡限制值见表4-2-6。

不同类型路面最小纵坡限制值　　　　　　表 4-2-6

路面类型	高级路面	料石路面	块石路面	砂石路面
最小纵坡（%）	0.3	0.4	0.5	0.5

4.2.3　道路排水

4.2.3.1　排水方式概述

城市道路路面排水系统，根据构造特点，可以分为明式、暗式和混合式三种系统。

一、明式系统

公路和一般乡镇道路采用明沟排水，在街坊出入口、人行横道处增设一些盖板、涵管等构造物。明沟可设在路面的两边或一边，也可在车行道的中间。当道路处于农田区时，边沟要处理好与农田排灌的关系。

二、暗式系统

包括街沟、雨水口、连管、干管、检查井、出水口等主要部分。道路上及其相邻地区的地面水依靠道路设计的纵、横坡度，流向车道两侧的街沟，然后顺街沟的纵坡流入沿街沟设置的雨水口，再由地下的连管通到干管，排入附近河流或其他水体中去。

三、混合式系统

这是明沟和暗管相结合的一种形式。城市中排除雨水可用暗管，也可用明沟。采用明沟可以降低造价。但在建筑物密度较高和交通频繁的地区，采用明沟往往引起生产、生活和交通不便，桥涵费用增加，占用土地较多，并影响环境卫生。因此，这些地区应采用暗式系统。而在城镇的郊区或其他建筑物密度较小、交通稀少的地区应首先考虑采用明沟。

4.2.3.2　锯齿形街沟

当道路纵坡小于0.3%时，为利于路面雨水的排除，将位于街沟附近的路面横坡在一定宽度内变化，提高街沟的纵坡，使其大于0.3%~0.5%，从而形成锯齿形边沟，如图4-2-2所示。

锯齿形街沟设置的方法是在保持侧石顶面线与路中心线平行（即两者纵坡相

等）的条件下，交替地改变侧石顶面线与平石（或路面边缘）之间的高度，即交替地改变侧石外露于路面的高度（图 4-2-2）。在最低处设置雨水进水口，使进水口处的路面横坡 i_4 大于正常横坡 $i_{横}$（图 4-2-2b），而在两相邻近进水口之间的分水点的路面横坡 i_3 小于正常横坡。这样，雨水由分水点流向两旁低处进水口，街沟纵坡（即平石纵坡或路面边缘纵坡）升降交替，成锯齿形。

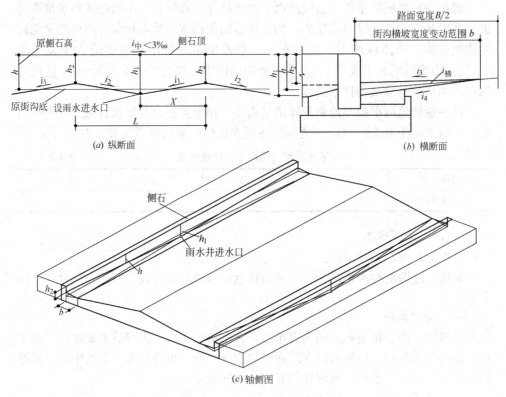

(a) 纵断面

(b) 横断面

(c) 轴侧图

图 4-2-2 锯齿形街沟示意图

在锯齿形街沟设计中，首先要确定好街沟纵坡转折点间的距离，以便布置雨水口。雨水口位置布设的关系因素如图 4-2-3。图中 h_1、h_2 分别为雨水口、分水处的侧石高度；l 为雨水井的间距；$i_{中}$ 为道路中线纵坡；i_1 及 i_2 为锯齿形街沟设计纵坡。从图中可知，分水点距两边的雨水口距离将分别为 L 及 $(L-x)$。

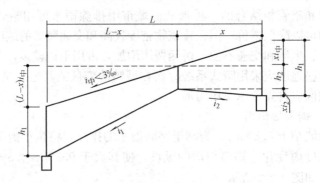

图 4-2-3 锯齿形街沟雨水口布置计算

标准侧石高 $h=15$cm，使 h 在 $12\sim20$cm 间变化，常取 $i_1=i_2$，此时：

$$L=\frac{(h_1-h_2)2i_1}{i_1^2-i_中^2} \tag{4-2-2}$$

$$x=\frac{L(i_1-i_中)}{2i_1} \tag{4-2-3}$$

横坡变动宽度 b 视道路的宽度而定，一般以 1m 宽为宜。

4.2.3.2　山区道路排水

山区道路曲线往往沿山坡、冲坳设置、易于受暴雨、山洪冲刷，造成水毁；因此，宜尽可能在曲线傍山一侧加大边沟或设置截水沟，将水迅速排走。至于曲线内侧的雨水，若流量也较大，则可在水流汇集地点增设跌水井和涵洞，引水从曲线上首路基内侧穿过曲线下首路基排除（图 4-2-4）。

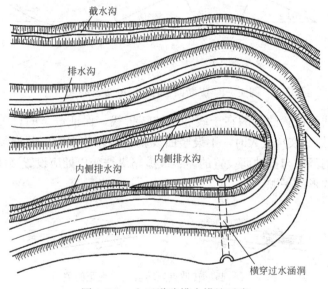

图 4-2-4　山区道路排水措施示意

山城道路减缓纵坡的方法除上述展线及设置必要回头曲线方法外，还可采取修建高架桥与隧道等工程措施来解决特殊地形、地质情况下的布线问题。例如，当路线跨越峡谷，深沟或两山岗之间的较窄低洼地带，以及地质构造不良的谷地，可考虑修建高架桥；对城市环山道路之间的联系可结合城市人防工程修建隧道。

4.3　竖　曲　线

4.3.1　竖曲线的作用

道路纵断面上的设计坡度线，系由许多折线所组成，车辆在这些折线处行驶时，会产生冲击颠簸。当遇到凸形转折的长坡段处，易使驾驶人员视线受阻；当遇到凹形转折处，由于行车方向突然改变，不仅会使乘客感到不舒服，而且由于离心力的作用，会引起车辆底盘下的弹簧超载。因此，为了使路线平滑柔顺，行车平稳、安全和舒适，必须在路线竖向转坡点处设置平滑的竖曲线，将相邻直线坡段衔接起来。

竖曲线因坡段转折处是凸形或凹形的不同而分为凸形竖曲线和凹形竖曲线两种（图 4-3-1）。图中 ω 为转坡角，其大小等于两相交坡段线的倾斜角之差。一般情况下，由于纵坡不大，倾斜角较小，α_1、α_2、α_3 等的值与其正切函数值接近，因而道路纵断面上的转坡角可近似以两相邻坡段的纵坡度代数差来表示。即：$\omega = |i_1 - i_2|$，式中，i_1 和 i_2 分别为两相邻直线坡段的设计纵坡（以小数计）；升坡为正，降坡为负。ω 值为正，变坡点在曲线上方，为负，变坡点在曲线下方。

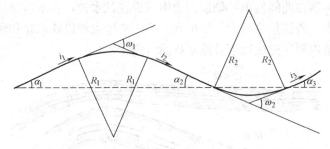

图 4-3-1　纵断面各转坡点的布置示意

凸形竖曲线设置的目的在于缓和纵坡转折线，保证汽车的行驶视距，如图 4-3-2 所示。如变坡角较大时，不设竖曲线就可能影响视距。凹形竖曲线主要为缓和行车时的颠簸与振动而设置的。各级道路纵坡变更处应设置竖曲线，以保证行车安全与线形的平顺。

图 4-3-2　凸形转坡点处转坡角与视距的关系

4.3.2　竖曲线基本要素

竖曲线有圆弧线形和抛物线形两种。目前，我国多采用圆弧线形，简称圆形竖曲线。其基本组成要素包括竖曲线长度 L，切线长度 T 和外距 E，如图 4-3-3

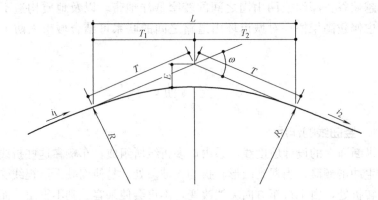

图 4-3-3　圆形竖曲线基本要素

所示。设 R 为竖曲线半径，ω 为两纵坡地段的变坡角，有几何关系可得：

$$T=R\,\mathrm{tg}\,\frac{\omega}{2} \qquad (4\text{-}3\text{-}1)$$

由于 ω 很小，同时 L 值也可近似以两倍 T 值计算，故竖曲线各项要素可按下述各近似式计算：

$$L=R\omega \qquad (4\text{-}3\text{-}2)$$

$$T=\frac{R\omega}{2} \qquad (4\text{-}3\text{-}3)$$

$$E=\frac{L^2}{8R} \qquad (4\text{-}3\text{-}4)$$

式中，L、T、E 分别为竖曲线的曲线长、切线长和外距。

4.3.3　竖曲线半径的计算与确定

竖曲线设计，关键在半径的选择。一般而言，应根据道路交通要求、地形条件，力求选用较大半径。至于凸形、凹形竖曲线的容许最小半径值，则分别按视距要求及行车不产生过分颠簸来控制。

4.3.3.1　凸形竖曲线半径

凸形竖曲线半径的确定，是以在凸形转坡点，前进的车辆能看清对面的来车、前方的车尾或地面障碍物为原则，按以下两种情况分析：

一、竖曲线长（L）大于行车容许最小安全视距（S）的情况，即 $L>S$（图 4-3-4a）。

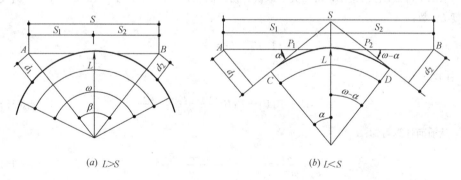

(a) $L>S$　　　　　　　　(b) $L<S$

图 4-3-4　竖曲线半径计算

从图中可知：

$$S=S_1+S_2 \qquad (4\text{-}3\text{-}5)$$

$$(R+d_1)^2=S_1^2+R^2\,;\qquad (4\text{-}3\text{-}6)$$
$$S_1^2=(2R+d_1)d_1$$

上式中 d_1 与 $2R$ 值相比很小，故可略去 d_1，从而近似地得：

$$S_1=\sqrt{2Rd_1} \qquad (4\text{-}3\text{-}7)$$

同理可得：

$$S_2=\sqrt{2Rd_2} \qquad (4\text{-}3\text{-}8)$$

以 S_1 与 S_2 的数值代入式（4-3-5）中，移项整理得：

$$S = S_1 + S_2 = \sqrt{2R}\left(\sqrt{d_1} + \sqrt{d_2}\right)$$

或

$$R_凸 = \frac{S^2}{2\left(\sqrt{d_1} + \sqrt{d_2}\right)} \tag{4-3-9}$$

运用公式 4-3-9 的条件是 $L > S$，显然 ω 必定要大于 β。若近似地令 $S = R\beta$，则 $\omega > S/R$。以此关系代入式（4-3-9），即可得出 $L > S$ 时的计算条件为：

$$\omega > \frac{2\left(\sqrt{d_1} + \sqrt{d_2}\right)^2}{S} \tag{4-3-10}$$

若 S 为会车视距 $S_会$，$d_1 = d_2$，则上两式可分别改写为：

$$\omega > \frac{8d_1}{S_会} \tag{4-3-11}$$

$$R_凸 = \frac{S_会^2}{8d_1} \tag{4-3-12}$$

若 S 为停车视距 $S_停$，则式 4-3-11 与 4-3-12 可分别改写为：

$$\omega > \frac{2d_1}{S_停} \tag{4-3-13}$$

$$R_凸 = \frac{S_停^2}{2d_1} \tag{4-3-14}$$

二、竖曲线长（L）小于行车容许最小安全视距（S）的情况，即 $L < S$（图 4-3-4b）

从图中可知，ω 值很小，可以近似地认为切线的总长（$CP_1 + P_1P_2 + P_2D$）等于竖曲线长度 L。故：

$$P_1P_2 = \frac{L}{2} = \frac{R\omega}{2}$$

因此：

$$S = AP_1 + P_1P_2 + P_1B = \frac{d_1}{\alpha} - \frac{R\omega}{2} + \frac{d_2}{\omega - \alpha} \tag{4-3-15}$$

从前面计算可知：

$$\frac{d_1}{\alpha} + \frac{d_2}{\omega - \alpha} = r_{min} = \frac{\left(\sqrt{d_1} + \sqrt{d_2}\right)^2}{\omega} \tag{4-3-16}$$

以 4-3-16 代入式 4-3-15 可得：

$$S = \frac{R\omega}{2} + \frac{\left(\sqrt{d_1} + \sqrt{d_2}\right)^2}{\omega} \tag{4-3-17}$$

故：

$$R_凸 = \frac{2}{\omega}\left[S - \frac{\left(\sqrt{d_1} + \sqrt{d_2}\right)^2}{\omega}\right] \tag{4-3-18}$$

若 S 为会车视距 $S_会$，$d_1 = d_2$，则上式变为：

$$R_凸 = \frac{2}{\omega}\left[S_会 - \frac{4d}{\omega}\right] \tag{4-3-19}$$

若 S 为停车视距 $S_停$，d_2 为零，则上式变为：

$$R_{凸} = \frac{2}{\omega}\left[S_{停} - \frac{d_1}{\omega}\right] \tag{4-3-20}$$

通常，可以利用查表法来求得凸形竖曲线半径。从图 4-3-5 中，只要已知计算行车速度和两相邻纵坡段的坡度差，即可直接查得满足安全行车视距的凸形竖曲线要求半径。

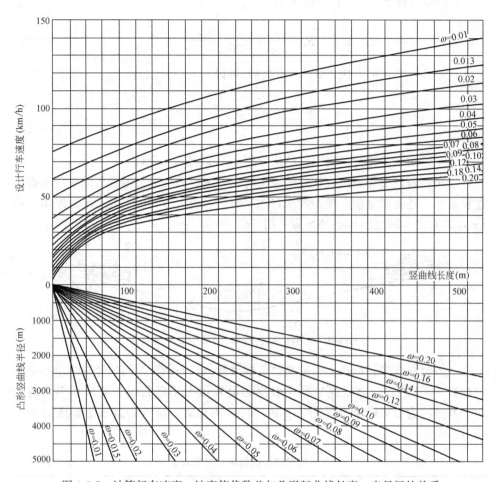

图 4-3-5 计算行车速度、坡度值代数差与凸形竖曲线长度、半径间的关系

需要指出的是，当车辆通过城市桥梁时（图 4-3-6），由于其上下行分车道，标志清晰，且一般不允许超车，故此处 S 可采用停车视距 $S_{停}$；在双向车辆混用车道时，S 应采用 $S_{会}$。

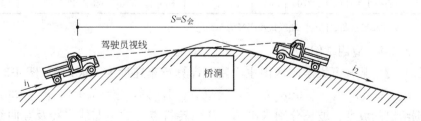

图 4-3-6 汽车通过桥梁时的最小安全视距

4.3.3.2 凹形竖曲线

当车辆沿凹形竖曲线行驶时，为了不致产生过大颠簸，从而使汽车支架弹簧超载过多，一般应对离心力及离心加速度加以限制。通常认为，为保证行车条件适应乘客舒适的要求，离心加速度 a 的值不宜超过 $0.5\sim0.7\text{m/s}^2$。根据运动学原理，离心加速度为 $a=\dfrac{v^2}{R}$ (m/s^2)，

有：
$$R_{凹}=\frac{v^2}{a}=\frac{V^2}{3.6^2a}=\frac{V^2}{13a} \qquad (4\text{-}3\text{-}21)$$

设 a 为 0.5m/s^2，代入式（4-3-21），可得

$$R_{\min}=\frac{V^2}{13\times0.5}=\frac{V^2}{6.5} \quad (\text{m}) \qquad (4\text{-}3\text{-}22)$$

式中

v 与 V 均为计算行车速度，单位分别 m/s 以及 km/h 计。

当车辆通过下穿道路或铁路的通道时，凹形竖曲线半径的设置除了应考虑上述要求外，还需保证桥下视距要求（图 4-3-7）。若上下行分车道，S 为停车视距 $S_{停}$，若双向车辆混用车道时 S 应采用 $S_{会}$。

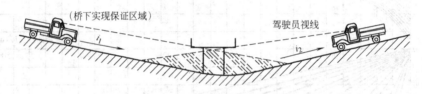

图 4-3-7 汽车通过桥洞时的最小安全视距

一般竖曲线半径应按 100 的整数倍取设计值。不同车速时的竖曲线最小半径值如表 4-3-1 所示。竖曲线半径一般应尽量采用大于竖曲线一般最小半径的数值，其值约为极限最小半径的 1.5 倍；特殊困难时，应大于或等于极限最小半径值。

不同车速竖曲线半径选用表　　　　　　　　　　　　　表 4-3-1

计算行车速度(km/h)		80	60	50	45	40	35	30	25	20	15
凸形竖曲线	极限最小半径(m)	3000	1200	900	500	400	300	250	150	100	60
	一般最小半径(m)	4500	1800	1350	750	600	450	400	250	150	90
凹形竖曲线	极限最小半径(m)	1800	1000	700	550	450	350	250	170	100	60
	一般最小半径(m)	2700	1500	1050	850	700	550	400	250	150	90

注：非机动车道，凸、凹行竖曲线最小半径为 500m。

4.3.3.3 应用举例

【例一】 某城市大学园区内主干路，计算行车速度为 40km/h（图 4-3-8）。图中，$l_1=326\text{m}$，$l_2=270\text{m}$，$l_3=185\text{m}$，$i_1=1.0\%$，$i_2=3.0\%$，$i_3=3.24\%$。试根据给出的坡度、坡长分别求出 A、B 两转折点处的竖曲线半径及竖曲线各要素。

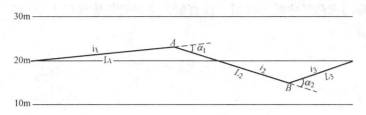

图 4-3-8　例一之简图

【解】

由公式 $\omega = |i_1 - i_2|$ 可求得 ω_A、ω_B 分别为：

$$\omega_A = 4.0\%,\quad \omega_B = 6.24\%$$

查表 4-3-1 可知，A 处的最小半径应为 1000m，B 处的最小半径应为 500m。考虑到在坡长容许的情况下可以使行车更为舒适，因此半径可以更大，故可确定 A 处的半径值 $R_A = 4000m$，B 处的半径值 $R_B = 2000m$。当然，也可查图 4-3-6 来求得较适宜的半径值。

根据公式

$$L = R\omega$$

$$T = \frac{R\omega}{2}$$

$$E = \frac{L^2}{8R}$$

计算，求得竖曲线各项要素为：

$L_A = 160m$，$T_A = 80m$，$E_A = 0.8m$，$L_B = 124.8m$，$T_B = 62.4\%m$，$E_B = 0.97m$

4.3.4　竖曲线最小长度

为满足汽车司机操作的需要，竖曲线最小长度按计算行车速度行驶 3s 的距离计算：

$$L = \frac{5}{6}V \tag{4-3-23}$$

式中

V——计算行车速度（km/h）。

我国《城市道路设计规范》对竖曲线最小长度的规定如表 4-3-2。

不同车速竖曲线最小长度　　　　　　　　　表 4-3-2

计算行车速度(km/h)	80	60	50	45	40	35	30	25	20	15
竖曲线最小长度(m)	70	50	40	40	35	30	25	20	20	15

实际工作中，竖曲线的长度一般至少为 20m。

4.3.5　竖曲线的连接

竖曲线之间连接时，可以在其间保留一段直坡段，也可以不留直坡段而直接连接成同向或反向复曲线形式，只要不使两竖曲线相交或搭接即可。若两相邻的竖曲线相距很近，中间直坡段太短，应将两者结合，并成复曲线形式。在一般情况下，则应力求两竖曲线之间留一段直坡段 L，坡长建议已不小于汽车行驶 3s 的距离为宜。

$$L \geqslant \frac{V}{3.6} \times 3 = 0.83V \qquad (4-3-24)$$

式中

V——计算行车速度（km/h）。

4.4 纵断面线形规划设计

4.4.1 纵断面线形设计的一般原则

城市道路纵面的线性设计一般要满足以下要求：

（1）保证行车的安全与迅速。一般要求路线转折少，纵坡平缓，在纵坡转折处尽可能用较大半径的竖曲线衔接，以适应行车视距与舒适的要求。

（2）与相交道路、街坊、广场以及沿街建筑物的出入口有平顺的衔接。

（3）在保证路基稳定、工程经济的条件下，力求设计线与地面线相接近，以减少路基土石方工程量，并最少地破坏自然地理环境。在地形起伏较大或系主要道路时，应适当拉平设计线，以消除过大纵坡与过多坡度转折，即使这样会增加一些填挖土量和其他工程构筑物工作量，也往往是适当的。

（4）应保证道路两侧街坊和路面上雨水的排除。为此，道路侧石顶面一般宜低于街坊地面和沿街建筑物的地坪标高，在多雨的南方地区更应如此。当地形复杂、街坊建筑群排水规划方向系背离道路时，则侧石顶面可高于街坊建筑群地面，但应在街坊出入口处增设雨水口（亦称进水井）截流地面雨水。对可能有渍水的城市用地，尚应注意使道路设计标高距渍水位有足够高度（一般宜≥1.0m），以保证路基的稳定。

（5）在城市滨河地区，往往要求滨河道路起防洪堤的作用，因此，其路面设计标高应在最高洪水位以上。同时，对于同滨河路相衔接的道路，由于其标高也均被提高，故也应协调滨河地区道路之间的坡度与坡长。

（6）道路设计线要为城市各种地下管线的埋设提供有利条件。因此，设计纵坡应综合考虑管线布置的要求，并保证各类管线有必要的最小覆土深度。

（7）综合纵断面设计线形，妥善分析确定各竖向控制点的设计标高。对影响纵断面设计线标高、坡度和位置的各竖向控制点如：相交道路的中线标高、城市桥梁的桥面设计标高、铁路平交点处的轨顶标高、沿街重要建筑物的底层地坪标高、滨河路的河流最高洪水位以及人防工程的顶面标高等，在定线时，需要综合考虑，一并分析，经统一协调后再具体确定竖向控制点处的设计标高。

4.4.2 纵断面线形设计步骤

纵断面线形设计步骤包括：勘测道路中心线的地面线、确定道路纵断面的设计线、计算填挖高度、标明构筑物及有关特征点位置、高程以及绘制纵断面图等。

4.4.2.1　勘测道路中心线的地面线

首先，根据规划拟定的、经道路平面设计确定的路线每一段落的具体走向、转折点坐标、曲线半径，以及直线段与曲线段的衔接等，将图纸上确定的道路中心线通过现场勘测，准确地移放到地面的实际位置上去，并埋桩；接着进行道路中线各桩点的水准测量，并按里程桩号及地面自然地形起伏变化处补设的特征点加桩，测记各桩点地面标高；然后，按规定比例尺在厘米方格纸（或电脑）上绘出地面线。

4.4.2.2　确定道路纵断面的设计线

在定设计线前先根据路网规划要求，结合地形、地物现状及排水、工程地质、水文条件分析，拟定各立面控制点的标高，并标注在图纸上；然后试定设计纵坡线（习惯上称"拉坡"）。此过程要求根据纵坡设计的技术要求，注意土石方填挖量的平衡，特别要从沿路两侧街坊竖向规划的土石方综合平衡来考虑整个道路、街坊土石方调配、运输的经济合理性。在原地面线的基础上，逐步调整设计线（也可调整或增减转坡点），直至坡度线合理且工程较经济为止。

最后，在已定设计线的各转坡点间，根据该道路等级选定合适半径的竖曲线进行衔接，然后按坡度代数差 ω 查圆形竖曲线表或用计算方法定出竖曲线各要素；并将直线、曲线段的各桩号高程、填挖施工高度标注于纵断面图上。

纵断面设计线多用粗红线描绘以区别于用黑线绘制的原地面线。

4.4.2.3　绘制纵断面图

道路纵断面设计图，一般应包括下述内容：道路中线的地面标高线、纵坡设计线、竖曲线及其组成要素、线路的起、终点及其他各桩点的设计标高、施工高度、土质剖面图、桥涵位置、孔径和结构类型以及相交道路交汇点、重要临街建筑物出入口的地坪标高、已有地下管线位置和地下水位线等。同时，对沿线的水准点位置、高程及最高洪水位线也应加以标明。此外，还应绘制路线平面简图以供对照。

纵断面图的比例尺：在技术设计阶段，一般水平方向用 1：500～1：1000，垂直方向用 1：50～1：100 的比例尺；对地形平坦的路段，垂直方向还可放大。至于作路网规划方案比较或初步设计时，也可采用水平方向为 1～2000 以上的小比例尺。

在纵断面图上表示原地面起伏的标高线称为地面线。地面线上各点的标高称为地面标高（或称黑色标高）。表示道路中线纵坡设计的标高线称为设计线。它一般多指路面设计线。设计线上各点的标高成为设计标高（或称红色标高）。设计线上各点的标高与原地面线上各对应点标高（即高程）之差，称为施工高度或填挖高度。设计线高于地面线的需填土；低于地面线的需挖土；与地面线重合处可不填不挖。当设计线为路面纵坡设计线时，确定路基实际施工高度或计算土方量需要考虑路面结构设计厚度及路槽形式、施工方法等予以修正。从道路纵断面上可看出路线纵向大致的平衡程度与路基土石方填挖平衡概况。

道路纵断面的示例如图 4-4-1。

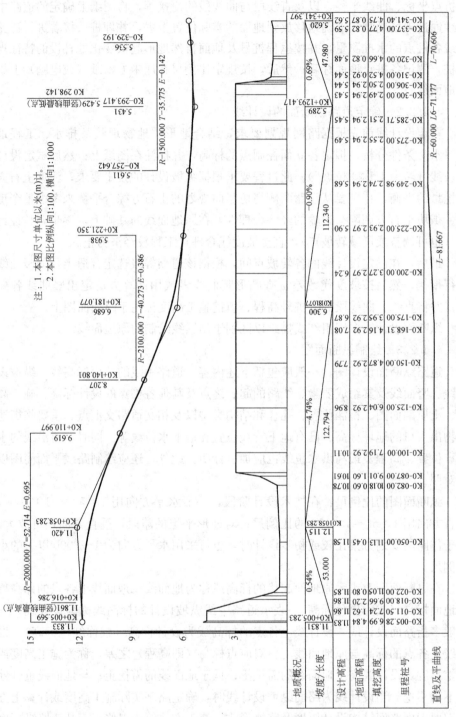

图 4-4-1 道路纵断面图示例

第5章 城市道路横断面规划设计

5.1 城市道路横断面设计概述

5.1.1 城市道路横断面组成

沿道路宽度方向，垂直于道路中心线所作的竖向剖面称为道路横断面。

城市道路横断面由车行道、人行道、绿带和道路附属设施用地等组成。其总宽度为城市道路横断面的路幅宽度（图5-1-1、图5-1-2）。规划道路的路幅边线常用红线绘制，是道路交通用地、道路绿化用地与其他城市用地的分界线。其路幅宽度称为红线宽度。其宽度的确定主要考虑满足机动车、非机动车和行人的交通需求及埋设城市地下工程管线和地面杆线设施的需要。道路宽度应能容纳地下工程管线所需的宽度，若它所需的宽度超过交通所需的宽度，道路宽度可适当放

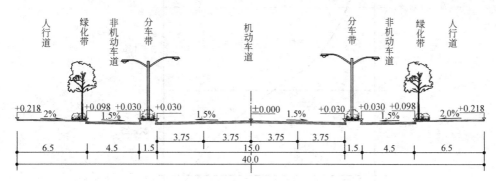

图 5-1-1 城市道路横断面示例

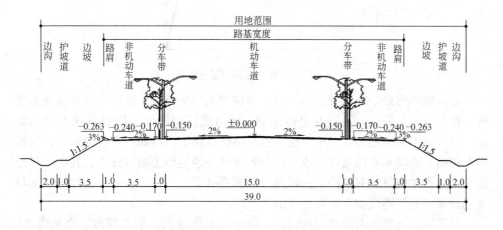

图 5-1-2 近郊区道路横断面示例

宽。宽度中还包含种植各种行道树和设置分隔带所需的宽度。但在道路设置展宽的街心花园、以及在道路外侧至建筑物之间布置沿街绿地带，均属于城市用地分类中的公共绿地（G1），不属于城市道路用地（S）范围。

5.1.2　对道路横断面布置的要求

城市道路是一个统称，按其交通功能和服务的状况不同，可分为：道路（road）和街道（street）。前者是以车行交通为主，道路起"通"的功能，且车速较快；而后者以人行交通为主，与两旁的沿街建筑有密切的联系，街道起"达"的功能。由于我国在道路和街道的名称上界定较模糊，习惯用"城市道路"或"道路"来表示。用"公路"和"城市道路"来区分所在的地域、投资渠道和管理部门，而习惯上也用"道路"来涵盖后两者。所以，在以后章节中应注意对"道路"的理解和使用场合的辨认应学会区分。

我国城市道路分为快速路、主干路、次干路和支路四类。其车速由大到小，在功能上由以"通"为主转到以"达"为主（图5-1-3）。

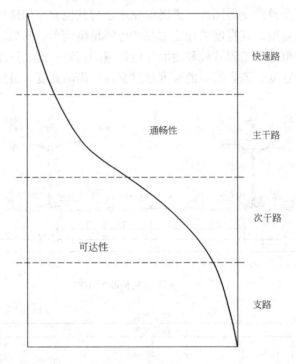

图 5-1-3　城市道路的通达性质

根据城市道路功能与等级的不同，又按照人与车分流、机动车与非机动车分流、快车与慢车分流，各行其道的原则，城市道路横断面可以布置成不同的形式。可以将不同速度的人、车交通设置在不同道路上，例如：人行专用路、自行车专用路、机动车专用路等，也可以布置在同一条道路上加以分隔。其中：车行道又可分为单幅路、双幅路、三幅路或四幅路（图5-1-4）。这主要是由机动车与非机动车交通不同组织方式而形成的。

对于城市道路横断面规划的设计，应根据城市规模、道路等级、交通需求、沿街建筑的性质、地形等具体情况，确定各组成部分的宽度和相互的横向位置及

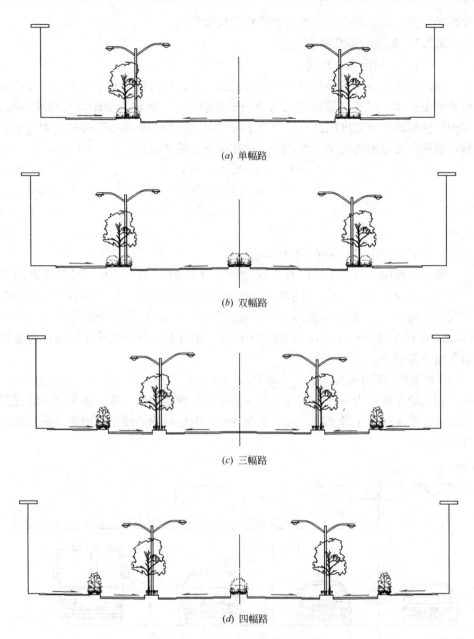

(a) 单幅路

(b) 双幅路

(c) 三幅路

(d) 四幅路

图 5-1-4 几种城市道路横断面形式

高差，既要满足道路交通安全和畅通、环境保护、路容景观和风貌、分期建设和远期发展等的需要，又要节约城市用地和投资。

城市道路横断面的宽度和形式在城市总体规划阶段已基本确定，但在控制性详细规划阶段，可根据实际情况作必要的修改，使其更臻完善。

5.2 机 动 车 道

对城市道路上供各种车辆行驶的部分，统称为车行道。供各种机动车行驶的称机动车道；供各种非机动车行驶的称非机动车道。

5.2.1 车道的净空要求

5.2.1.1 横向安全距离

横向安全距离一般是指对向行车安全距离 x、同向行车安全距离 d、与路缘石的安全距离 c 以及与墙面等构筑物的安全距离 c'。横向安全距离与行驶车速、车辆行驶时的摆动宽度以及在小弯道上行驶时向内侧偏移的宽度有关。相对车速高，对横向安全距离要求也大，一般存在以下关系式：

$$x=0.7+0.02(V_1+V_2)^{3/4} \qquad (5\text{-}2\text{-}1)$$

$$d=0.7+0.02V^{3/4} \qquad (5\text{-}2\text{-}2)$$

$$c=0.4+0.02V^{3/4} \qquad (5\text{-}2\text{-}3)$$

式中

V_1、V_2——两个方向的设计车速。

城市道路中一般要求同向行车安全距离 d 达到 $1.0\sim1.4$m；与路缘石的安全距离 c 达到 $0.5\sim0.8$m；与墙面等构筑物的安全距离 c'，如在隧道中行驶的右侧安全距离 1.0m。设计车速达 $40\sim60$km/h 时，对向行车安全距离 x 为 $1.2\sim1.4$m；设计车速≥60km/h 时，宜用中间分隔带分开，使车辆单向行驶，与非机动车也应分隔开。

5.2.1.2 车道宽度

在机动车道上为每一纵列的车辆提供安全行驶的地带，称一条车道。其宽度应根据行驶车辆的车身宽度，及车辆在行驶时距横向物体或车辆的安全距离确定（图 5-2-1）。

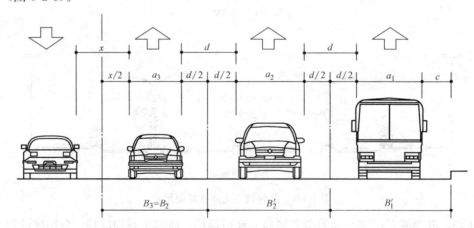

图 5-2-1 车道宽度确定示意图

车道的宽度（B）可分为供沿路边右侧停靠车辆用的车道。停小客车宽度为 2.5m，停大客车和公交车为 3.0m。供车速为 40km/h 的各种车辆行驶的车道为 3.5m；供车速大于 40km/h 的各种车辆混行和供大型公交车辆、载重汽车行驶的车道为 3.75m；交叉口的进口道、小客车专用道宽度为 3.0m。混行车道最小为 3.25m。

5.2.2 机动车道的车道数

机动车道的车道数，常根据城市规模和道路等级确定，见表 5-2-1、5-2-2。

城市道路中机动车车道条数（条）　　　　　　表 5-2-1

城市人口规模(万人)		快速路	主干路	次干路	支路
大城市	>200	6~8	6~8	4~6	3~4
	50~200	4~6	4~6	4~6	2
中等城市		—	4	2~4	2

小城市道路中机动车车道条数　　　　　　　表 5-2-2

城市人口规模(万人)	干路	支路	城市人口规模(万人)	干路	支路
20~5	2~4	2	<1	2~3	2
1~5	2~4	2			

　　表 5-2-1 和表 5-2-2 中的数值是供车辆通行所需的车道数，未包括路边停车道。由于我国面临汽车交通大发展的时期，市区土地开发强度不断提高。因此，用预测交通量来确定车道数的方法，只能作为框算或校核时参考，或用来检验道路服务水平。

　　机动车道的车道条数常采用偶数。车速快、车道条数多的机动车道，道路中间常用双黄线作为隔离线，分成双向交通，车行道的宽度应计入双黄线的宽度。若中间用分隔带或栏杆分开，则应再加上两侧的横向安全距离宽度各 0.25m。对于道路交通量有潮汐变化的机动车道，不设中间分隔带，车道数采用奇数或偶数均可，在每条车道上空的两面都装有红（或×）灯和绿（或↑）灯，当早上高峰小时单向交通量很大时，可以将大部分车道开放绿灯，满足车辆交通要求，这时对向可通行的车道减少。当下午高峰小时对向交通量大增时，可以变换交通信号灯，使绿灯的车道数增加。从节约道路用地、降低长桥或隧道造价的角度讲，这种变换行车方向的办法是十分有效的。

　　路段上机动车道的车道数不宜过多，单向车道超过 4 条时，连续行进中的车辆，要从外（内）侧车道变换到内（外）侧车道十分困难，尤其在车流很密时容易造成交通混乱。此外，由于路段车道的通行能力受到交叉口车道通行能力的限制，路段车道数过多也难以发挥作用。国外在旧城改造中，常根据交叉口进口车道的通行能力反推路段所需的车道数，将多余的车道辟作路边停车道或公交站点和出租汽车站。

　　路段上机动车道的车道数也不宜过少。在城市里有大量公交车辆行驶，为了方便乘客乘车，缩短步行到车站的距离，要加密公交路线网和站点的密度，使公交车辆主要在次干路和支路上行驶和停靠。而这些道路的车道数不多，公交车慢速行驶会压低整个路网上的速度，所以，要为公交设置港湾式停靠站，以保证其他车辆在车道上能顺畅通行。对于中小城市的支路，机动车辆相对少些，有时将机动车与非机动车组织在同一幅车行道上，总共采用 3~4 车道，以节约道路用地，但对公交停靠站仍应做成港湾式。

　　根据国内各城市道路建设的经验，机动车道（指路缘石之间）的宽度，双车道取 7.5~8.0m，三车道取 11m，四车道取 15m，六车道取 22~23m，八车道取

30m。

5.2.3 机动车道的通行能力

机动车道的通行能力可分为基本通行能力、可通行能力和设计通行能力。

5.2.3.1 基本通行能力

一条机动车车道的基本通行能力是指在道路、交通、环境和气候均处于理想条件下，由技术性能相同的一种标准车辆，以最小的车头间隔连续行驶，在单位时间内通过一条车道或道路路段某一断面的最大车辆数。这是一种理想状态下的通行能力，也称理论通行能力。

理论通行能力采用车头间距推算，与车头间距存在以下关系式：

$$N_{理}=\frac{3600}{h_s/v}=\frac{1000V}{h_s} \tag{5-2-4}$$

式中

$N_{理}$——理论通行能力；

h_s——车头间距（m）；

v——行车速度（m/s）；

V——行车速度（km/h）。

用车头间距公式 2-3-8 代入上式可得：

$$N_{理}=\frac{1000V}{L_{车}+\frac{V}{3.6}t+\frac{K_2-K}{2g(\phi+f\pm i)}\cdot\left(\frac{V}{3.6}\right)^2+L_{安}} \tag{5-2-5}$$

对于同一车种来说，式中车身长度、安全距离、刹车安全系数均为常数。这样，通行能力是速度 V 和附着系数 ϕ 的函数。ϕ 值与轮胎花纹、路面粗糙度、湿度、行车速度有关。ϕ 越大，则 $N_{理}$ 亦大。速度增加，则通行能力也增大，但增大到某一数值后，通行能力开始减小。

根据所学过的内容，可在选定有关参数的情况下，用公式 5-2-5 计算出小客车在不同车速下的车头间距和理论通行能力（表 5-2-3）。

采用 $\phi=0.3$ 计算得到的小汽车理论通行能力　　　　　　　　表 5-2-3

车速(V) (km/h)	10	20	30	40	50	60	70	80	90	100	110	120
车头间距(L) (m)	10.6	15.7	22.2	30.4	38.8	51.6	64.0	79.0	97.0	112.0	143.9	167.0
理论通行能力(N) (pcu/h)	950	1285	1345	1310	1285	1165	1090	1015	925	890	764	719

5.2.3.2 可能通行能力

可能通行能力是通常道路交通条件下，单位时间内通过道路一条车道或某一断面的最大可能车辆数。对于一条无横向干扰的高架快速路，在较长的路段上畅通无阻地连续行驶的车流，即可达到路段的可能通行能力。

国外计算可能通行能力是以基本通行能力为基础，考虑实际的道路交通状况，确定修正系数求得。我国规定，路段可能通行能力即为较长路段畅通无阻地连续行驶车流的通行能力，如市郊道路或城市无横向干扰的快速路的通行能力。

一条车道的可能通行能力：

$$N_p = 3600/h_t \qquad (5\text{-}2\text{-}6)$$

式中

N_p——一条车道可能通行能力（pcu/h）；

h_t——连续小客车车流平均车头时距（s/pcu）。

根据我国在北京、沈阳、哈尔滨、武汉、上海等八个城市的实测车头时距的资料，所算得的可能通行能力列于表5-2-4。

按实测不同车速下车头时距计算得的可能通行能力（单位：pcu/h）　　表 5-2-4

车速 V(km/h)		20	25	30	35	40	45	50	55	60	建议值
小型汽车	车头时距(s)	2.61	2.44	2.33	2.26	2.20	2.16	2.13	2.10	2.08	1700
	通行能力	1330	1480	1550	1590	1640	1670	1690	1710	1730	
普通汽车	车头时距(s)	3.34	3.12	2.97	2.87	2.80	2.75	2.71	2.67	2.64	1200
	通行能力	1080	1150	1210	1250	1290	1310	1330	1350	1360	
铰接汽车	车头时距(s)	4.14	3.90	3.74	3.63	3.56	3.50				900
	通行能力	870	920	960	990	1010	1030				

5.2.3.3　设计通行能力

一条机动车车道在路段上的设计通行能力系指道路交通的运行状态保持在某一设计的服务水平时，道路上某一路段的通行能力。目前，我国主要是通过给定不同道路的分类系数，一次修正可能通行能力，以求得各类道路的设计通行能力。

路段设计通行能力分为两类：

一、不受平面交叉口影响的一条机动车车道的设计通行能力

$$N_设 = \alpha_c \cdot N_可 \quad (\text{pcu/h}) \qquad (5\text{-}2\text{-}7)$$

式中

α_c——道路分类系数（表5-2-5）；

$N_可$——一条车道的可能通行能力。

机动车道的道路分类系数　　　　　　　　　表 5-2-5

道路分类	快速路	主干路	次干路	支路
分类系数 α_c	0.75	0.80	0.85	0.90

表5-2-5中，快速路分类系数较小，而支路分类系数最大。这表明，等级高的道路要求服务水平高，即容许通行能力降低，因而分类系数小。相反，等级低的支路，分类系数较大，使用条件较差。

当在一个方向上的车行道有两条或多于两条车道时，因车辆经常变换车道，以获得最大的车头间隔，达到较高的车速。此外，在接近交叉口前，需要左转和右转的车辆也要变换车道，使车道的通行能力受干扰，所以多车道的通行能力要考虑变换车道的影响。

一般来说，这种车道变换对外侧车道干扰最大。从中心线向外的车道通行能力应依次折减。通常以靠近中线的第一条车道的通行能力为1，那么第二条车道的通行能力为0.85，第三条车道的通行能力为0.79，第四条车道为0.61，见表5-2-6。车道数增加，通行能力相应折减，因此过多的车道并不能使通行能力得到有效提高。

机动车道单向通行能力折减系数 表5-2-6

单向车道数	一车道	二车道	三车道	四车道
折减系数 α_m	1.0	1.85	2.64	3.25

在城市道路路段上，交通管理部门往往规定将靠近左侧车道供小型车行驶，靠右侧的车道供大型公交车和载重汽车行驶，不同类型汽车的通行能力在车道上是不同的。

考虑以上因素，不计交叉口影响的多车道机动车道单向设计通行能力的计算式为：

$$N'_{设} = \alpha_c \cdot \alpha_m \cdot N_{可} \tag{5-2-8}$$

式中

α_c——道路分类系数（表5-2-6）；

α_m——机动车道单向通行能力折减系数；

$N_{可}$——一条车道的可能通行能力。

二、受平面交叉口影响的机动车道设计通行能力

在快速路或郊区道路上，交叉口间距较远，可不考虑交叉口的影响。而当路段上交叉口间距较小时，车流不能连续通行，因此对路段设计通行能力还应予以修正。修正系数主要受交叉口间距和信号灯配时的影响，称为交叉口折减系数。其是无阻时的路段行驶时间和实际行驶时间的比值（表5-2-7），计算公式如下：

$$\alpha_a = \frac{S_c \big/ \dfrac{V}{3.6}}{\left(S_c \big/ \dfrac{V}{3.6}\right) + \dfrac{V}{7.2a} + \dfrac{V}{7.2b} + \dfrac{t_c - t_g}{2}} \tag{5-2-9}$$

式中

S_c——交叉口间距（m）；

V——计算行车速度（km/h）；

a——启动时平均加速度，小汽车采用 0.8m/s²，混合车辆采用 0.5m/s²；

b——制动时平均减速度，小汽车采用 1.7m/s²，混合车辆采用 1.5 m/s²；

t_c——交通信号周期（s）；

t_g——绿灯时间（s）。

考虑交叉口影响的路段通行能力公式为：

$$N'_{设} = \alpha_c \cdot \alpha_m \cdot \alpha_a \cdot N_{可} \tag{5-2-10}$$

交叉口折减系数　　　　　　　　　　　　　　　　　表 5-2-7

t_c/t_g　　　V	60/25	70/30	80/35	90/40	100/45	110/50	120/55
$S_c=1200$							
60	0.69	0.67	0.66	0.64	0.63	0.61	0.60
50	0.74	0.73	0.71	0.70	0.68	0.67	0.66
$S_c=800$							
60	0.59	0.58	0.56	0.54	0.53	0.51	0.50
50	0.66	0.64	0.62	0.60	0.59	0.57	0.56
40	0.72	0.70	0.69	0.67	0.66	0.64	0.63
$S_c=500$							
40	0.62	0.60	0.58	0.56	0.54	0.53	0.51
30	0.70	0.68	0.67	0.65	0.63	0.61	0.60
$S_c=300$							
30	0.59	0.57	0.54	0.52	0.51	0.49	0.47
20	0.70	0.68	0.66	0.64	0.62	0.59	0.59

实际上，城市中道路路段的通行能力常受到交叉口通行能力的限制，要拓宽交叉口，增加交叉口的车道条数，才能与路段的通行能力相匹配。

5.3　非机动车道

5.3.1　车道的净空要求

非机动车道主要是供自行车、三轮车和板车等行驶的。非机动车的造价和使用成本低，维修简单，使用方便，所以在我国中小城市的交通运输中还占有较大的比重。随着社会经济发展，在城市中已逐步淘汰大板车，但自行车仍经久不衰。而行驶在非机动车道上的燃油助动车，速度比自行车、人力三轮车快近一倍，超车频繁，且排废气污染严重，虽已禁止发展，逐步淘汰，但燃气或电动助动车的出现和替代，助动车仍将继续存在。

车道的净空高度为非机动车本身的高度加安全距离之和。行驶不同非机动车辆的车道最小净空高度不同，行驶自行车的最小净高要求为 2.5m，其他非机动车行驶的最小净空高度要求为 3.5m。

非机动车道的宽度，不能像机动车道那样用一条条划分的车道组成。各种非机动车混合行驶时有不同的宽度组合，两种不同车辆的横向安全间距约为 0.4～0.5m。非机动车离侧石的安全间距约为 0.7m，尤其是在车道右侧路面上设置雨水进水口，路面又欠平整，路边绿化带中的植物生长枝叶茂盛，侵占道路横向净空，使非机动车离侧石的距离更大，常超过 1m 无车行驶，造成路面浪费。根据国内城市建设的实践经验，一条非机动车道的宽度至少 4.5m，若高峰小时自行车交通量大，宽度可达 6～7m，这也有利于远景交通方式产生变化后，如改造和拓宽道路，或改作公交专用道或路边停车道用。

自行车的运行轨迹不同于机动车，常做蛇形运动，其蛇形摆动左右两侧各约 0.2m。如果左右空间不受限制，一条 0.5m 宽的路面就可以骑车了。在城市道路上，自行车是多辆并列的，每辆自行车的把手宽度为 0.6m，所以，一条自行车道的净空宽度按 1m 计。自行车在道路上行驶时，净空宽度距路缘石的距离为 0.25m；在地道内行驶时，净空宽度离墙壁宜采用 0.4m（图 5-3-1）。

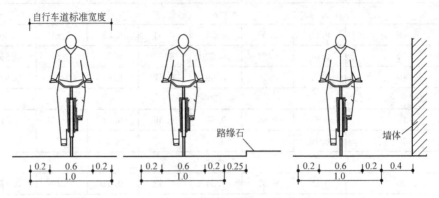

图 5-3-1　单车横向宽度示意

通常一条自行车道路，单向有二辆自行车并列行驶时，宽度为 2.5m；有三辆车并行时，宽度为 3.5m；其余以此类推（图 5-3-2）。但并列的车道条数不能太多，当超过五六条时，被夹在中间的骑车人十分紧张；或者就自然分成两个三辆并行的组团，以保安全行车。

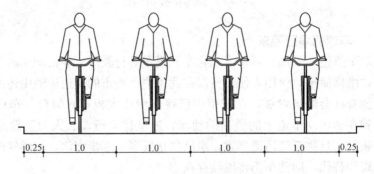

图 5-3-2　自行车的并行宽度

自行车道路若两侧不做侧石，路面外侧是硬地或草地，则 2.0m 宽的自行车道可供两辆自行车同向行驶，或偶尔供第三辆自行车超车而过；3.0m 宽的自行车道，可供三辆自行车同向并列行驶，也可供两辆自行车双向行驶，偶尔可供另一辆车超车而过。国内有些城市的自行车道路，原来路缘没有做侧石，自行车通行很顺畅，后来加砌了侧石，由于路幅所提供的净空宽度受到缩减，使通行能力下降。

5.3.2　非机动车道的通行能力

由于各种非机动车所占的比例不同，各地的交通习惯也有差异，所以非机动车道的通行能力差别较大。据观测，通常一条 4.5m 宽的非机动车道，当交叉口间距在 400～600m 时，若交通构成中自行车约占 60%～70%，三轮车约占 20%～25%，板车约占 10%～15% 时，其混合交通的通行能力约为（自然数）1500～2000veh/h。若换算成当量自行车数，其换算系数：自行车为 1，三轮车为 2，板车为 3。

一条自行车车道的通行能力，通常是按照其道路的宽度内可折算成 1m 当量宽的车道条数去除在单位时间内所通过的自行车数。为了观测道路上所通过的自行车数可以在高峰小时用摄像机由高楼上拍取最大 15min 的自行车流，然后通过室内作业换算得到。

一条不受平面交叉口影响的、连续通行的自行车车道，路段可能通行能力可按下式计算：

$$N_可 = 3600N_测 / t(w_自 - 0.5) \qquad (5-3-1)$$

式中

$N_可$——一条自行车车道的路段可能通行能力（veh/h·m）；

t——连续车流通过观测断面的时间段（s）；

$N_测$——在 t 时间段内通过观测断面的自行车辆数（veh）；

$w_自$——自行车道路面宽度（m）。

自行车道路段可能通行能力，建设部标准推荐值：有分隔设施时为 2100veh/h·m；无分隔设施时为 1800veh/h·m。据实测：在连续交通、有隔离的自行车专用道路上，其通行能力达 2240veh/h·m；在自行车地道内，达 1800veh/h·m；在无信号灯管理的三岔路口的一个冲突点上，三个方向自行车连续穿梭而过的通行能力为 1800veh/h·m。

一条不受平面交叉口影响的自行车车道的路段设计通行能力可按下式计算：

$$N_设 = \alpha_自 \cdot N_可 \quad (veh/h·m) \qquad (5-3-2)$$

式中

$N_设$——一条自行车车道的路段设计通行能力（veh/h·m）；

$\alpha_自$——自行车道的道路分类系数，快速路、主干路为 0.80，次干路、支路为 0.90。

一条受平面交叉口影响的自行车车道的路段设计通行能力，在设有分隔设施时，推荐值为 1000～1200veh/h·m，以路面标线划分机动车道与非机动车道时，推荐值为 800～1000veh/h·m。自行车交通量大的城市采用大值，小的采用小值。

5.3.3 非机动车道的布置

非机动车属于慢速行驶的交通工具，它又与人们的生活有密切的联系，常与人行道靠在一起，形成沿道路两侧对称布置在机动车道与人行道之间的格局，使车行道成为三幅路，俗称三块板（图 5-1-4c）。

在城市支路上，机动车与非机动车数量都较少，它们通过同一断面时在时空上错开，这时车道的路幅可以相互轮流使用，混行交通的干扰并不严重，支路上的车速也不快，可以采用单幅路的形式（图 5-1-4a）。非机动车靠右侧行驶，在路面上划出白色虚线，作为车辆分道线，基本实行各行其道。

　　在城市干路上，机动车车速快，双向交通量大时，若非机动车数量少，仍可以采用上述机动车与非机动车合在一个路幅内基本分行的做法，只是在车道中间用分隔带将双向车流分开，形成双幅路的格局（图 5-1-4b）。若在城市干路上，非机动车数量很多，对机动车车道的占用和干扰严重，则需要在机动车与非机动车之间采用物体（如：分隔带、栏杆等）分隔，形成四幅路的横断面形式（图 5-1-4d）。

　　应该指出，三幅路、四幅路的做法只是在路段上解决了非机动车对机动车的干扰，保证了交通安全，但到了交叉口，机动车、非机动车和行人全集中在一起，道路越宽，交通量越大，行人过道路越困难，相交的道路条数越多，矛盾越集中，相互的干扰越大，交通问题越是难解决。建国 50 多年来，城市道路的横断面布置形式一直沿用了这一模式，使交通问题始终未能得到较好的改善。随着我国机动车交通日益增长，这个矛盾还将激化。不能靠建大型立体交叉口来解决交通问题，而应该从道路网络上，从道路横断面上来研究机动车与非机动车的分流问题，使它们能在道路网上各行其道。根据国内一些城市的经验，在城市用地上宁愿道路条数多些，使车辆有较好的可达性，也不要将道路定得太宽，使车流集中在几条干路上，使交叉口负担过重。

　　在三幅路和四幅路中两条独立的非机动车道上，交通组织是单向的。为防止非机动车任意左转闯入快速的机动车道，国内目前的做法是用几道高铁护栏挡死，以策安全。这样就迫使在与行驶方向相反的非机动车在车道内逆行。若将两条非机动车道合在一起，双向行驶，并设置在另一条平行的道路上，这条非机动车道的宽度就可以比原来两条单向的非机动车道之和小（一般城市为 9~14m，有的城市可达 16m），通常只需 7~9m 就足够了。这种方法不但节约了大量用地，还大大增加了居民生活出行的可达性。

5.4　人行道和路侧带

　　在道路车行道两边到道路红线之间的用地为路侧带。其间主要布置的内容是人行道、城市市政公用服务设施用地和绿化用地。

5.4.1　人行道的净空要求

　　人行道是城市中的主要公共区域，是各种人共存的活动场所。人行道应为沿街居民提供熟悉的私人空间，也要为应付外来的陌生人做好充分的准备，将陌生人变为重要的资源，带来城市中活跃的气氛，使街道上配置的各种商业、服务设施等形成一个由大众视线构成的安全防范体系，有效地消解陌生人带来的危险，同时又充分容纳陌生人带来的活力。这样在街道的人行道上始终都会有行人。为此，要为市民和外来人们提供步行交通的道路，其设计应以步行人流的流量和特征为基本依据。人行道应有良好的铺装，道面平整，排水流畅，并且要保证步行交通安全和连续不断，不被其他活动任意占用。人行道上应铺设盲条，在交叉口转角处的侧石应符合无障碍交通的要求，以适应老、幼、残、弱者们步行活动的特殊需要。人行道应与沿街建筑和绿地结合在一起规划设计，有时与步行广场、建筑小品结合在一起建造，以丰富城市的景观，要改变以纯工程技术的手法建造人行道。

一般规定，人行道的净空高度需要在 2.5m 以上。行人在人行道上行走时，其密度是不均匀的，有时是单向的，也有时是双向的。如前文所述，当两个熟悉的人并排行走的时候，每人需要 0.65m 的宽度，走路时因身体摇摆，身体可能会有接触；比这个距离还要小的侧向距离，一般是在拥挤的情况下才能出现。因此考虑人的动态和心理缓冲空间的需求，为了避免行人间相互超越的干扰，每人至少应有 0.75m 的人行带宽度。一般来说，单人行走无携带物需要 0.7～0.8m（平均 0.75m）的宽度；单人行走一侧携带物品一般需要 0.75～0.85m（平均 0.8m）；单人行走两侧携带物品或大人带小孩行走需要 0.85～1.1m（平均 1.0m），如图 5-4-1 所示。人行道有效宽度应按人行带的倍数计算，最小宽度不得小于 1.5m。若考虑行人与建筑物的外墙的距离以及避开路缘石、树木、灯柱、信箱、公交站亭和停车计时器等的距离，人行道的宽度还应该宽一些。在车站码头、人行天桥和地道等人流密集区域，人行带的宽度须达到 0.9m。

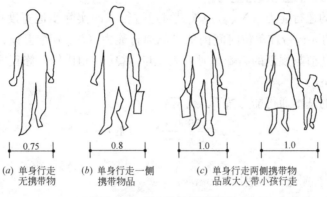

0.75	0.8	1.0	1.0
(a) 单身行走 无携带物	(b) 单身行走一侧 携带物品	(c) 单身行走两侧携带物 品或大人带小孩行走	

图 5-4-1　行人负物所需宽度

我国城市人口密度比国外高，城市人口毛密度平均为 1～2 万人/km²，市中心地区则更高，集中了大量高层建筑、就业岗位和购物中心，吸引了许多市民和旅游者到此活动。所以，对人行道宽度的要求理当比国外的尺度要大。人行道上行走的上下班的行人，由于每天使用同样的交通设施，因此步行速度比较快。而年老或年幼的步幅就要比其他行人小，速度也慢。购物者常在橱窗前停留，减小了人行道的有效宽度，因此这些因素都要在设计中考虑。

有关行人流速度、密度和流量的关系在第二章已阐述了。人行道的宽度是根据道路等级和功能、沿街建筑性质、路上步行人流的性质、密度和流量、走动者与站立者的比例等规划设计确定的，再经通行能力进行复核。此外，还应考虑在人行道下埋设的各种地下管线对用地宽度的要求。

人行道宽度必须满足行人通行的需要。人行道的宽度（$w_人$）可按下式估算：

$$w_人 = Q_人 / N_{人1} \tag{5-4-1}$$

式中

　　$Q_人$——人行道高峰小时行人流量（p/h）；

　　$N_{人1}$——1m 宽人行带的设计行人通行能力（p/h·m）。

根据我国部分城市的调查资料，在大城市中心地区商业繁华街道上人行道宽度可达 8～10m，中小城市上述地区的人行道宽度也达 5～6m，在其它地区的人行道可以适当窄些。人行道的最小宽度至少保证两行人相对而行能够顺利通过。建设部颁布的《城市道路设计规范》（CJJ 37—90）对城市中人行道最小宽度作了规定，见表5-4-1。

人行道最小宽度（单位：m）　　表 5-4-1

项　　目	大城市	中、小城市
各级道路	3	2
商业或文化中心区以及大型商店或大型公共文化机构集中路段	5	3
火车站、码头附近路段	5	4
长途汽车站	4	4

5.4.2　人行道的通行能力

人行道的通行能力（$N_人$）应按其可通过行人的实际步道宽度计算，通常按一条 1m 宽的人行带在单位时间内的可能通行能力（$N_可$）乘上设计的人行带条数而得。比此值与规划的高峰小时行人流量（$Q_人$）相比较，修正规划设计的人行道宽度（$w_人$）。

人行道的基本通行能力按下式计算：

$$N_基 = \frac{3600 \cdot v}{h_人 \cdot w_人} \quad (p/h \cdot m) \tag{5-4-2}$$

式中

v——步行速度，一般取 1.0m/s；

$h_人$——行人纵向间距，一般取 1.0m；

$w_人$——行人步行带宽度，根据不同地点一般取 0.75～0.9m。

基本通行能力，系按理想条件计算而得。但实际上，横向干扰、携带重物、地区季节影响、环境景物、商店橱窗的吸引力等，对步行速度均有影响，因此应对基本通行能力予以折减，得出可能通行能力。车站、码头、人行天桥、地道受外界干扰影响较少的地方，折减系数采用 0.75，其余采用 0.5。在此基础上得到一条人行带在不同地段的可能通行能力，见表5-4-2。

人行道、人行横道、人行天桥、人行地道的可能通行能力（$p/h \cdot m$）　表 5-4-2

类别	人行道	人行横道	人行天桥、人行地道	车站、码头的人行天桥、人行地道
可能通行能力	2400	2700	2400	1850

人行道设计通行能力等于可能通行能力乘以折减系数。按照人行道的性质、功能与对行人服务的要求，以及所处位置，分为四个等级。人行道、人行横道、人行天桥、人行地道的设计通行能力折减系数规定如下：

（1）全市性的车站、码头、商场、剧场、影院、体育馆（场）、公园、展览馆及市中心区外来行人集中的人行道、人行横道、人行天桥、人行地道等计算设计通行能力的折减系数采用 0.75。

（2）大商场、商场、公共文化中心及区中心等行人较多的人行道、人行横道、人行天桥、人行地道等计算通行能力的折减系数采用 0.80。

（3）区域性文化商业中心地带行人多的人行道、人行横道、人行天桥、人行地道等计算设计通行能力的折减系数采用 0.85。

（4）支路、住宅区周围道路的人行道及人行横道计算设计通行能力的折减系数采用 0.90。由此可得到，人行道、人行横道、人行天桥、人行地道的设计通行能力，见表 5-4-3。

人行道、人行横道、人行天桥、人行地道的设计通行能力 　　表 5-4-3

类　　别	折　减　系　数			
	0.75	0.80	0.85	0.90
人行道(p/h·m)	1800	1900	2000	2100
人行横道(p/h·m)	2000	2100	2300	2400
人行天桥、人行地道(p/h·m)	1800	1900	2000	—
车站、码头的人行天桥、人行地道(人/h·m)	1400	—	—	—

注：车站、码头的人行天桥、人行地道的一条人行带宽度为 0.9m，其余情况为 0.75m。

5.4.3 人行道的布置

人行道需要与车行道有明显的区别，以利各行其道。通常人行道对称布置在车行道的两侧，高出车行道路面 10～20cm，以保证安全，也有利于向车行道路边排水。在车辆交通频繁的主干路上，人行道宜放在绿带或设施带的右侧，使行人离机动车流远些，少受干扰和废气污染。

人行道的布置与道路等级、行人与沿街建筑的联系有关。城市支路，沿街多为住宅，人行道宜离建筑 1m 以上的间距；沿街底层若为商店，人行道可紧贴建筑，在靠车行道一侧布置绿带或公交停靠站及其他各种设施（图 5-4-2a、d）。在城市次干路、繁华的商业街上，人流多，且伫立观看橱窗商品的人较多，可用绿带将人行道分为两部分，靠车行道一侧的人行道供过路者快速行走，靠建筑一侧

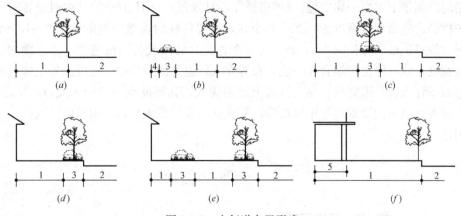

图 5-4-2 人行道布置形式

1—步行道；2—车行道；3—绿带；4—散水；5—骑楼

的人行道供购物者慢行（图 5-4-2c、e）。在快速路上，人行道与机动车道应严格分离，快速路上的车辆要停车必须驶入边上平行的辅路（支路），才能让行人上下车。跨过快速路的行人必须从行人天桥或地道内通过。在我国南方城市，风雨多且炎热，或旧城道路拓宽而沿街建筑又需保留时，可以采用骑楼的形式，将人行道置于骑楼下（图 5-4-2f）。

城市道路横断面宽度受地形、地物限制时，可在两侧做不等宽的人行道，或仅单边设置。例如傍山筑路，为减少土石方，可将人行道设置在另一标高上（图 5-4-3a）；水位涨落很大的滨河路，也可将人行道分为几层，分别设置在不同的标高上（图 5-4-3b），给人们一种亲水的感受。

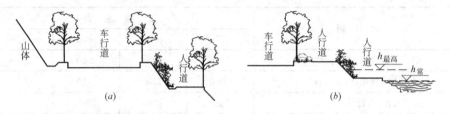

图 5-4-3　不同标高的人行道设计

5.4.4　布置市政公用设施的用地

城市道路与公路不同点之一，是在道路两侧布设了大量市政公用设施，诸如行人护栏，人行天桥和人行地道出入口、路灯、信号灯、交通标志牌、电力电杆、电车架空触线的拉杆、馈电电线杆、邮筒、公用电话亭、公交站台与候车亭、出租汽车站、路边停车计时器、消火栓、垃圾箱、路边坐椅、路名牌、城市地图、灯箱广告、自行车停车，甚至机动车停车等等。这些设施都是市民生活中所不可缺少的，但是以往路侧带的设计中，未能专门为它们安排用地，结果很零乱的布置在人行道上，尤其是尺寸不一的零乱的广告牌。占用行人步行的通道，使行人无路可走，只能走到车行道上。应该指出，这些设施分属各个部门管理，投资渠道也不同，若让它们无序地布置，必然影响观瞻，破坏市容，并且对绿化生长干扰很大，所以规划设计时应根据有关规范要求，协调这项工作，在道路的路侧带上留出一席之地。《城市道路设计规范》（CJJ 37—90）中对设置行人护栏的设施带规定宽度为 0.25~0.50m，设置杆柱的设施带规定为 1.0~1.5m，同时设置护桩和杆柱时为 1.5m。对于布置其余的市政公用设施者，还应增加一些宽度，或与绿化带结合在一起，布置在人行道外的绿地中。在设施带上铺设的路面不计入人行道宽度。在人行道上挖的树穴，其宽度也不应计入人行道宽度。若在人行道一侧设置自行车停车带，其宽度不能算作人行道，用地应计入停车场用地（S32）。

5.5　道路绿化带

5.5.1　道路绿化设置原则

道路绿化是整个城市绿化的重要组成部分，沿着道路绿化带可将其他的各种城市绿地连成一体。

道路绿化可以增加城市景观，使人心情舒畅；浓密的树冠可以遮荫，挡风，防日晒；绿化带还可以分隔道路横断面上各组成部分，或用来限制横向交通任意穿越，以保障停车安全和快速；道路绿化带上的温度、湿度与路面上的不同，形成空气对流；绿化植物可以吸附空气中的废气和尘埃，使空气清洁、湿润和凉爽。对于分期建设的道路，绿化带又可起调节备用地的作用，但其下管线仍按远期的位置埋设。所以，道路绿化带宽度宜为道路红线宽度的 $10\% \sim 15\%$。对滨河路、通往风景区的游览性道路绿地比例还可提高，但其用地应计入城市公共绿地的街头绿地（G12）中，而不计入城市道路用地（S）中。道路绿化包括路侧带、中间分隔带、机动车道与非机动车道间的分隔带、平面交叉口、立体交叉口、广场、停车场以及道路用地范围内的边角空地等处的绿化。道路绿化应根据城市性质和特色、道路功能、自然条件、城市环境等合理进行设计。

5.5.2　道路绿化布置的技术要求

道路绿化布置和设计首先应保证交通安全，其次是环境美化等要求。根据绿化带的宽度选择适合当地气候特点的树种和花草，做好种植设计。树种的选择以乔木为主，灌木为辅；并宜选择树干挺直、树形美观、夏日遮阳、耐修剪、抗病虫害、深根系抗强风及耐有害气体和尘土的树种。

对于树种形态、高矮和色彩的变化，在同一条道路上不宜过多，以防杂乱，宜分段种植，并做到整齐和谐。

行道树树干的分叉不能太低，要考虑路面经逐次补强抬高后，树干分叉变低，公交车辆停靠站台时，车顶不致与树枝擦撞。近年来由于城市地下管线不断增容，埋管，开挖路面，在修复路面后标高被多次提高，树干分叉高度越来越低，甚至使公交车无法靠站。或截去分叉的主干树枝，使树冠形态很难看，因此建议树干分叉高度不低于 4.0m。

多幅路横断面范围内的交通分隔带和路侧带上的行道树、尤其是灌木的枝叶不得侵占道路横向空间界限。在小半径弯道内侧和交叉口视距三角形范围内的花木种植不得高于外侧车行道路面标高以上 1m。在弯道的外侧应加种高的乔木，用来引导视线。交叉口范围内上空的枝叶不得遮挡路灯、交通信号灯、交通标志牌，遮挡时应及时修剪。

山区或丘陵地区建的城市道路，在填挖方处的路堤和路堑边坡上，宜种植草皮、攀援植物和不遮挡视线的灌木。

架空电力线与树冠的最小垂直距离应满足表 5-5-1 的要求。

架空电力线与树冠的最小垂直距离			表 5-5-1	
电压(kV)	1～10	35～110	154～220	330
最小垂直距离(m)	1.5	3.0	3.5	4.5

树木中心与地下管线外缘最小水平距离应符合表 5-5-2 的规定。因为树木在长大过程中根系与树冠几乎相似，若树干与管线靠得太近，粗壮的主根会顶开管线槽和管道接头，造成事故。绿化带净宽度应满足表 5-5-3 的要求。

树木中心与地下管线外缘最小水平距离（单位：m）　　　表 5-5-2

管线名称	距乔木中心的最小水平距离	距灌木中心的最小水平距离
电力电缆	0.70	—
电讯电缆	0.75	0.75
给水管	1.50	—
雨水管	1.50～2.00	—
煤气管	1.20	1.20
热力管	1.50	1.50
消防栓	1.20	1.20
排水盲沟	1.00	

不同种植的绿化带净宽度表（单位：m）　　　表 5-5-3

绿化种植	绿化带净宽度	绿化种植	绿化带净宽度
双行乔木并列	5.0	灌木丛	0.8～1.5
双行乔木错列	2.5～4.0	草皮与花丛	0.8～1.5
单行乔木	1.5～2.0		

行道树的种植：当路侧带较狭窄时，行道树的树穴（也称树池）可用圆形、方形或矩形，树干周围铺上铸铁栅。树穴的尺寸：圆形直径大于或等于 1.5m，方形每边净宽大于或等于 1.5；当路侧带较宽时，可设置绿化带，靠车行道一侧常种植低矮稠密的树种，既吸尘又挡噪声；靠人行道一侧常种植高大浓荫的树种。行道树可以单行种植，也可以双行种植，或错位双行种植，其宽度为 1.5～4.0m。当接近交叉口或公交停靠站时，可将其绿带缩去 3～3.5m，增辟一条车道宽度供停车候驶，或辟作公交港湾停靠站。

5.6　路肩与边沟

5.6.1　路肩

在城市郊区的道路上采用边沟排水时，在车行道路面外侧至路基边缘所保留的带状用地称路肩。它可供临时停车，通行非机动车和行人，并对路面作横向支承，埋设交通护栏和交通号志（图 5-6-2）。路肩分为硬路肩（包括路缘带）和保护性路肩。左侧路肩用于双幅路、四幅路及中间具有排水沟的断面。

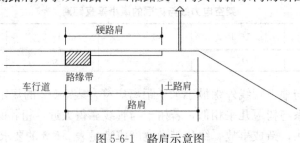

图 5-6-1　路肩示意图

设计行车速度大于或等于40km/h时，应设硬路肩。其铺装应具有承受车辆荷载的能力。硬路肩中路缘带的路面结构与机动车车行道相同，其余部分可适当减薄。硬路肩最小宽度见表5-6-1。

硬路肩最小宽度　　　　　　　　　　　　　　　　表5-6-1

计算车行速度(km/h)	80	50.50	40
硬路肩最小宽度(m)	1.00	0.75	0.50
有少量行人时的最小宽度(m)	1.75	1.50	1.25

注：左侧路肩可采用表中硬路肩最小宽度。

接近城市、村镇有行人的路段，右侧硬路肩宽度应根据人流确定，但不得小于表5-6-1规定值。硬路肩的铺装表面宜平整，不粗糙，以便吸引自行车和行人走在其上，不致因路肩质量差而闯入机动车道，造成车祸。设计行车速度小于40km/h时，可不设硬路肩。路肩宽度不得小于1.25m。保护性路肩宽度应满足安设护栏、杆柱、交通标志牌的要求，最小宽度为50cm。保护性路肩为土质或简易铺装。有的城市在护栏外侧面留出一条1～1.5m用的简易铺装小路，以保证行人交通安全。

快速路右侧路肩宽度小于2.5m，且交通量较大时，应设紧急停车带（图5-6-2），其间距宜为300～500m。国外在快速行驶的水泥混凝土路面两侧，各镶一条20cm宽、每前进10cm有一次凹槽的边条，当司机困倦驶出路面、车轮辗压上凹槽时，会产生高声啸叫，惊醒驾驶员免出车祸。

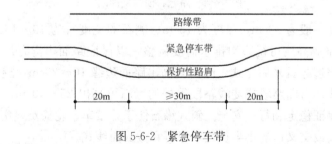

图5-6-2　紧急停车带

5.6.2　边沟

城市道路除利用路缘侧平石上的雨水井排除路面雨水外，在郊区道路或山区居住区内的道路常用边沟排水（图5-6-3）。

沟边常采用梯形断面，底宽和深度不小于0.4m，沟边的坡度一般为1∶1～1∶1.5。山区风景区道路的边沟壁用块石砌筑，开山的可以做成直壁，但倚山的一侧常与挖方段山边坡一致。

边沟的纵坡经常随道路纵坡设置，纵坡过小要常清淤；纵坡过大，沟底土壤易被冲刷，边坡和沟底要用水泥混凝土或石材加固，或做跌水防冲刷设施。

边沟长度，一般200～300m有一个出水口，排入附近田野或水体。边沟出水口间距最长不超过500m。

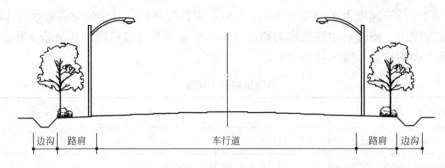

图 5-6-3　近郊道路边沟示意图

5.7　路缘石、分车带和路拱

5.7.1　路缘石

路缘石是路面边缘与横断面内其他组成部分的相接处的边缘石。路缘石由侧石和平石组成，其形式有立式、斜式和曲线式（图 5-7-1）。

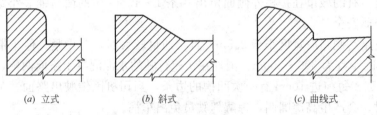

(a) 立式　　　　　　(b) 斜式　　　　　　(c) 曲线式

图 5-7-1　路缘石横向剖面图

平石宽度一般为 30cm，厚度为 15cm。侧石的宽度宜为 10～15cm，高度为 30cm。平石铺砌高度可视边沟排水需要调整，以保证路面边沟有最小的排水纵坡。城市道路边缘石采用立式，缘石宜高出路面边缘 10～20cm。隧道内、重要桥梁、道路线形弯曲路段或陡峻路段等处的缘石可高出 25～40cm，并应有足够的埋深，以保证稳定和行车安全。斜式缘石便于儿童车、轮椅及残疾人通行。而在分隔带端头或交叉口的小半径处，缘石宜做成曲线式。

另外，考虑无障碍设计，道路上人行道出入口多采用牛腿式出入口，平石沿人行道边向前延伸，侧石向下降至 1～2cm（图 5-7-2、图 5-7-3），或侧石向出入

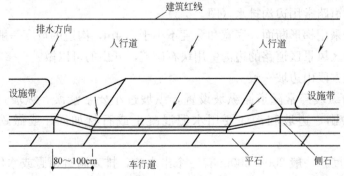

图 5-7-2　牛腿式人行道出入口

图 5-7-3　牛腿式人行道出入口实例

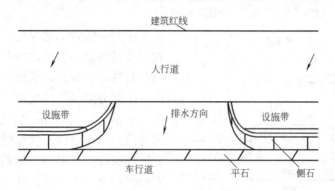

图 5-7-4　侧石式人行道出入口

口转弯（图 5-7-4）。总之，要使人行道的路面要连续无障碍，无高低，便于老、幼行走和童车滚动。

在道路宽度日益增加、车速加快的情况下，国外常将沿街建筑的门牌号码写在道路侧石上，使开车人极易识别，减少了许多车辆追尾事故。

5.7.2　分车带

在多幅路横断面内，沿道路纵向设置带状分隔车流的设施称为分车带。分车带上可布置交通标志、路灯、绿化或公交停靠站，其下也可埋设管线。分车带按其在横断面中的不同位置与功能，分为中间分车带和两侧分车带。分车带由分隔带和两侧路缘带组成（图 5-7-5）。分车带最小宽度和侧向净宽见表 5-7-1。

分隔带可用缘石围砌，高出路面 10～20cm，在人行横道和公交停靠站处应铺装。在旧城或市区道路用地紧张时，常采用活动式混凝土（或铸铁）隔离墩，其上插以链条或铁栅护栏。由于这些设施在路面上也占了 0.3～0.5m 宽，且在空间上给驾驶人员有一定的心理影响，所以设施底部外 0.25m 处宜加划黄线，以免车行道过窄而撞坏隔离设施。

分车带最小宽度   表 5-7-1

分车带类别		中　间　带			两　侧　带		
计算行车速度(km/h)		80	60,50	40	40	60,50	40
分隔带最小宽度(m)		2.00	1.50	1.50	1.50	1.50	1.50
路缘带宽度(m)	机动车道	0.50	0.50	0.25	0.50	0.50	0.25
	非机动车道	—	—	—	0.25	0.25	0.25
侧向净宽(m)	机动车道	1.00	0.75	0.50	0.75	0.75	0.50
	非机动车道	—	—	—	0.50	0.50	0.50
安全带宽度(m)	机动车道	0.50	0.25	0.25	0.25	0.25	0.25
	非机动车道	—	—	—	0.25	0.25	0.25
分车带最小宽度(m)		3.00	2.50	2.00	2.25	2.25	2.00

注：1. 快速路的分车带应采用表中 80km/h 栏中规定值。

　　2. 计算车行速度小于 40km/h 的主干路与次干路可设路缘带。分车带采用 40km/h 栏中规定值。

　　3. 支路可不设路缘带，但应保证 25cm 的侧向净宽。

　　4. 表中分隔带最小宽度系按设施带宽度 1m 考虑，如设施带宽度大于 1m，应增加分隔带宽度。

　　5. 安全带宽度为侧向净宽与路缘带宽度之差。

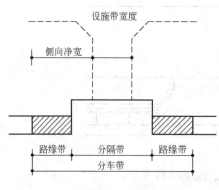

图 5-7-5　分车带

中间分隔带上的绿化，一般以种植花草或低矮灌木为主，既开阔视野，又挡眩目的车头灯光，也便于竖立照明灯杆。中间分隔绿带的宽度，在用地允许时，一般宜大于 4m。到交叉口附近，可辟出一条车道供左转车排队和过街行人等候绿灯。在干路上的路段中，在需要时可留出一段空档，供 180° 调头的车辆回转和等候用。

机动车道与非机动车道间的分隔带，若用地紧张，且宽度小于 2m，则不宜种树乔木，但可铺草皮或铺筑硬地，供临时停放自行车；若宽度小于 1m，则不宜种植。因为向外生长的枝条要侵占道路净宽，降低道路通行能力，且绿化常年在烟尘的侵蚀和车辆对根系的震动下，也很难成活。在机动车辆和非机动车辆都很多的干路上，设置较宽的分隔绿化，到交叉口附近可将绿带辟出一条机动车道，供右转车排队，等候非机动车的空档右转，也可供行人在此等候过街。

分车带的长度，在两个交叉口之间宜连续，不宜切成许多短段，以防车辆随意出入。若为了让机动车道上的雨水流到非机动车道边的雨水井内，或将雨水排到分隔带下的雨水管内，也应使分隔带在上面连续，而路面排水仍畅通。若因交叉口间距过长，其间需增设人行横道，或有街坊出入口需中断分车带，一般采用分段长度 100～150m 为宜，最小不得小于停车视距。

北方高纬度地区的城市，寒冬积雪不化，分隔带还有堆雪的功能，具体的宽度要根据当地的一次降雪厚度、堆雪宽度及有关设计规范而定。北方干旱地区堆雪春融时对行道树保墒很有益，但也要考虑雪水的排除。

5.7.3　道路横坡与路拱

为了使车行道、人行道和绿带上的雨水迅速排入雨水井或边沟，道路的各组成部分要有横坡。横坡以百分数值表示。横坡大小取决于路面材料、道路组成部分的宽度。横坡的坡向视雨水进水口的布置而定。

对于双向行驶的车行道，路面常做成中间高两侧低的拱形，称为路拱。从拱顶到路缘平石的高度称为路拱高度。路拱形式有抛物线形、直线接抛物线形和折线形（图 5-7-6）。

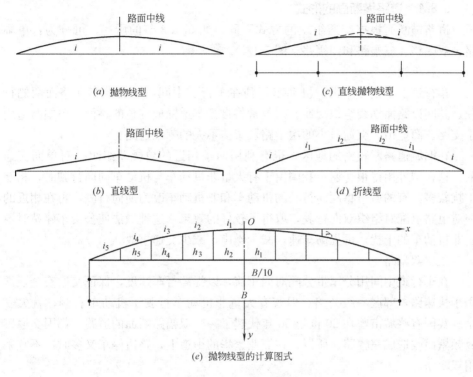

(a) 抛物线型　　(c) 直线抛物线型
(b) 直线型　　(d) 折线型
(e) 抛物线型的计算图式

图 5-7-6　路拱示意图

抛物线形路拱中间部分拱坡度小，近缘石部分拱坡度大，对排水有利，适用于路面宽度小于 20m 的柔性路面。直线接不同方次的抛物线形路拱中间部分为抛物线段，两侧接直线段，适用于宽度大于 20m 的柔性路面。折线形路拱可以由单折线或多折线组成，适用于不同宽度的水泥混凝土路面。路拱设计坡度应根据路面面层类型、路面宽度、行车速度、纵坡和气候等条件确定（表 5-7-2）。

路拱设计坡度　　　　　　　　　　　　　　　　表 5-7-2

路面面层类型	路拱设计坡度（%）	路面面层类型	路拱设计坡度（%）
水泥混凝土	1.0~2.0	沥青贯入式碎（砾）石、沥青表面处治	1.5~2.0
沥青混凝土、沥青碎石	1.0~2.0	碎（砾）石等粒料路面	2.0~3.0

注：1. 快速路路拱设计坡度宜采用大值。
　　2. 纵坡度大时取小值，纵坡度小时取大值。
　　3. 严寒积雪地区路拱设计坡度宜采用小值。

非机动车道通常采用单侧拱坡，坡度可采用表 5-7-2 中的数值。人行道横坡度宜采用单面坡，横坡度为 $1\% \sim 2\%$。路肩中，路缘带部分的横坡与路面相同，其余部分的横坡度可加大 1%。道路路拱一般都做成凸形，但在居住区内的组团路和宅间步行小路上也有做成凹形的，将雨水进水口设在路中间，以节约管道。路面大多为水泥混凝土路面。

5.8 道路横断面综合设计

5.8.1 道路横断面的形式

道路横断面根据交通组织的方式不同，如 5.1.2 节的所述，可分为：单幅路、双幅路、三幅路和四幅路（图 5-1-4）。

一、单幅路

车行道上不设分车带，机动车行驶在车行道中间，非机动车在路面两侧行驶，其间以路面划线组织交通。国外常将自行车道铺成红色的路面。单幅路适用于支路、商业街、交通量小的次干路及车速不大的郊区道路。

在旧城道路网较密的地区，也有利用两条相近的单幅路组织一对单向交通的，这在国外用得很普遍。我国由于有大量非机动车与机动车同向行驶时，相互干扰较多，有的城市将同向行驶的机动车和非机动车改为逆向行驶，再在相近的一对道路上配对组织双向行驶，取得了较好的效果。这种做法使公交车停站时不受非机动车的干扰，可提高车速，减少噪声，减少交通事故。

二、双幅路

在车行道中间用分车带分隔对向车流，以提高行车速度，保证交通安全，常用于快速路，郊区一级公路。但若有大量非机动车行驶于机动车右侧，就欠安全。我国有些城市曾在 20 世纪 50 年代建了一些双幅路断面的道路，都因交通事故频繁而改造成三幅路。所以，在商业繁华的街道上，路边停车又多时，不宜采用双幅路。

三、三幅路

在车行道两侧用两条分车带将机动车流与非机动车流分开，消除了两种不同速度和不同性质的车流相互干扰，在路段上提高了车速和交通安全，成为我国城市道路首选的道路断面形式。但到了交叉口，机动车流与非机动车流的干扰仍然存在。三幅路常用于机动车流和非机动车流都很多的路段，若公交在机动车道上停站，乘客在高峰小时要穿过密集的非机动车流十分困难。此外，当道路上机动车和非机动车都较多时，右转机动车要驶出时常被非机动车挡住，使右转车滞留在本车道内，易造成交通堵塞。三幅路的路幅宽度很宽，一般要大于 40m，适用于平原地区的城市，对山城或地形复杂的地区就不大适用。

四、四幅路

在三幅路的机动车道中间再用分隔带将双向的车流分开，使路段上所有的车流都成为单向行驶，相互间不产生干扰，提高车速和交通安全。中间分隔带还杜绝了由街坊出入的车辆左转的情况，避免道路两侧的左转车驶出时相互扣死在路段上，也防止机动车辆在车行道内任意调头，阻碍交通的状况发生。但在交通量很大的干道交叉口，近年趋向建定向立交，一旦陌生驾车者走错方向，就很难回头，在路段中间分隔带上设置可供车辆调头的缺口，可弥补此困难。中间分隔带还可以作为道路交通发展备用地，例如：预留轻轨建设用地、高架路设置桥墩的用地和拓宽车行道用地等等。四幅路的路幅用地宽，若在道路两侧布置大量商业网点，对行人过街不便，需设置人行天桥或地道，道路造价也高。一般适用于车辆交通很大的主干路。

在地形起伏较大的地区，道路的分隔带可以起到调整路面标高、减少填挖方的作用（图 5-8-1）。这种断面系将道路横断面分拆成按上、下行车道，或将一侧人行道与车道分开布置在不同高度的阶地上，使车辆来往分道行驶。对于这类断面，在上、下行车道之间宜在适当地点利用斜坡设置踏步相连，必要时供行人穿越用。这种分开设置的上、下行车道应分别进行线形设计。

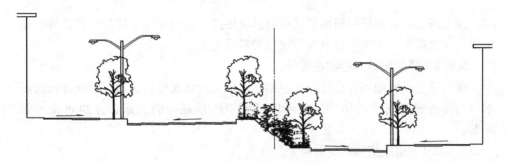

图 5-8-1　山地城市常见的双幅路形式

在地形起伏的丘陵地区，当道路通过较陡坡地时，若纵坡设计线偏高或平面中线偏向沿坡地外侧，均易产生过大土石方填方与较多高的挡土墙、护坡工程。在这种情况下，选定路线通过坡地的最好位置，并合理布置横断面，一般有两种方法：一种是将道路中心线向内侧坡地平行移动，而保持中线原设计标高不变（图 5-8-2）；另一种方法是保持中线的原平面位置不变，而将中线垂直向下移动，适当改变中线标高，以使车行道尽可能成为全挖式断面（图 5-8-3）。具体设计时，应结合实际，通过技术经济比较确定采用何种方法。

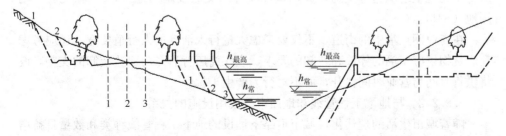

图 5-8-2　中线位置变动，标高不变　　　　图 5-8-3　中线位置不变，标高改变

也可为道路分期建设留有余地，道路横断面还可做成不对称的形式，以满足人行交通和市民游憩的需要。例如滨河路沿水的一面可有较宽的绿地和人行道（图 5-8-4）。

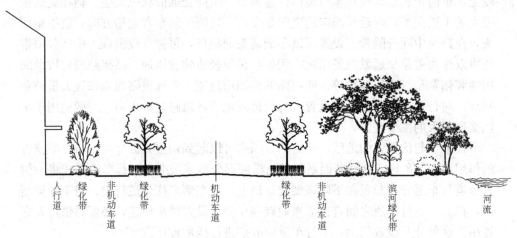

图 5-8-4　滨河道路布局

人行道　绿化带　非机动车道　绿化带　机动车道　绿化带　非机动车道　滨河绿化带　河流

综上所述，各种横断面的形式皆有其优缺点，应根据城市规模、道路等级和性质、交通量大小和地形特点等方面比较后确定。

5.8.2　道路横断面的综合设计

城市道路横断面综合设计一般包括：道路交通状况分析、地下管线埋设的需求，与沿街建筑高度的协调、与周围环境卫生景观等的关系、分期建设的要求等。

5.8.2.1　道路交通状况分析

根据交通现状分析和远期交通需求预测，可以得到规划道路上的交通量和车、人交通的不同组成、客货车辆的比例。远景高峰小时的交通量是规划设计道路断面等的重要依据。

当前我国的汽车交通方兴未艾，对机动车道的确定要有余地。要考虑车辆行驶的要求，还要根据沿街建筑的性质考虑公交车停靠站、计程车（出租汽车）乘客上下站及私人小轿车临时停放的需求。在公交线路集中的道路上，公交车站频繁，一条车道长时间被占用，应为此增加车道和港湾式停靠站。在客运车站、客轮码头前的道路上，公交车、计程车和行人活动更加多，需要在道路横断面以外的专用场地上组织这些交通，其用地面积计入交通设施用地（U2）和交通广场用地（S21）。

在商业网点集中的街道，不仅要考虑大量行人活动的人行道要宽，还应考虑商店货物供应车辆的停放和装卸的要求，应在商店背后专门建造装卸的支路，或将供货时间与营业时间错开，而不对行人产生干扰。

5.8.2.2　与地下工程管线和地面市政公用设施的关系

随着城市生活的现代化，城市道路下埋设的地下工程管线种类和数量日益增加，地面的市政公用设施也越来越多。要求有"统一规划，综合设计，联合施工"，建造综合管沟（亦称共同沟）是一种较好的办法，可以避免经常不断开挖路面，抬高路面标高，防止路面排水向街坊内倒流。综合管沟的首次建设费用很高，且要组织专门的管沟管理机构和体制。今后城市财力充裕了，建造综合管沟是必然发展方向（图 5-8-5）。交通及市政公用设施要做到上下结合，环状连通，多路疏运，以增强灾时应受能力。

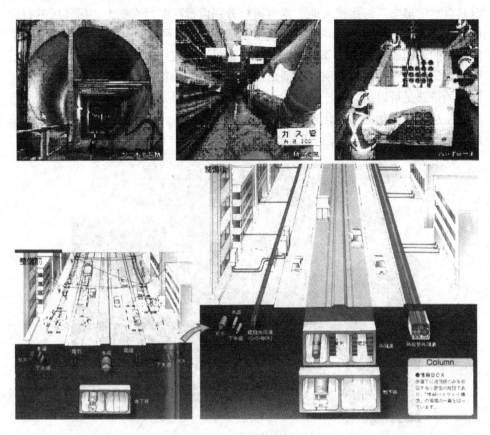

图 5-8-5　日本综合管沟实例

当前一般城市的地下管线还在逐步发展中，且各种管线的所属单位不同，资金渠道也不同，所以，协调工作尤为重要。对城市的地下空间应有一个综合的竖向规划，确定在不同深度范围埋设不同的管线，设置人防和地铁。在横向对不同管线次序的排列，诸如电话电缆、专用通信电缆、电力电缆、给水管、消防水管、煤气管、热力管、污水管、雨水管和各种工业专用管道等，都有各自的埋设空间规定。当路幅宽度超过 40m 时，接入横向街坊的支管过长，往往在道路两侧埋设两套管线。至于哪种管线布置在道路走向的哪一侧，各城市都有自己明确的规定（详见《城市工程系统规划》课程所讲内容）。北方严寒地区冰冻深度大，对含水的管道要埋在冰冻深度以下。平原地区重力流的管道不能埋得过深，否则要设置提升泵站。各种管线到了道路交叉口下，相互的标高要协调。

由此可知，各种管线所占的地下空间是十分复杂的，越是老城市，道路下的管线所占用的空间越多。有时道路的宽度是由地下管线埋设宽度决定的，尤其在市政公用设施的厂、站附近，道路下出入的管线特别多，应予妥善处理。

地上杆线与绿化的矛盾也是常年未能很好解决的问题。由于架空线与行道树布设在同一条直线上，为了保持树冠与架空线间有一定的安全距离，每年都要花费大量人力和财力去修剪，将树冠剪成"Y"形，造成头重脚轻，一旦大风袭击，树倒，线断，造成损失，十分可惜。国外城市中不大修剪行道树，让树木长出其自然的形态。杆线或入地、或与树杆分别设置在两行直线上，居住区的行道树常种在人行道中间（图5-8-6），或靠人行道外侧、住家的院墙边。国内常为了使浓密的树荫能覆盖整个非机动车道，甚至机动车道，将所有的分隔带上都种了树，与架空杆线、路灯照明、交通信号灯产生较多干扰。这种布置的方法，对于慢速的道路是可以的，对于交通量大、速度快的道路并不适合。由于我国的城市道路是从非机动化向机动化转变，由慢速向快速转变，因此，原有的手法也应该作相应的调整和改变，以适应时代的需要。

图 5-8-6　国外行道树布置在人行道中间

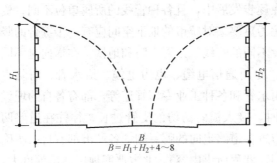

图 5-8-7　路两侧建筑间距与建筑高度的关系

5.8.2.3　与沿街建筑高度的关系

城市道路路幅应使道路两旁的建筑物有足够的日照和良好的通风。对于东西向的道路，不要使建筑物的阴影常年遮盖路面。一般认为路幅宜至少为建筑高度的 2 倍。高层建筑宜退后道路红线。为满足城市防灾要求，城市疏散通道及两侧建筑物高度需满足：

$$W+S_1+S_2 \geqslant \frac{1}{2}(H_1+H_2)+4\sim 8 \quad (\text{m})$$

式中

　　　　W——道路宽度；

　　　　S_1、S_2——两侧建筑物后是红线距离；

H_1、H_2——两侧建筑高度。

我国是一个地震多发的国家，有将近半数的城市是在地震设防地带上，要考虑万一发生不幸震灾后，倒坍的房屋和墙垣废墟、人行天桥（最好采用地道）、高架道路和立体交叉口不致中断抢险救灾的交通，所以，道路路幅宜适当宽些。同理维系生命线的主干管也不宜埋设在主干路下，以免灾后抢修时影响分秒必争的救灾交通。

5.8.2.4 与四周环境景观、卫生的关系

道路横断面的布置应与四周环境景观相协调。道路上的人行道、绿地与周围的用地是紧密联系在一起的，例如，城市里的大量支路和居住区的道路与绿化环境要连成一体，与古树名木、行道树、古井、小广场绿地构成良好的步行环境。滨河的道路与开阔绿地可以构成亲水的休闲空间。山地或丘陵地区的道路边坡、挡土墙、护壁，可结合大树和垂直绿化造出诱人的景点，使车辆和行人在行进中看到变化的景色。

近年来，不少大城市在旧城改造中，为了增加道路宽度又减少拆迁沿街建筑，或为了提高车速又避开非机动车和行人的干扰，建造了高架道路，在交通解困上发挥了一定的积极作用，但也产生了不少负面影响。例如，高架道路下面的汽车尾气很难散开，使空气中的氮氧化合物和二氧化碳的浓度升高；高架路两旁沿街建筑的底层光线昏暗，噪声加大；城市道路沿街建筑立面景观被切断，道路景观被高架道路破坏。凡此种种，造成了高架道路两侧的房地产跌价。因此，在建高架道路时应权衡多方的利弊得失，尽可能地加宽两侧沿街建筑的距离，降低交通公害的影响和对城市景观的破坏。

在旧城改造中，国外常利用废弃的河道挖成路堑，建造地下快速路；道路上空为防止噪声向外扩散，适当收小，其上用钢丝网封死，以防杂物掉入，外侧加以绿化；地面建筑退离噪声辐射范围以外等（图5-8-8）。也有的城市直接将建筑物造在地下快速路上方，但底层是空的，供地面交通使用。

图5-8-8 国外地下道路实例

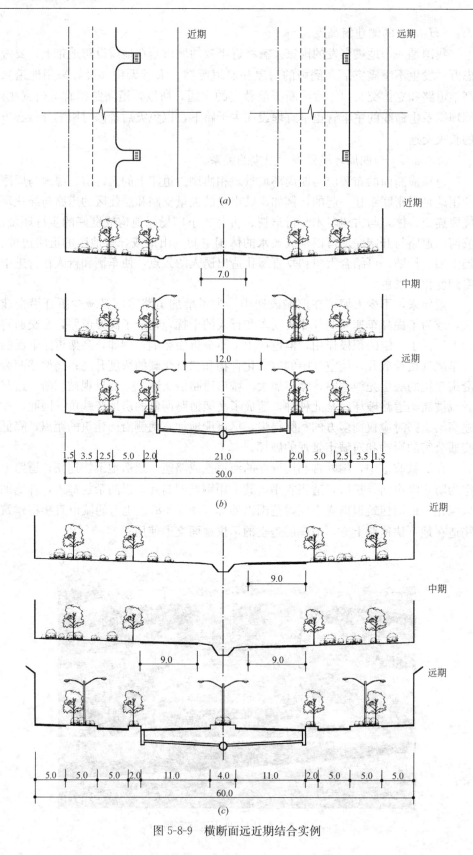

图 5-8-9 横断面远近期结合实例

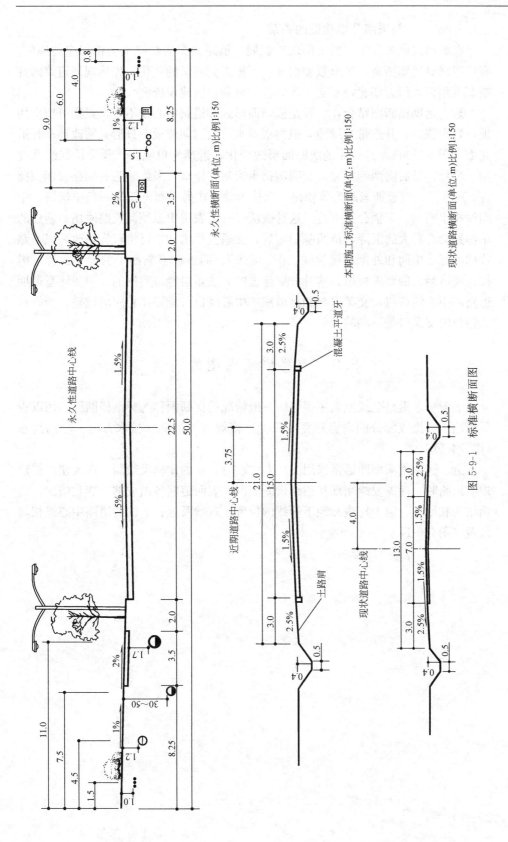

图 5-9-1　标准横断面图

5.8.2.5 与道路分期建设的关系

在城市发展过程中，城市用地在扩展，道路的交通功能也会作相应的调整。有些道路日后要拓宽，车道数要增加，可根据交通量的变化，先将规划道路的红线宽度预留，但近期建设不必一步到位，以免积压建设资金。

近、远期横断面结合，一种是横断面形式和道路中心线不变，近期可留出用地，暂作路肩、分车带或绿地，但雨水进水口按远期建成，日后只需改铺车行道路面（图 5-8-9*a*）。另一种是横断面形式变化，近期为单幅路，预设计红线宽度用于绿化，日后向两侧拓宽，变明沟排水为暗管排水，最终改为三幅路或四幅路（图 5-8-9*b*）；或近期老路为单幅路，保持不动，在另一侧再新建一条单幅路，中间设排水明沟，车辆分上下行。这种做法在郊区农田中或填河筑路时用，新建的单幅路会有较大的沉降，待路基稳定后，交通量再增加，可将双幅路改为三幅路或四幅路，中间和外侧埋设管线（图 5-8-9*c*）。而近期横断面中的绿化、行道树按远期横断面的要求种植。这种分期建设的方法是很经济实用的。但要注意远期道路的中心线移位，交叉口与相接道路的中心线也可能要作相应的调整，否则形成错位的交叉口是不利的。

5.9 道路横断面图的绘制

表现一条道路全线或某主要路段一般情况的横断面称为标准横断面。用以表示横断面各组成部分的内容和宽度尺寸、横坡度和坡向、排水方向、竖向高程（图 5-1-1）。

近、远期横断面图通常采用 1∶100 或 1∶200 的比例尺绘制。在改建或扩建现有道路时，尚需要绘制现状道路横断面图，表明道路各组成部分变化情况、路面结构和厚度、地上杆线和地下管线的位置、现状及近、远期的道路中心线相对位置（图 5-9-1）。

第6章　道路线形综合设计

6.1　城市道路定线

6.1.1　城市道路定线的意义

在总体规划阶段，根据城市自然地形地貌、用地功能分区和布局，初步确定干路的大致走向、平面主要转折点、干路交叉口的位置或方位坐标，并明确道路的功能性质、路幅宽度，一般称为道路网规划。

在详细规划阶段，一般应进行道路红线设计。所谓红线设计，主要是根据道路网规划已大致确定的路线走向与道路性质、路幅，进一步确定道路走向、位置、主要控制标高、横断面组合布置以及主要交叉口和广场的平面安排等问题。此项工作通常在 1：2000～1：5000 现状地形图上进行。在规模较小的中、小城镇，上述工作可合并一次进行。

所谓道路定线，就是在红线设计或初步设计（除红线设计内容外，还包括路面结构方案、沿线小桥涵造型以及其他构筑物的大致安排、工程量估算等）的基础上，结合细部地形、地质条件以及现状城市建设条件，综合考虑平、纵、横三方面的合理安排，确定道路的平面、竖向线形及其主要技术经济指标，并绘制平、纵断面设计图。它是道路技术设计的重要组成部分。

道路定线对于城市建设和道路行车条件具有重要意义。它不仅要解决道路本身的工程、经济方面的问题，而且要充分考虑道路与周围环境、城市建设现状的配合以及道路景观等问题。道路定线除受城市自然地形、地质和地物以及城市建设现状的制约外，还受到技术标准、国家及城市建设政策、社会经济影响以及美学等因素制约。因此，要求设计人员必须具有广博的知识和熟练的定线技巧，通过多方案比较，才能选出理想的定线方案。

道路定线一般有纸上定线和实地定线两个阶段。初步设计通常采用纸上定线；技术设计则可采取纸上定线与实地定线相结合。

纸上定线就是在较精确的大比例尺（一般为 1：500～1：1000）城镇现状地形图上，根据道路网规划或红线设计拟定的路线走向、技术标准和路线起终点、主要中间控制点的方位坐标及标高，进行道路平、纵线形设计，从而为以后进行施工设计、测设放线提供依据。实地定线就是在纸上定线的基础上，通过现场勘测调整来确定路线。实地定线较纸上定线准确，因而对于重要的干路，特别是旧城区街道的改建或能获得的城镇地形图比例尺小，现状资料又不全时，均应实行纸上初步定线与实地勘测定线相结合。

6.1.2　城市道路定线的原则

道路定线不仅仅是一项单纯的技术工作，要全面综合地考虑各方面的问题。

定线的方法并没有固定格式可套用，需要在实践中反复推敲，以下仅提出一些基本原则和做法以供参考。

6.1.2.1 因地制宜确定路线位置

在城市中开辟一条新路或改建一条旧路，往往涉及到工程、经济、社会生活等各方面的复杂问题。因此要本着"因地制宜、节约用地、减少拆迁"的原则，在定线中注意节约宝贵的城市用地，尽量利用差地、劣地，少占农田。对旧城区，要本着"充分利用、逐渐改造"的方针，反对大拆大迁，乱拆乱建，不顾人民生活的恶劣倾向。

6.1.2.2 掌握好各项技术标准

坚持"以人为本"的思想，既要满足现代城市机动车交通的要求，也要充分考虑行人、自行车和其他非机动车交通的要求。对道路弯道半径、道路宽度、纵坡度、视距等，都应掌握好各项技术标准；同时应考虑沿线地形、地物以及土壤、地质、水文等自然情况，尽量利用有利于道路的因素，避免不利因素。经反复比较，选出最经济合理的路线，满足交通对道路的各项要求。

6.1.2.3 正确选定平面和立面上的控制点

一、平面控制点

在定线以前，需首先确定路线在平面和立面位置上必须经过的控制点，如：道路的起、终点及重要桥梁的位置、路线穿越铁路处、重要道路的交叉口、不能拆迁的重要建筑物、准备利用的原有路面、滨河路段等，都是平面上的控制点或控制段。重要桥梁的位置，往往对两岸的交通联系和交通量分布有很大影响，所以要首先确定。中、小桥的位置一般应服从路线。道路与铁路相交时最好正交，因其他原因不能正交时也不宜小于 45°。在平交道口必须保证足够的视距，使司机在未到道口之前能观察到两侧火车的来临。只有在平面控制点或控制段明确后，才可能定出合理的平面线形。

二、立面控制点

在平面定线的同时，必须考虑到立面控制点对平面位置可能的影响。一条城市道路常受到许多相交道路、现状建筑物、地下管线工程设施的制约，因而要特别注意道路交叉口、街坊和桥梁等相关标高的平衡设计。路线的平面位置有时为了满足某一线段立面的高程控制需作必要的移动。因此，道路定线时，必须同时兼顾平面和立面的控制点。

为了合理确定立面控制点，需要对城市道路的主要控制点标高及主导纵坡进行分析确定。所谓主导纵坡指道路中心线结合实际自然地面起伏所得土方填挖工作量最少的平均自然纵坡度。它一般结合地面排水系统规划、街区建筑布置和土方平衡等来确定。主导纵坡从理论上分析，就是要求一条干路通过若干交叉口及中途控制点（如桥涵构筑物）而划分的各路段设计纵坡度的加权平均值，尽量接近该道路起、终点间的自然纵坡。图 6-1-1 的示例中，虚线表示该地区的地面排水分界线；A、B、C、D 表示几条与该干路相交横向路的自然地面转坡点。干路 AE 以西，ABCD 连线以东的街区地面水将汇集于干路西侧边沟；而干路 AE 以东街区的地面水基本上远离该干路排走。

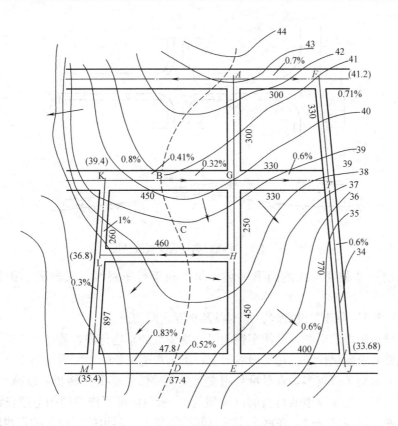

图 6-1-1　城市道路纵坡与控制标高选定

从图中已知 A 点的地面标高为 43.20m；E 点标高为 36.20m，A 点到 E 点平均距离为 1000m，故路线 AE 的平均自然坡度应为：

$$\frac{43.20-36.20}{1000}=0.7\%$$

现根据地形和排水要求，选定交叉点 G、H、E 点的设计标高分别为 40.20m、38.40m 和 36.15m，得 AG 段纵坡为 1.0%；GH 纵横为 0.7%；HE 段纵坡为 0.5%。从图中已知的各路段水平长度 300m、250m 及 450m，按加权算术平均法可求出整个 AE 段道路的加权平均纵坡值为：

$$\frac{300\times0.01+250\times0.07+450\times0.05}{300+250+450}=0.7\%$$

其他各路段设计纵坡也可按此方法算出类似结果。由此可见，主导纵坡与确定各路段转坡点或道路上的次要交叉点标高有一定关系。

实际工作中，确定道路控制点标高及各段纵坡并不能单纯按自然纵坡，它还受沿线两侧已有地物现状、工程地质、土壤性质以及街坊建筑群布局的影响；在旧城改造中，它还受已有干路交叉口处高程的制约。例如某市的一条连接市中心邮电大楼到客运火车站的主要交通干路，宽达 60m 以上，路线顺直开阔，但由于接近车站的局部地段过于迁就自然地形与相交环路的标高，导致在临近车站广

121

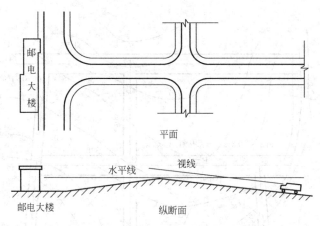

图 6-1-2　驼峰影响对景及视线情况

场前出现一"驼峰"式的凸形转坡，既不利于行车视线，又封闭了街景（图6-1-2）。

6.1.2.4　合理布设直线、弯道以及相互之间的衔接

路线布设力求平顺，要使车辆能以平稳少变的车速行驶，若车速必须有变化时，也要力求变化徐缓。在平面线形上，影响车速平稳的主要因素是交叉口。城市道路上的交叉口较多，宜尽量利用交叉口使路线作必要的转折，以减少弯道。路线在交叉口处作较小的转折时（一般为 $3°\sim5°$），可不作专门的弯道设计，仅需注意展宽的路口处理。在两个交叉口间的线段上，尽可能有较长的直线段。

由于控制点和其他地形、地物的限制，必要时仍需插入弯道。为保证行车平顺，在插入弯道时，要力求弯道半径大一些（大于技术标准中规定的推荐半径）。在不得已设置小于推荐半径（但不得小于最小半径）的弯道时，必须按技术标准设置超高、加宽、缓和段或缓和曲线。

6.1.2.5　全面综合地考虑其他因素

除上述原则外，定线时还要综合考虑以下各种因素：

（1）结合交通量调查资料，布设路线时要让最多的客货流量走最短捷的路线；

（2）要适应和利用当地的地形、工程地质、水文地质等自然条件；

（3）选择路线走向时，要考虑风向和日照的影响；

（4）要考虑到为城市交通安全、绿化、排水以及各种地下管线等提供有利条件；

（5）为城市及其所在地区将来发展留有余地。

总之，道路定线必须根据具体情况，其处理原则和方法也要因时因地而异，要将纸上定线与实地定线结合起来，修正线形，完善设计。

6.1.3　道路定线的远近期结合

城市是发展的，城市的交通运输在不断发展，交通的性质和组成也不断起着变化，道路也应具有不同时期的适应性。另外，由于经济条件和建设现状等因素的制约，可能使近期道路建设技术标准与远景规划标准有较大差距。这就要求道路规划设计必须考虑分期建设，统一规划设计，分期修建实施，既满足近期的使

用要求，又能为向远期发展提供过渡条件。

随着我国城市化进程的加快，城市近郊道路将不断延伸拓宽，其两侧用地亦将逐步建成新的小区、街坊，因此，在设计干路纵断面时，道路中心线标高不宜定得过高，导致填方过大。要预计远期道路两侧街坊建筑布置的要求，否则将影响街坊内雨水的排除，增大土方工程量，并给居民进出街坊带来不便。

此外，考虑到城市干路的永久性，其平、纵线形一经形成，临街建筑、地上、地下管线将以之为依据进行修建，将来再变动调整，提高标准相当困难。因而在城市干路的规划设计中应尽可能着眼于远期，采用较高标准，对近期修建时拆迁有困难或占农田过多的局部路段，宁可暂时缓建或绕行，也不要过分迁就现状降低标准。

对于远景规划中有立体交叉的交叉口，由于近期交通量尚不大或限于工程投资与拆迁量大而不得不先建平交时，则应按远期立交方案控制好立交工程范围的用地，使近期沿立交桥用地范围新建的房屋、工程管线严格按立交设计的控制红线及规划指定位置及标高安排。

在考虑道路定线的分期建设时，还应注意以下几方面：

（1）近期修建道路应按远景规划所定线位和断面布置，并根据近期需要的车行道宽度、沿线建筑物的要求、街道分期建设计划等，决定修建永久断面的某一部分，其线形应按规划所定线形。如结合当前实际而有具体困难时，可提出方案建设修订规划。

（2）近期修建道路需在规划断面内摆动时，应尽量减少位置变动，以利将来展宽。直线段尽量放长，并与永久中线平行。位置变动的过渡部分尽可能设在交叉口，路口处可处理成中心线相错的设计，以避免反向曲线，并可缩短过渡段长度。必须在路段上变动位置时，应结合交通安全及便于将来展宽，尽量缩短过渡段长度。

（3）改建街道时，应结合规划线位、断面、旧路线形、路面结构和纵横坡度、旧路杆线管缆布设情况、两侧原有房屋使用情况和密度以及道路使用情况，结合近期拟建道路的宽度、横坡、控制高程、路面结构等，充分考虑旧路利用以及展宽的方向（一侧或二侧）和幅度，以决定近期道路的线位和线形。

（4）新辟街道应结合旧房情况、拆迁数量及影响程度，尽量符合规划的线形线位，选择修建规划断面的某一部分（或全部）以利于街道的分期建设，逐步实现远期规划。必要时可提出方案，修订规划。

（5）当路宽和路面结构为逐步实现远景规划布置时，纵断面高程和坡度应考虑与现状环境、近期要求和远景规划三者之间的适当结合。

6.2　道路线形综合处理

平面和纵断面设计的各项几何技术指标按相应的技术标准规定选用后，尚不能保证道路线形设计必定很完美，重要的是还要结合地形、景观，从视觉方面进行平面线形和纵断面线形的协调。计算车速越高，道路等级越高，越应重视，并做到线形的连续，视觉上的良好，景观的协调和行车的安全舒适。对于混合交通的低等级道路或 V<40km/h 的道路，应在保证行驶安全的前提下，做到各种线形要素（直线、圆曲线、回旋曲线、直线纵坡、竖曲线）之间的合理组合，尽量避免和减少不利的组合。

线形要素的各种基本组合示于图 6-2-1。

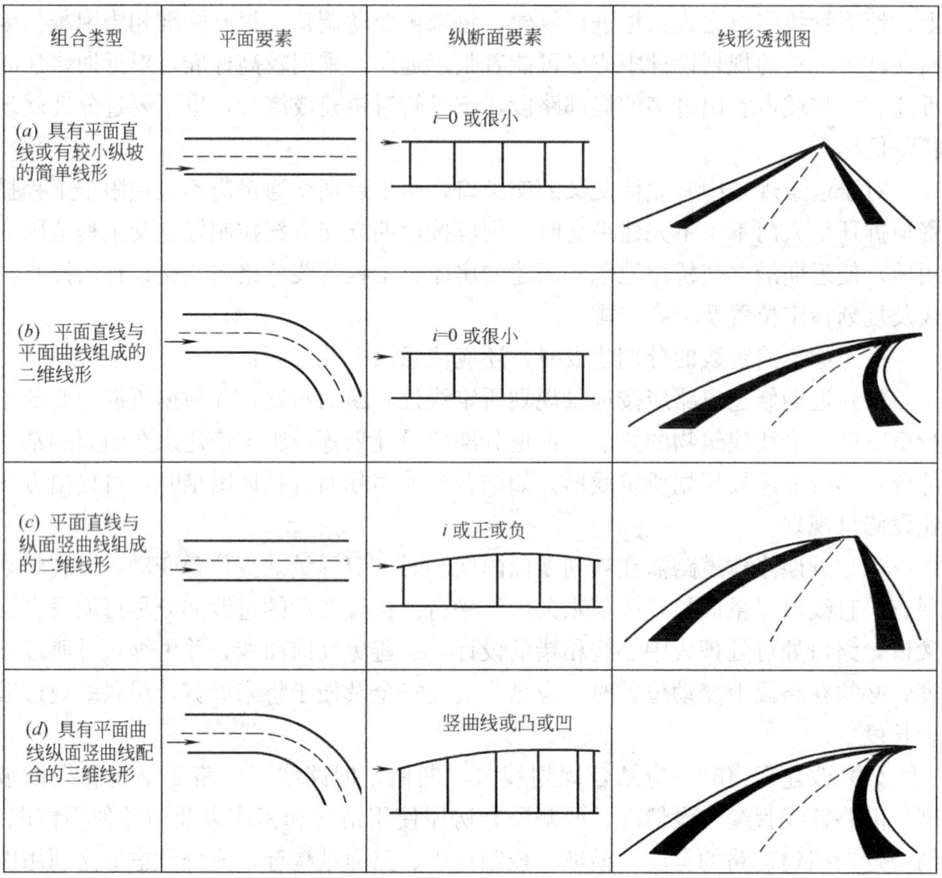

组合类型	平面要素	纵断面要素	线形透视图
(a) 具有平面直线或有较小纵坡的简单线形		i=0 或很小	
(b) 平面直线与平面曲线组成的二维线形		i=0 或很小	
(c) 平面直线与纵面竖曲线组成的二维线形		i 或正或负	
(d) 具有平面曲线纵面竖曲线配合的三维线形		竖曲线或凸或凹	

图 6-2-1　四种常见线形

6.2.1　平面直线与纵断面直线的组合

平面直线与纵断面直线的组合有利于超车和城市道路管线的敷设。当两者长度均较大时，则公路线形的单调易使司机疲劳，一旦过多超速行驶会导致车祸。所以力求避免两种直线均长的情况，对于等级高的公路，就要靠道旁的绿化、自然景观与路两侧构筑设施来调节视线（6-2-1a）。

6.2.2　平面直线与竖曲线的配合

直线与凹曲线的配合有较好的视距、效果（图 6-2-1c），但是凹曲线的长度则不宜过短，以避免产生突折感。如长直线内需设两个凹曲线时，则两曲线之间的直坡段不能太短，以免产生"虚设凸曲线的错觉"。长直线末端要避免插入凹曲线。当凹形竖曲线设在距平曲线较远的直线上，且坡差较大而竖曲线半径较小时，驾驶员可能将前方坡段的坡率看得比实际陡，其错觉程度随坡差的增大及竖曲线半径的减小而加剧。特别严重时，还将导致动力撞坡，因车速过高而导致交通事故。因此设计中应尽量选择半径大于 100 倍 V 的竖曲线。

直线与凸形竖曲线的配合（图 6-2-1c），往往导致视距条件差及视觉的单调，连续可见长度随凸形竖曲线半径的减小而变短。连续可见长度过短时，将因视距不良或不足导致交通事故。事故率随平、竖曲线半径的减小而增大。其平曲线左弯比右弯更不利。当凸形竖曲线设在"S"形反向弯道的拐点附近或夹直线很短的直线段上时，被遮蔽的平面线形与可见部分相反（图 6-2-1d），比上述情况更易发生交通事故。所以设计中应注意避免。

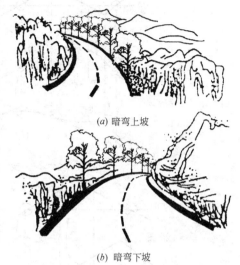

(a) 暗弯上坡

(b) 暗弯下坡

图 6-2-2 平面曲线与直坡段的组合

6.2.3 平面曲线与直线段的组合

等级低的公路常见一个直坡段经过几个平曲线，设计中要避免暗弯，见图 6-2-1b、6-2-2。该处视距较差，改善的办法是加大平曲线半径，或者减小暗弯边坡高度，如能改暗弯为明弯，或用树木引导，则不致产生上述影响。

6.2.4 平面曲线与竖曲线的组合

一、判别平、竖线形组合的优劣

为判别平、竖线形组合的优劣，可利用曲率图及坡度图，其判定点就是比较曲率图上的零点和坡度图上的零点。如图 6-2-3 (a) 所示，在线形图上表示的曲率零点和坡度的零点处于同一位置或几乎处于同一位置是一种不好的组合。这两种线形的零点一致，可以明显看出排水有问题。图上点 A 和 B 在纵面线形顶部与平面线形弯曲点重合时，不仅视线没有诱导，排水也发生困难。在点 C 上，平面线形的弯曲点与纵面线形的凹处一致，虽然没有视线诱导上的问题，但排水却也成问题。与上述相反，图 6-2-3 (b) 所示曲率图的零点与坡度图的零点交错，遵守平曲线和竖曲线重合的线形设计原则，可得到良好的立体线形。因此，利用线形图上零点是否交错，成为判别平纵组合是否协调的有效方法。

二、平、竖曲线半径值要配合适当

平、竖曲线重合的线形并不是在任何情况下均有满意的效果。实践表明"竖包平"的组合效果最差。所以还应分析两者半径的大小：当平曲线半径在 1000m 以下时，竖曲线半径宜为平曲线半径的 $10\sim20$ 倍，此时可获得视觉与工程费用经济的平衡，其协调关系见表 6-2-1。由德国的经验公式：当 $R_平\leqslant1000\text{m}$ 时，$R_竖=(10\sim20)R_平$。

实践表明，当 $R_平=\infty$，即直线时，无论 R 数值多大，这种组合在路段上呈现的凹、凸实况异常醒目，所以采用长平曲线比采用直线更显舒顺流畅。对一般

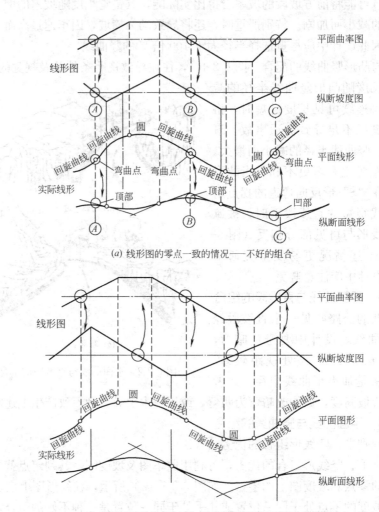

(a) 线形图的零点一致的情况——不好的组合

(b) 线形图的零点交错布置，形成平曲线和竖曲线重合的理想组合

图 6-2-3　判别平、竖线形组合优劣的曲率图和坡度图

平、竖曲线半径的均衡　　　　　　　　　　表 6-2-1

平曲线半径(m)	竖曲线半径(m)	平曲线半径(m)	竖曲线半径(m)
600	10000	1100	30000
700	12000	1200	40000
800	16000	1500	60000
900	20000	2000	100000
1000	25000		

公路的视觉分析得出，平、竖曲线的半径均在表 6-2-2 所列数值以下时，最好避免这两种线形重合，或把急弯与陡坡线错开，或考虑把其中一线形增大到表列数值的 2 倍以上。

平、竖曲线不宜重合的界限　　　　　　　　　　表 6-2-2

计算行车速度 (km/h)	平曲线半径 (m)	竖曲线半径 (m)	计算行车速度 (km/h)	平曲线半径 (m)	竖曲线半径 (m)
80	400	5000	30	50	1500
60	200	2500	20	50	1000
40	100	2000			

三、平、纵面线形的组合应注意的情况

凸形竖曲线的顶部或凹形竖曲线的底部，不得插入小半径平曲线；

凸形竖曲线的顶部或凹形竖曲线的底部，不得与反向曲线的拐点重合；

直线上的纵面线形不应反复凹凸，避免出现使司机视觉中断的线形，如驼峰、暗凹、跳跃等；

长直线或长陡坡的顶端避免小半径的曲线；

相邻坡段的纵坡，以及相邻曲线的半径不宜相差悬殊。

一个较长的平曲线包含两个竖曲线，或一个较长的竖曲线包含两个平曲线。实践表明，这两种组合均非理想的结合，在视觉上形成非常不舒适的形象。设计中应尽量避免"单包双"。

平、竖线形的结合应考虑地形影响。实践证明，平曲线是明弯时配凹曲线，暗弯时配凸曲线，即"明凹暗凸"，给人以合理、悦目的好感，故被认为是一种较好的线形组合。

6.3　特殊地段道路线形综合处理

6.3.1　滨河路桥头道路的处理

6.3.1.1　跨线桥的处理

穿越城市的桥梁往往与城市道路发生交会或衔接，由于它们之间的相交或衔接位置直接影响到城市对内、对外交通联系和建筑群体布局。同时，这些地点又往往是城市交通的"蜂腰"处，因而在城市总体规划和干路网布局中，这些交会衔接点均是城市道路线形上的重要控制点。

跨越连接桥梁的道路设计标高，不论是旱桥或跨河桥，都必须保证桥下有足够的净空高度。即路线的跨桥点标高至少应等于桥梁要求的桥下最小净空（视通航要求，道路性质及具体交通要求而定，详见第9章），加上桥梁的结构高度和车行道路面结构层设计厚度。在桥头两端，若路线高程位置低时，则需设置引道或引桥；若路线下桥与滨河路垂直交会，则不仅需要设引桥与引道，而且还需要有匝道与滨河路贯通；桥头处应设置竖曲线与桥面和引桥平顺衔接，避免车辆行驶颠簸。引道纵坡考虑到城市桥梁上有相当数量的非机动车行驶，一般以不大于3%为佳。对于以机动车交通为主的快速路或交通性干路，其桥面、引桥及引道纵坡则可适当提高，以减少引桥引道长度，节省投资。应尽量使机动车和非机动车分道行驶，避免重要桥梁机、非混行的情况，以减少投资和交通拥挤。

6.3.1.2 跨线桥与滨河路的衔接

当沿河有滨河路时，要解决好桥与滨河路的衔接，妥善处理桥头广场区域的交通组织，以免造成桥头交通阻塞。

当滨河路交通量较少时，可将衔接桥梁的街道与滨河路在桥前布置在相同的标高位置（图 6-3-1），即形成平交桥头广场（如上海沿苏州河一些桥梁）。

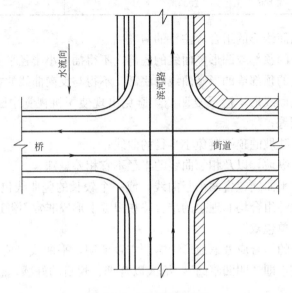

图 6-3-1 平交桥头广场

当滨河路交通量较大，或左转上桥及左转下桥的交通量较大时，则应使桥位高出滨河路的路面标高，把交叉点设置在不同的标高上。在这种情况下，桥位提

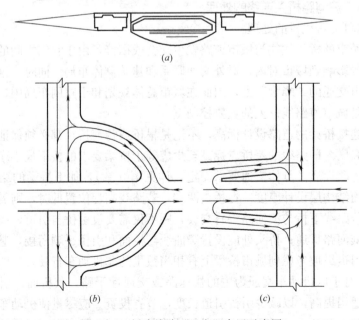

图 6-3-2 桥头线路"立交"布置示意图

高后的桥下净空必须满足滨河路上的净空要求。

桥梁与街道连接的引道，可采用引桥形式、带挡土墙的路堤或简单的放坡路堤。而联系滨河路交通则要依靠两条匝道，车辆从桥上引道沿桥梁两侧到达滨河路（图 6-3-2a）。匝道可以采用单向交通也可以采用双向交通（图 6-3-2b），当匝道为单向交通时，车辆从滨河路进入桥上通道及从桥上到达滨河路都需左转弯。当设有双向交通的匝道时，可避免左转弯。但在滨河路的道路出口处，仍不可避免地需要交通管制。另外，图 6-3-2（c）中的匝道右转半径偏小，桥下道路的交织段偏短，当桥头交通量频繁时，这里都是堵车点，设计时应注意避免。

桥的横断面组合应与相衔接的街道尺寸相适应，并必须遵守净空标准。见表6-3-1、表 6-3-2 及图 6-3-3。

公路桥面净宽（单位）		表 6-3-1	
公路等级	桥面净宽	公路等级	桥面净宽
一	净-15 或 2 净-7.5＋分车带	三	净-7
二	净-9 或 净-7		

公路桥面净空尺寸				表 6-3-2
净空各部分名称	净空尺寸(m)			
	净-15	净-9	2 净-7.5＋分车带	净-7
人行道或安全带边缘的宽度 J	15.0	9.0	7.5	7.0
下承式桥桁架间净宽 B	15.5	9.5	8.0	7.5
路拱顶点起至高度为5m处的净空顶间距 A	12.5	6.5	6.5	6.0
净空顶角宽度 E	1.5	1.5	0.75	0.75
人行道宽度 R	见人行道和安全带的规定			

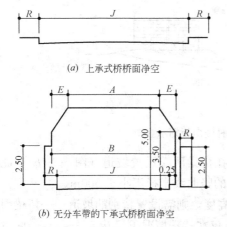

(a) 上承式桥桥面净空

(b) 无分车带的下承式桥桥面净空

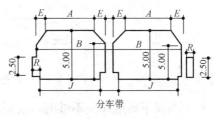

(c) 有分车带的下承式桥桥面净空

图 6-3-3　公路桥面净空

在城市桥上，人行道宽度根据需要而定，一般不小于 1.5m。当有繁忙的人行交通时，可以按 0.5m 的倍数递增。如在桥上没有人行交通的情况下，也必须设有 0.75m 宽的人行道，作为桥上工作人员的通道。

桥上侧石顶面至车道边缘面垂直高度（h），在城市桥梁中采用0.30～0.40m。

6.3.1.3 桥头的竖向处理

在桥上或滨河路交通繁忙时，需要设置特殊的位于不同的标高的跨线桥，以保证分离交通。设置了这些跨线桥，对城市桥竖向规划问题更须仔细考虑。

根据桥址处各种设计条件的综合，城市桥的竖向规划包括如下原则：

（1）当滨河路交通量不多时，或纵断面线形许可时，桥道与滨河路可布置在接近同一标高上（图6-3-4a）。

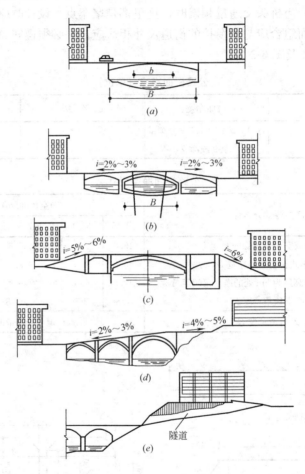

图6-3-4 桥梁各种竖向规划示意图

（2）当桥下通航净空不够时，需要在桥梁两端设置坡道（图6-3-4b）。此时桥面纵坡不宜超过2%～3%，连接坡道的竖曲线半径不小于500m。

（3）若通航要求迫使桥面提到相当高度，则需设置特别的坡道——桥梁引道（图6-2-4c）。它的坡度控制在3%左右，仅在特殊情况下可达5%～6%。此时倾斜的引道在两端与街道或者桥头广场连接要有一段较长的距离。沿滨河路交通可在跨线桥下通过，若跨线桥下的净高不够时，也可适当降低滨河路的路面标高。必要时甚至可使标高低于河流的水位，但对该段道路需做好防水措施。

（4）在复杂的地形条件下，两岸标高相差很大时，采用单向坡度比较合理

（图 6-3-4d）。当河岸桥头引道特别高与陡时，也可做成隧道形式（图 6-3-4e），或沿高岸山坡及在桥头范围内设置竖曲线。

特别短的城市桥，经常不设纵坡。但为改善桥面排水，在桥面上须考虑横向坡度。在很长的桥上，一般在一端或两端可设计 1% 左右的纵坡。

长桥不设纵坡时，则需仔细地考虑好桥面排水系统。

如桥梁与街道衔接范围内采用桥头广场，机动车的纵坡应不大于 5%；横坡则不大于 1.0%～1.5%。

规划桥与滨河路间联系交通采取匝道时，则要根据地形条件、行车速度及工程造价等因素决定。在弯道上可做成向内侧倾斜的单面坡。匝道纵坡一般在 4%～6% 范围内。

6.3.1.4 人行交通在桥头处的组织

当车流与人行交通在同一标高处相交时，经常在桥头广场处容易搞乱了交通组织。因此，尽量减少在同一标高上穿越街道的人行交通。如交通特别繁忙时，更需布置在不同的标高上，如采用人行隧道或架空式人行梯道。限于条件，必须规定在同一标高上相交时，则要在相交处保证行人或车辆驾驶人员要有良好的视线，并在通道及安全岛处设置标志。

与滨河路已分离的桥梁，需要设置人行梯道，供行人上下桥交通。

人行梯道可以设置在桥梁引道墙边缘，从桥上下来背向河岸（图 6-3-5a）或朝向河岸（图 6-3-5b）。从艺术与规划上比较，后者较好。当在桥梁两侧无匝道时，通向滨河路的人行梯道可以做成与桥轴线相垂直。如果直接沿河岸有很大数量的人行交通时，从桥上下来的梯道可以拟定与河岸的人行道相平行。为了避免过长的梯道，可设置带有转向的休息平台。如桥面离河岸人行道很高时，可采用螺旋式梯道，既可节约建筑用地，也能达到较好的艺术效果。

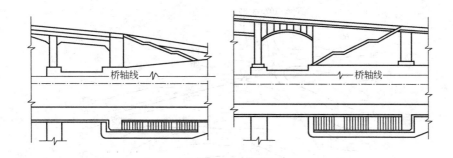

图 6-3-5 城市桥梁人行梯道类型

梯道的坡度为了便利交通应不陡于 1：1.5；每段梯道踏步数目不多于 14 级；宽不小于 1.5～2m。自行车坡道一般在 1：8 或 1：9。

6.3.2 山城道路的线形设计

山城道路和城郊风景区的游览道路由于受地形限制，平地少，阶地、坡地多，使道路线形、横断面布置具有与一般城市道路不同的特点。山城由于地形起伏大，山岭沟谷相连，城市用地布局结合地形特征多采用组团式大分散小集中的方式。小区、街坊的建筑物或沿山坡成阶式布置，或沿谷地、阶地成组安排，故街坊的进深较浅，且不易形成规则的体形。因此，山城道路网多采用自由式布局，在各组团或分区之间以一条或几条交通性干路相连通。城市的主要交通干路多沿谷地或较平缓的山岗、较开阔的阶地布置，并使它们的走向尽可能与等高线平行，或以较小的锐角与之相交。这种线形布置有利于临街建筑物的安排和出入，有利于减少土石方工程量和纵坡，也有益于路基的加固和稳定。但这样的地段在山城中并不多，不过，阶地之间和谷地与坡地之间尚需有次要道路联系，因而，就需要在线形设计上采取措施来克服道路起、终点间高差大的困难，以获得不超过容许最大纵坡的合理线路。

6.3.3 展线

6.3.3.1 展线的定义

在山岭地带，由于地面自然纵坡常大于道路设计容许最大纵坡，加上工程地质条件限制，就需要顺应地形，适当延伸线路长度沿山坡逐渐盘绕而上，以到达路线终点。这种减缓纵坡，延长起、终点间路线长度的设计定线，称为展线。

展线的方法一般是先确定该路段容许的平均设计坡度，然后，据此计算相邻两等高线间所应有的长度（宜等于等高线间距与平均坡度之比值），并按地形图比例尺将其换算成图纸上应表示的已缩小的长度，以此缩小的长度为准，自路线起、终点开始分别向上、向下在两等高线之间依次作截距交会于各等高线上成若干平面转折点。最后将各转折点相连成平面上的转折线，并在有关转角点间布置必要的平曲线和回头曲线。

6.3.3.2 展线示例

以图 6-3-6 为例，已知路段起、终点 A、D 之间的高差为 33m，距离 L_1 为 300m，其纵坡 i_1 为 11%。由于 i_1 过大，决定采取平均纵坡 5% 进行展线。

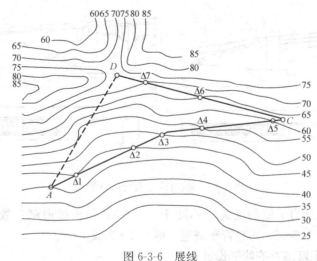

图 6-3-6 展线

先计算相邻两等高线间为符合纵坡 5% 要求的必须长度 ΔL：

$$\Delta L = \frac{5}{0.05} = 100\text{m} \tag{6-3-1}$$

自 A、D 点起分别以 100m 为截距做弧依次交各等高线与 $\Delta 1$、$\Delta 2$……至 $\Delta 7$，然后加以连接，并在有关平面转折点处布置必要合适的平曲线，即得出图示 A-C-D 的展线方案，其总长 L_2 大体近似于 33/0.05，即 660m 左右。

实际展线中，为了减少路线在平面上的转折，整个展线路段往往采用接近容许平均纵坡值的不同纵坡，作截距时也系结合地形图情况，作近似原计算截距长的可伸缩变动或一次跨越两根以上等高线。然而，上述理论法不宜机械套用。通常仅把理论法作为展线的初步方案。

此外，采用上述方法所得的展线方案，仅符合纵坡及大体平面转折要求，最后尚需结合地形、地质条件和技术标准综合考虑平、纵、横的经济合理，加以调整，方能得出确切的路线设计。

6.3.3.3　展线实例

在城市道路中展线的实际应用主要可以分为解决人工高差和自然高差两种情况。

人工高差主要指：城市道路中的立交桥，上下层之间的高程相差较大时，通过展线的方法设置上下匝道来解决城市交通的垂直联系；桥梁由于河道通航高度要求的限制，桥梁的高程通常与地面的城市道路的高程相差较大，这种情况下，需要通过设置展线的方法来解决地面道路与桥梁之间的衔接。例如上海市的南浦大桥，总长 8346m，主桥长 846m，这是由于黄浦江的通航高度要求高，桥面高程与地面城市道路高程相差几十米，所以在上下桥时通过展线的方法设置引桥，引桥长度达到几公里。图 6-3-7 为桥头展线的实例，结合地形，通过引桥的设置

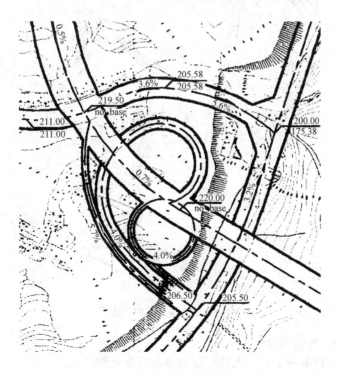

图 6-3-7　桥头展线实例

来解决城市道路与桥梁之间互相联系的问题。

　　自然高差的情况是山城道路经常遇到的问题，在实际展线的设计当中，需要结合地形，仔细研究。我国山地城市，诸如重庆、涪陵都有不少成功的实例，如图 6-3-8 所示。

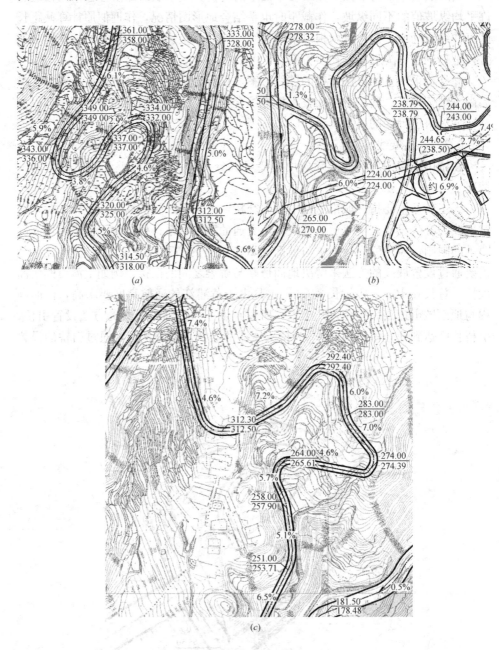

图 6-3-8　山地城市道路展线实例

6.3.3.4　展线的分类

展线的类别多种多样，大致可以划分为以下几种形式：

一、自然展线

自然展线是以适当的坡度，顺着自然地形，绕山嘴、侧沟来延展距离，克服高差。自然展线的优点是走向符合路线基本方向，行程与升降统一，路线最短。线形简单，技术指标一般也较高，特别是路线不重叠，对行车、施工、养护均有利。如路线所经地带地质稳定，无割裂地形阻碍，布线应尽可能采用这种方案。缺点是避让艰巨工程或不良地质的自由度不大，只有调整坡度这一途径。如遇到高崖、深谷或大面积地质病害很难避开，而不得不采取其他展线方式。

二、回头展线

当靠自然展线无法取得需要的距离以克服高差，或因地形、地质条件限制，或景观的要求，不宜采用自然展线时，路线可利用有利地形设置回头曲线进行展线。回头展线的缺点是在同一坡面上，上、下线重叠，尤其是靠近回头曲线前后的上、下线相距很近，对于行车、施工、养护都不利。优点是便于利用有利地形，避让不良地形、地质状况和难点工程。为了尽可能消除或减轻回头展线对于行车、施工、养护不利的影响，要尽量把两个回头曲线间的距离拉长，以分散回头曲线，减少回头个数。回头展线对不良地形、地质的避让有较大的自由度，但不要遇见难点工程，不分困难大小和能否克服，就轻易设置回头曲线，致使路线在小范围内重叠盘绕。对障碍要进行具体分析，当突破一点而有利于全局时，就要做些工程突破它。

三、螺旋展线

当路线受到限制，需要在某处集中地提高或降低某一高度才能充分利用前后有利地形时，可考虑采用螺旋展线。螺旋展线一般多顺着山包盘旋而上，例如杭州的玉皇山。螺旋展线虽比回头展线具有线形较好，避免路线重叠的优点，但因需建隧道或跨线桥，造价高，较少采用。

一条较长的山地城市道路，由于地形的变化，常常是各种展线方式综合运用，在道路选线时要抓住地形特点因地制宜选用展线方式，充分发挥各种类型的优点。

6.3.4　回头曲线

6.3.4.1　回头曲线的定义

当路线起、终点位于同一很陡的山坡面，为了克服高差过大，一方面要顺山坡逐步展线；另一方面又需一次或多次地将路线折回到原来的方向，形成"之字形"路线。这种顺地势反复盘旋而上的展线，往往会遇到路线平面转折角大于90°。按通常设置平曲线方法，曲线长度会过短，纵坡会过大。为了克服这种情况，常采取在转角顶点的外侧设置回头曲线的方法来布置路线。常见的几种回头曲线形式可参见图6-3-9。

回头曲线一般由主曲线、两辅助曲线（反向曲线）和夹于主、辅曲线之间的插入段所组成。它的形式有对称的，不对称的；有完全的，及仅有一半的；有向两侧扩展的，有偏向一侧的。采用哪种几何线形取决于实际地形、地质条件和行车技术要求。总之，选定的回头曲线应在满足行车技术要求前提下，既能保证路基稳定，又能使土石方工程节省为佳。

6.3.4.2　回头曲线的要素

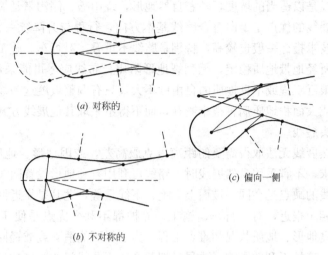

(a) 对称的

(c) 偏向一侧

(b) 不对称的

图 6-3-9　几种形式的回头曲线

在平面布置上应使上首路基中线到下首路基中线的横向间距（即路基宽度与上、下坡脚的水平距离之和）小于或等于实际地形所能提供的最小距离。这一间距称为颈距。它是设计回头曲线的一个重要技术数据。

对称式回头曲线的几何关系见图 6-3-10。

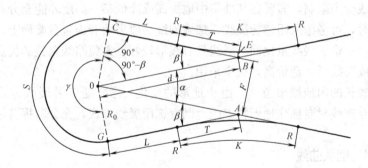

图 6-3-10　对称回头曲线的要素计算

设路线原来的方向为 AO，偏转 $360-\alpha$ 角回转到 OB 方向；设主曲线的圆心位于转角顶点 O 处，其半径为 R_0，曲线长对应的圆心角为 γ，回头曲线的两方向相反的辅曲线半径为 R，切线长为 T，转折角为 β，主辅曲线间的插入段长度为 L。

从图中可知：

$$AG = T + L = R\mathrm{tg}\frac{\beta}{2} + L$$

根据三角学中的倍角公式得：$\mathrm{tg}\beta = \dfrac{R_0}{T+L} = \dfrac{R_0}{R\mathrm{tg}\dfrac{\beta}{2} + L}$

$$\mathrm{tg}\beta = \frac{2\mathrm{tg}\dfrac{\beta}{2}}{1 - \mathrm{tg}^2\dfrac{\beta}{2}}$$

令以上两式相等，并移项整理得：

$$\operatorname{tg}\frac{\beta}{2}=\frac{-L+\sqrt{L^2+R_0（2R+R_0）}}{2R+R_0}$$

因为 AO 等于 BO 等于 d，而 d 为：

$$d=\frac{R_0}{\sin\beta}$$

所以主曲线长度：
$$S=\frac{\pi R_0\gamma}{180} \qquad\qquad (6\text{-}3\text{-}2)$$

辅曲线长度：
$$K=\frac{\pi R\beta}{180} \qquad\qquad (6\text{-}3\text{-}3)$$

$$S_r=2(K+L)+S \qquad\qquad (6\text{-}3\text{-}4)$$

$$D=2E+F=2E+2d\sin\frac{\alpha}{2} \qquad\qquad (6\text{-}3\text{-}5)$$

上述各式中：E 为辅曲线外距，F 为 AB 之间的水平距离，d 为主、辅曲线转角顶点之间的距离，D 为回头曲线的颈距，S_r 为回头曲线总长度。

当 α 角为已知时，可按实际地形、地质条件与行车技术要求选定 R_0、R 及 L，然后按上述计算式算出 β 与 γ，再经实地放线进行校核或调整修改至合适为止。

回头曲线的插入段长度，也与其他平曲线一样，应满足设置缓和段的最低要求。

我国公路部门规定的回头曲线各项技术指标，见表 6-3-3。

回头曲线技术指标　　　　　　　　　　　　　　　　　表 6-3-3

项　　　目	二级公路	三级公路	四级公路
计算行车速度(km/h)	25	20	15
主曲线最小半径(m)	25	20	15
超高缓和段最小长度(m)	25	20	15
超高横坡度(%)	6	6	6
双车道路面加宽值(m)	2	2.5	3
最大纵坡(%)	3	3.5	4

6.3.4.3　回头曲线示例

回头地点对于回头曲线工程大小和使用质量关系很大，应慎重选择。

回头曲线，一般利用以下三种地形设置：

(1) 直径较大、横坡较缓、相邻有较低鞍部的山包或平坦的山脊，如图 6-3-11 (a)、图 6-3-11 (b) 所示。

(2) 地质、水文条件良好的平缓山坡，如图 6-3-11 (c) 所示。

(3) 地形开阔，横坡较缓的山沟或山坳，如图 6-3-11 (d)、6-3-11 (e)

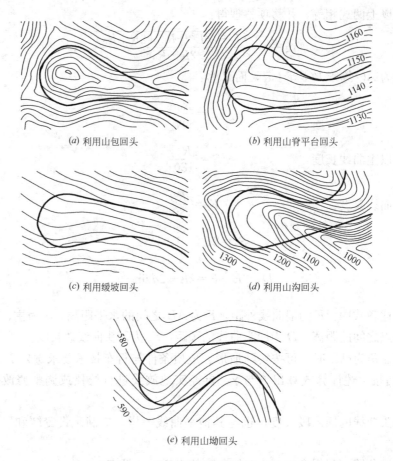

(a) 利用山包回头   (b) 利用山脊平台回头

(c) 利用缓坡回头   (d) 利用山沟回头

(e) 利用山坳回头

图 6-3-11   适宜设回头曲线的有利地形

所示。

在城市道路中设置回头曲线除自然地形的因素以外，还需要考虑道路选线两侧的现状建筑物、构筑物与景观等情况，综合设计道路线形。

6.3.5　山城道路综合利用

山城道路非直线系数大，用地可达性差，沿等高线方向服务范围较大，垂直方向服务范围较小，道路建设，要依山就势，少动土方，弯曲有序，步移景异。在道路线形上，联接各组团及组团内部的主干路应根据地形采用较为顺畅的线形和较高的技术标准，保证交通的顺畅便捷。至于次干路及支路，线形的选择主要考虑地形及将来地块开发对道路衔接的要求，逐步形成立体化的道路网。

在山城道路的设计中，由于地形的影响，道路的高程和地块的高程之间往往会出现高程差，在规划设计当中要利用好这些空间，形成有山城特色的道路系统。例如，涪陵的建材市场地块，道路呈螺旋状围绕该地块，在规划设计中分别在不同的高程处设置多个出入口，而垂直方向的交通在大体量建筑内部解决，很好地解决了车流、人流的衔接问题。如图 6-3-12 所示，青岛的某居住区在设计充分利用道路与地块之间高程的差距，设置了停车库、商业设施、居民储藏室等

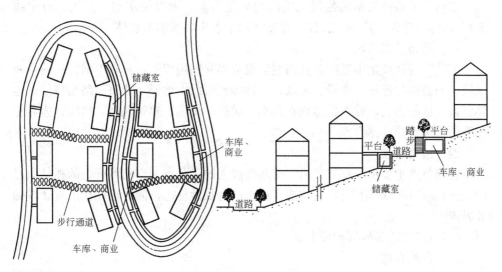

图 6-3-12　青岛某小区道路平面与剖面

设施，充分利用了土地，形成具有特色的开发模式。

6.4　道路景观规划设计

　　城市道路系统是城市的"骨架"，同时也是城市公共生活的主要空间。城市道路不仅是城市交通的载体，也是构成城市景观的重要组成部分，是展示城市风貌的"橱窗"，又是居民交往、生活的重要空间。著名的美国规划学者凯文·林奇（Kevin Lynch）在他的著作"城市的意象"（THE IMAGE OF THE CITY）中，把城市景观分为5种基本要素：道路、边沿、区域、节点和标志。道路被认为是人们的城市意象中占控制地位的因素，边沿也往往和道路分不开，节点则主要指重要道路交叉口和广场等。城市景观的大部分要素都在道路景观中得到体现，可见道路景观对城市景观具有何等重要的意义。古今中外一些著名的城市街道，都以其优美独特的景观闻名于世，成为一个城市乃至一个国家的象征。例如巴黎的香榭丽舍大街、北京的十里长安街、上海的外滩等。因此，在城市道路系统规划设计中，除了考虑技术要素外，道路的空间、景观也是至关重要的因素。

　　城市道路的景观规划设计涉及到景观设计、城市规划、建筑及空间规划设计、道路美学及环境心理学等众多领域，因此说，城市道路景观规划设计是一个跨学科的综合性问题。

6.4.1　城市道路景观的构成

6.4.1.1　道路空间构成要素

一、道路

道路是形成道路空间、景观的主体要素。包括道路线形的方向性、连续性及道路断面形式、路面材料色彩等景观元素。

二、道路边界

道路边界是指道路两侧视觉空间的界定要素，可以是水面（河川、海岸线等）、山体、建筑、广场、公园、植物或以上若干要素的组合体。

三、道路景观区域

道路景观区域是由道路及其两侧景观边界共同构成的，具有不同特征的空间区域。如道路的近景、中景、远景。这种特征可以由地形、建筑、路面特征、边界要素特征等形成，并主要体现在色彩、质感、规模、建筑风格、植物、边界轮廓线的连续性等具体方面。

四、道路节点

道路节点主要指道路交叉口、交通路线上的变化点、空间特征上的视觉焦点（如公园、广场、雕塑等），它构成了道路的特征性标志，同时也往往形成区域的分界点。

6.4.1.2 道路景观构成要素

一、自然景物

如自然山体、水体、树木、风雪、雨露、阳光、天空等。

二、人工景物

如道路两侧的建筑物、构筑物、道路铺装、各类设施、绿化、小品、雕塑、广告牌等。

三、人文景观

一般指在道路上活动的人及其构成的景观，如人的活动、集会、节庆活动等构成的道路景观，还包括道路本身所具有的文化历史内涵，如道路的性质地位、历史演变、文化特征等，这些往往通过道路的人工景物特征表达出来。

6.4.2 城市道路景观规划设计的基本原则和要求

6.4.2.1 基本原则

（1）应符合城市规划的各项规定，满足道路交通设计和使用的各种要求，如道路红线、线形、断面、道路性质、建筑红线、两侧建设规定以及各类设施的布置等，与道路的功能和性质相协调。

（2）城市道路系统规划应与城市景观系统规划、绿地系统规划、历史文化和环境保护规划等协调一致，相互融合，使城市道路不仅满足交通的需要，而且成为游览休闲、生活交往、体验城市风貌和历史文化的重要场所。

（3）协调统一又富有景观个性，保持环境特征。城市道路系统整体景观特征应与城市景观和风貌特征及历史文化特点相协调，道路系统景观应整体统一。但不同性质和要求的道路应具有不同的景观特色，要保持环境特有的景观特征，切忌盲目照搬照抄，创造出统一而又变化、丰富多彩的城市街道景观。

（4）按照功能要求和美学原则组织各景观要素。城市道路景观要：平面布局清晰；空间展开序列完整；形体、色彩、质感的处理协调；发挥道路环境生态绿化作用。

6.4.2.2 基本要求

一、安全性

安全性是指在各种情况下，道路上的机动车、非机动车和行人都可以安全地使用道路。道路景观及其各种景观设施的规划设计，包括交通标志牌、广告牌、路灯、卫生箱、绿化等，以保证车辆行人的安全为前提，任何景观和景观设施都不应对司机构成视觉上和交通上的阻碍。

二、生态性

生态性是指对与道路环境有关的空气污染和交通噪声需要有足够的防治措施。在沿道路两侧范围尽可能地开辟出绿地，同时对城市道路周边的建筑要有足够的防尘和隔声措施。在组成人类聚居环境的生态绿化网络中，结合道路建设，使道路绿地发挥应有的生态作用，良好的道路景观应该是生态化的。

三、可识别性

可识别性是指道路空间结构应易于识别，形象上突出其鲜明的个性。良好的道路景观应该有明确的交通标志系统，以保证人们对道路方位和方向的识别。同时，道路特有的个性特征也应该成为本道路景观区别于其他道路景观的重要方面。

四、可观赏性

道路要具有较好的景观，符合人们的审美要求，从而具备可供观赏的性能。从道路的视觉景观形象出发，任何道路景观都应该考虑其视觉景观上的审美要求，在道路空间中形成有一定观赏价值的景观物。同时整个道路景观空间的构成也要满足人的整体视觉观赏需要，从而形成一个赏心悦目的景观环境。

五、舒适性

舒适性是指道路环境应满足人们的生理要求。例如，道路表面的坚固性、防滑性，车行道的划分与道路的设计速度相吻合，具有良好的通行能力，道路畅通无阻等。这主要是从使用者的行为要求而言，满足人的各项心理要求，确保使用道路的人有一个舒适的心境。

六、便利性

除了行车的考虑，从行人的使用要求出发，道路环境中，应配置各种服务设施，以方便人们的使用。如公交车的港湾式停靠站、停车场加油站、坐椅、垃圾箱等。这些人性化的设计体现了对人的关怀，充分考虑到人的行为特点，给人们提供了最大的便利。

6.4.3 城市道路景观规划设计的基本内容与方法

6.4.3.1 基本内容

城市道路景观规划设计涉及多学科的许多内容，不同性质和特点的道路其景观规划设计内容也不尽相同，但总体来说可概括为以下几方面的基本内容：

一、城市道路系统景观的总体构思

（一）道路景观的总体风格定位

首先，要根据城市的性质、景观特点、自然条件、历史文化遗产及社会经济等多方面因素，确定和把握城市道路系统景观的基本特征和基调。例如工业城市与旅游城市不同，沿海城市与山区城市不同，热带气候城市与温带气候城市不同，历史文化名城与新建城市不同。

（二）道路景观的变化与统一

与城市绿地系统规划、景观系统规划及生态环境保护规划等规划相协调，结合道路的性质、等级和位置等因素，确定不同道路的景观特点和作用，形成既统一又富有变化的整体道路景观形象。一般来说，城市入城干路应体现城市整体风貌和标志性景观，城市生活性道路和客运干路应成为城市主要景点的浏览和观赏空间，城市一般交通性道路则可作一般性景观处理，但城市交通干路及快速路也是展示城市景观的重要通道，主要应考虑动态和大尺度的景观效果。

（三）城市道路与城市景观的结合

城市道路必须和城市景观有机结合起来，才能创造出自然和谐的道路景观。例如道路的选线定线，应充分考虑到自然环境和城市景点的布局，利用对景、借景等手法，通过道路来组织城市景观。道路两侧的各类边界所形成的不同尺度和形态的空间，也具有不同的景观特征。例如桂林城市主要道路的选线，使城市的重要古迹、景点成为道路对景，人们通过道路就充分感受到桂林优美的自然山水景观和悠久的城市历史文化（图 6-4-1）。

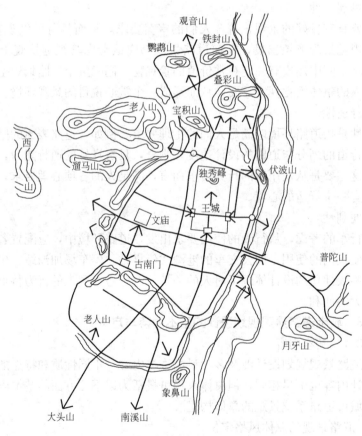

图 6-4-1　桂林道路与景观关系

相反的例子是广西某城市主干路的规划，两侧建筑过密过高，遮挡了道路两侧秀丽的自然山水，道路景观不能体现当地的景观特色。

（四）城市道路景观与城市功能的整合

城市道路不仅具有交通功能，而且还要满足市民进行交往、游览、娱乐、生活、休闲等多功能的要求，因此城市道路是一个综合性的多功能空间。据此，城市道路景观规划设计应是一个广义的概念，应将上述各种功能综合起来进行整合设计，才能使城市道路既满足交通需要，又具有优美和谐的景观，同时和其他城市功能相得益彰。

二、道路景观分析与设计

根据道路景观规划的总体构思，针对具体的道路分析其环境和景观特点，确定景观规划设计目标和特色。研究道路特性与人的视觉特性的协调关系，即道路线形、断面、空间的景观效果。综合考虑道路、交通、行人、绿化、建筑及各类设施，拟定道路景观设计初步方案。

三、沿路园林绿化

根据道路的性质和景观要求以及自然条件，需要综合考虑沿路园林绿化的景观效果、功能要求、规划布局和种植设计等。例如不同的气候土壤条件，适宜种植的植物品种不同。南方夏季气温高，遮荫种植就很重要。商业街、步行街的绿化，过多的高大树木易遮挡两侧的建筑、广告等，不利于体现商业街的繁华气氛。植物的选择与搭配布置要高低错落、色彩协调，并做到浓淡相宜、远近不同、四季有景。另外还要注意发挥绿化的降噪、防尘、防眩（光）等功能作用。整体的道路园林绿化规划应和城市绿地系统规划及生态环境保护规划紧密结合，将道路绿化纳入城市绿化系统，并充分发挥利用道路绿化的生态作用。

四、沿路建筑景观

城市道路两侧的建筑对形成道路景观起着举足轻重的作用。因此，要认真研究两侧建筑的平面布置和组合、立面效果和轮廓线；建筑所围合的不同尺度空间的视觉效果；充分考虑不同速度条件下的道路景观效果，即动态与静态景观的不同；注意沿街建筑的协调、景观的连续完整、标志性建筑的布置等问题。从而形成和道路功能相协调的、完整统一又富有变化的道路建筑景观。例如生活性道路如商业街、步行街要求两侧建筑尺度宜人亲切，空间尺度不宜过大，强调静态景观。交通干路则主要考虑动态景观，建筑和空间尺度可较大，主要欣赏连续的整体建筑景观形象和建筑轮廓线。沿海滨、河滨的道路，建筑一般沿道路一侧布置，要特别注意处理好从海上、河对岸观赏的建筑立面及轮廓线，往往成为城市的标志性景观，如著名的上海外滩景观（图6-4-2）。

五、城市道路设施和小品

城市道路除必需的交通设施外，还应具备满足行人安全、卫生、方便、观赏、休闲的各类设施和小品等。主要包括：

（1）绿化休闲类：花架、花池、花坛、水池、喷泉、亭、廊、椅凳等休息设施；

（2）无障碍设计：盲道、盲人交通指示设施、坡道等；

（3）标识、广告、展览类：各种标志、指路牌、广告栏、广告牌、宣传栏、阅报栏等；

（4）市政、卫生设施：果皮箱、垃圾桶、路灯、各种市政井盖、消防设

图 6-4-2　外滩道路景观

施等；

（5）与竖向有关的：自动扶梯、台阶、护坡、挡土墙、栏杆、扶手等；

（6）便民设施：公厕、电话亭、饮水机、货亭、报亭、时钟、邮筒等；

（7）景观小品：雕塑、浮雕、街道壁画、铺装图案、景观构筑物等。

6.4.3.2　城市道路景观规划设计要点

一、多学科协调统一

道路景观规划设计需要城市规划与设计、景观规划设计、道路和交通规划设计等各专业相互配合，使规划成果做到统筹兼顾，协调一致。

二、抓住道路景观的关键因素——速度

随着现代城市交通的发展，人们在城市道路上运动的速度不断加快，速度的变化使人们对城市景观的感受发生了很大的改变。速度的增大要求城市景观元素的空间尺度也相应增大（表 6-4-1、图 6-4-3），现代城市建设中出现了以汽车尺度取代人的尺度的状况。

驾驶员前方视野中能清晰辨认的距离　　　　　　　　　　表 6-4-1

车速/(km/h)	60	80	100	120	140
前方视野中能清晰辨认的距离(m)	370	500	660	820	1000
前方视野中能清晰辨认的物体尺寸(cm)	110	150	200	250	300

哈密尔顿（Hamilton）和瑟斯顿（Thurstone）所作的研究表明，高速运动中人们的视觉感知方式有以下五个特点：（1）注意力加倍集中；（2）注意焦点引向远方；（3）视野缩小；（4）前景细部开始模糊；（5）视觉变迟钝。

根据这些特点进行道路景观规划设计时，应以观赏者的速度为前提。车速较

图 6-4-3　汽车尺度的城市道路景观

高的交通性道路景观应以机动车上人的视觉特性为依据，主要考虑动态景观。对于周边的建筑景观，要强调建筑群体之间的整体关系，强调建筑群外轮廓线、阴影效果以及整体色块的可识别性，使道路景观与道路观赏速度相协调，创造出动态整体的道路景观效果。而在生活性道路及步行道上，则主要考虑慢速和行人的视觉特性，以静态景观为主。道路景观的重点应为建筑的细部处理、绿地花坛、场地纹理、各类小品、设施等。随着车速的增加，只有靠增大道路宽度，以及道路景观区域范围，才能保证机动车与周边建筑有足够的观赏距离（表 6-4-2）。因此，不同车速要求的道路，其景观的空间尺度和特点应各不相同。

不同车速下辨认路边景物的最小距离　表 6-4-2

车速（km/h）	20	40	60	80	100
最小距离（m）	1.71	3.39	5.09	6.79	8.50

总之，道路景观规划设计一方面需要全面考虑现代交通条件下各种速度的道路使用者的视觉特性。还要根据道路的功能和性质，选择主导的道路使用者的视觉特性作为道路景观规划设计的依据。

三、把握好道路空间尺度

道路及其两侧的各类边界，尤其是建筑形成的边界，构成了不同尺度的道路（街道）空间，道路空间尺度通常指道路空间宽度 D（两侧建筑之间水平距离）与两侧建筑高度 H 的比值 D/H。不同尺度的道路空间给人视觉和心理感受有所不同（图 6-4-4）。

当 $D/H \leqslant 1$ 时，人对空间有紧迫感，街道空间较亲切，街道的方向感和流动性较强，空间围合感较强，容易形成繁华热闹的气氛，容易观察到建筑立面的

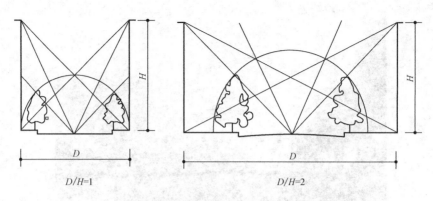

D/H=1　　　　　　　　　　　D/H=2

图 6-4-4　道路横断面的空间尺度

细部，因此建筑立面设计对人的景观感受影响较大。当 $D/H \leqslant 0.7$ 时，则会产生空间压抑感。

当 $D/H = 1 \sim 2$ 时，仍能保持一定的空间亲切感和围合感。随着道路空间宽度的加大，道路绿化对空间感觉的作用增加，可增加绿化带的宽度和树木的高度以弥补空间的扩散感。

当 $D/H = 2 \sim 3$ 时，视觉开始涣散，空间更加开敞，围合感较弱，人更多地注意建筑的群体关系以及建筑与环境的关系。

当 $D/H = 3$ 时，为开敞空间，人主要观察两侧建筑群的轮廓线以及绿化等大尺度景观。对不同性质和景观要求的城市道路，要把握好其空间尺度。一般生活性道路如商业街等，可使 $D/H \leqslant 1$；一般道路可控制 $D/H = 1 \sim 2$；城市交通干路及城市边缘地区道路，可采用 $D/H = 2 \sim 3$。另外，道路空间尺度还要考虑日照通风和安全等方面的要求。

四、道路景观选线和线形设计

道路景观规划设计应和道路系统规划设计同步进行，不能等道路定线后才开始考虑。美国有些道路，甚至是由景观规划师先选线定线，再由道路设计人员进行技术性配合。道路的选线定线直接影响到道路景观空间的尺度和效果，应做到因地制宜，采用对景、借景等手法，将景观通过道路有机组织起来，达到步移景异、景随车动、丰富多彩的景观效果。在道路选线定线中，对于有特色和保留价值的历史文物和名木古树要尽可能保留保护，对于有景观价值的地形地物，例如古代水井等，也要充分保护和利用，切忌把道路一味拉直推平。例如北京北海前的道路选线从文津街到景山前街一段，就充分运用了对景、借景的手法。由西向东道路曲折变化，在动态中创造了对景团城、借景北海与中南海、对景故宫角楼、对景景山、借景故宫景山等五个道路景观环境，五个景观环境有机联系，有近有远，有高有低，有建筑有水面，过渡自然，富有乐趣，是道路选线与景观环境组合的佳例（图 6-4-5）。

不同的城市道路线形及组合，具有不同的景观效果和心理感受，应根据地形、环境、道路性质和功能及景观要求进行道路线形设计。城市道路线形和景观可分为以下几种情况：

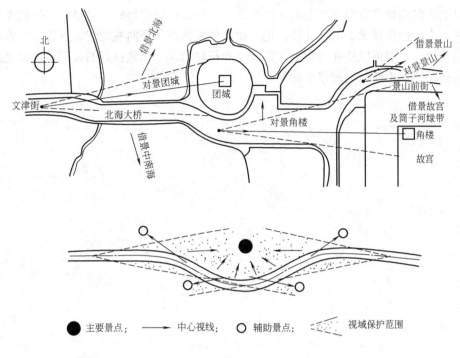

主要景点；　—→ 中心视线；　○ 辅助景点；　视域保护范围

图 6-4-5　道路景观选线

（一）简单的直线形道路

这种线形在平面上是直线，纵断面上坡度很小，在视觉上没有明显上、下坡的感觉。直线形道路是我国一般城市道路所采用的主要线形，由于它方向明确，宽阔的直线形大道宏伟而且有气度，沿一条直路前进，将使延续的意象大大增强。两侧建筑物的布置与直线线形相协调，给人以整齐、简洁之感。故我国自古以来把"其直如矢"视为道路美的一种象征。不过直线形道路从视觉上来看比较单调生硬，静观时道路缺乏动感，窄的直路两侧较高的建筑则使人有压迫感。

（二）直线与平曲线组成的道路

这种线形的关键是直线长短与曲线半径大小，以及曲线与曲线、直线与曲线组合是否恰当。如组合得好，则具有平曲线的流畅线形可使路线富有运动感，方向的变化可以引起视觉对前方的注意，因而增加视觉的清晰性，带来生动优美的景观。但若组合不当，则会在视觉上、心理上出现不清晰、不安全的问题。

（三）直线与竖曲线组成的道路

这种线形有上坡、下坡，插有凸曲线与凹曲线。它的变化主要表现在纵向对视觉的影响，对道路环境与建筑的协调等方面带来许多新问题。凸曲线半径若太小而两侧坡差大时，上坡容易使前景消失而中断街道的连续性，但下坡时视野开阔可以看到全景，处理得好其景观相当优美。

（四）具有平、纵、横配合的三维立体线形的道路这种线形在丘陵和山城是常见的形式。它可以在一个坡顶上看到前方有两个以上平曲线和纵方向路线上的几次起伏。这种线形处理得好，会显示最好的连续性、平顺性和视觉上的诱导性。把平曲线的变曲点和竖曲线的变曲点置于大致相同位置，一般可以使在视觉上、排水上和行驶力学上都是良好的线形，增加道路的运动感，不断地呈现出生动的街景。

第7章　道路交叉口规划设计

7.1　平面交叉口

7.1.1　平面交叉口的作用

道路与道路（或与铁路）相交的部位称为道路的交叉口。道路与道路在同一个平面相交的交叉口称为平面交叉口。

道路交叉口是城市道路网络中的节点，道路借助交叉口相互连接，形成道路系统。交叉口在路网中起着使城市交通由线扩展到面的重要作用，解决各个方向的交通联系，同时，交叉口也是制约道路通行能力的咽喉。

平面交叉口是道路交叉口的主要形式。它是直行道路与横向道路在同一平面上交叉的地方。车辆和行人至平面交叉口时，要与横向道路的车辆和行人分时共用交叉口空间，其通行能力比路段中的小。另外，部分车辆和行人要在交叉口改变前进方向，交通流之间的干扰较多，通行的顺畅性、安全性都较路段中的低。我国城市中交通阻滞主要发生在平面交叉口。为此，当交

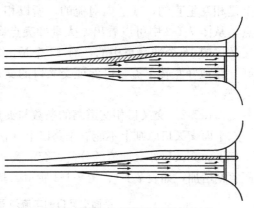

图 7-1-1　划分车道的拓宽交叉口

通流量较大时，需要采取展宽交叉口的措施，弥补通行时间的不足（即：时间不足，空间补）；还要按车流前进的方向划分车道，以减少相互干扰，提高通行能力及安全性（图 7-1-1）。

7.1.2　平面交叉口车流的矛盾

7.1.2.1　分岔点、交汇点与冲突点

由于车辆进出平面交叉口的行驶方向不同，在时空上相互干扰。概括说来，交叉口车流间的基本矛盾可以分为：分岔、交汇与冲突三种形式（图 7-1-2）。

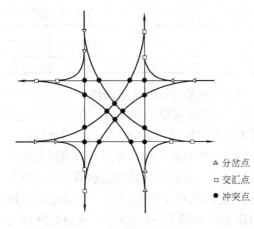

△分岔点
□交汇点
●冲突点

图 7-1-2　交叉口的 3 种矛盾

分岔点　交叉口内同一行驶方向

的车辆，向不同方向分开行驶的地点，称为分岔点（或称分流点）。在车速较慢时，或前进中没有其他方向的车人流干扰时，转向的车辆很容易驶出，对分岔点的交通没有什么影响。但在车速较高的快速路上，转向车辆要减速，或在道路上因转向时受非机动车和行人的影响，也要减速，以策安全，就会影响到分岔点的车速和车流密度。

交汇点　来自不同行驶方向的车辆，以较小的角度向同一方向汇合行驶的地点，称为交汇点（或称合流点）。对于已过交叉口的转向车流，要与横向的直行车流汇合在一起，驶离交叉口，车流产生一个交汇点。在车流密度较稀时，转向车辆可以顺利地汇入直行车流。当直行车流的密度很密时，尤其是在快速路上，转向车辆难以汇入直行车流，就需要有较长、较宽的交汇路段候驶。否则，转向车辆强行插入，会造成直行车流紧急制动，迫使在它后面的一系列车辆都制动减速，降低交叉口的通行能力。

冲突点　来自不同行驶方向的车辆，以较大的角度（或接近90°）相互交叉的交会点称为冲突点。在没有信号灯管理的交叉口上，直行车流，或左转车流与直行车流，或左转车流在时空上不能错开，会产生冲突点。由于它们在流向上是相互垂直的，或逆向对流的，所以相互干扰的严重程度超过交汇点和分岔点。从图7-1-2中可以看出，大量冲突点主要是由左转车流引起。在一个十字交叉口的16个冲突点中的，有12个是由左转车所引起的，所以如何正确处理好、管理好左转车流，以保证交叉口的交通通畅和安全，是设计平面交叉口的关键。

7.1.2.2　交叉口相交道路的条数与夹角

平面交叉口原则上不能五条路以上（含五条路）相交叉。

平面交叉口处交通流的分岔、交汇及冲突点的数量随着相交道路条数的增加而急剧增加，如表7-1-1、图7-1-3所示。其中尚不包括非机动车车流。

平面交叉口的车流矛盾点（无信号灯）　　　　　　　表7-1-1

矛盾点类型		相交道路条数		
		3	4	5
分岔点(个)		3	8	15
交汇点(个)		3	8	15
冲突点	左转车冲突点(个)	3	12	45
	直行车冲突点(个)	0	4	5
合计		9	32	80

由图7-1-3可知，五条路相交的交叉口冲突点的总数从三条路交叉的3个增加到50个。因此，在规划城市道路网时，应尽量采用十字路口。在车流不太大的交叉口，尚可采用五岔，但也不宜用六七条道路相汇的交叉口，以免以后车流量增加时，形成交通阻塞点。丁字交叉口虽然只有三个冲突点，但当出现错位的两个丁字路口，在其间路段上的车流量是四个方向车流量的迭加值。若道路上几个方向车流量都比较大，就会在该路段上出现车流密度过大、交通阻滞的现象，甚至出现车流相互卡死，产生交通阻塞，如图7-1-4。所以，在道路网规划时不轻易设计错位的丁字交叉口。

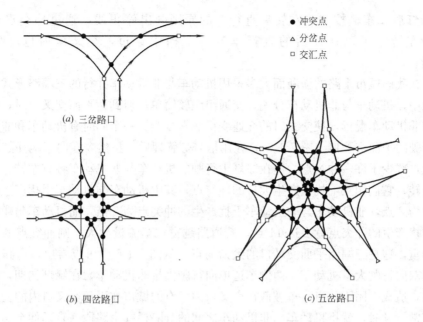

● 冲突点
△ 分岔点
□ 交汇点

(a) 三岔路口

(b) 四岔路口

(c) 五岔路口

图 7-1-3　多岔路口冲突点比较

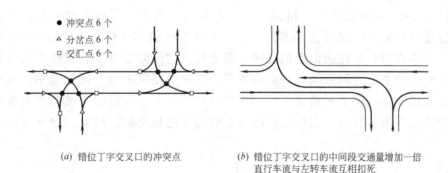

● 冲突点 6 个
△ 分岔点 6 个
□ 交汇点 6 个

(a) 错位丁字交叉口的冲突点

(b) 错位丁字交叉口的中间段交通量增加一倍
直行车流与左转车流互相扣死

图 7-1-4　错位丁字交叉口

交叉口相交道路之间的夹角宜较均匀，在规划交叉口时，应使互相交叉的交通流成直角或接近直角，夹角一般大于 75°。平面交叉口的交叉角度接近直角时，横过道路的距离短，交叉部分的道路面积也较小。而在锐角交叉时，左转车辆有较大的游荡区，使其他车辆和行人不易判断。

7.1.2.3　机动车与非机动车之间的冲突

一个用信号灯管理的只有机动车行驶的交叉口，在红灯下，使横向的车辆停驶，这时，交叉口内的冲突点可从 16 点骤减为 2 点，即只有在绿灯中直行车辆与对向左转车产生的冲突点（图 7-1-5）。若在交叉口进口道上设有左转车道，在红灯

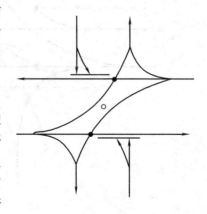

图 7-1-5　信号灯管理交叉口交通示意

151

变绿灯后，车辆按"先左转后直行"的原则驶出停止线，通过冲突点，后续的左转车可以在以后的直行车流的空档中穿过，交叉口内也可以很畅通。

在我国城市干路的横断面大多采用机动车与非机动车并行的三幅路形式。在路段中，机动车与非机动车分流，交通组织较简单；但到达平面交叉口时，机动车与非机动车混行，使交叉口的交通变得非常复杂。一个同时有机动车和非机动车行驶的平面交叉口（图7-1-6），在用信号灯管理后，虽然令横向车辆在红灯时停驶，减少了许多冲突点，但在绿灯中行驶的机动车与非机动车各有左转、直行和右转。它们相互干扰、产生大量的冲突点，其中机动车与机动车干扰产生的冲突点为2点，非机动车与非机动车干扰产生的冲突点为2点，而机动车与非机动车干扰产生的冲突点竟多达14点。若道路越宽，车流量越大，则冲突点的干扰越严重，这是三幅路平面交叉口的致命弱点。从图7-1-6中可以看出，道路中间车道双向行驶大量机动车，两侧车道单向行驶大量非机动车，在绿灯初期，相互抢行，造成一团团的自行车被截在交叉口内。有的城市在平面交叉口内的交通无法正常行驶时，就将机动车、非机动车之间的分隔栏杆由路段一直延伸至交叉口的横向道路上（图7-1-7），使交叉口变成一个纯机动车的交叉口，而将非机动车和行人（必要时可设人行天桥或地下人行横道）引出交叉口百米之外，在道路停止线排队车辆之后横过道路。由于左转非机动车和行人要绕行500m以上，很不方便，往往提前由街坊的小路走掉。这实际上就是将机动车与非机动车分在两个道路网系统上行驶的雏形。若在道路网上只行驶机动车，或只行驶非机动车，到了平面交叉口，在信号灯管理下，绿灯时交叉口内只有两个冲突点（图7-1-6）。当机动车道与非机动车道相交时，没有转向互通的要

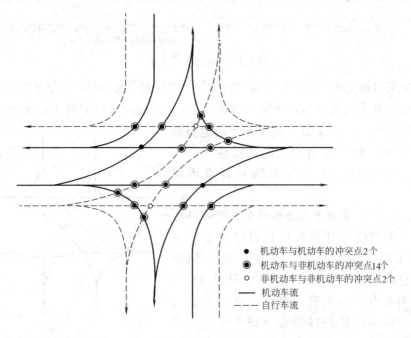

● 机动车与机动车的冲突点2个
◎ 机动车与非机动车的冲突点14个
○ 非机动车与非机动车的冲突点2个
—— 机动车流
---- 自行车流

图7-1-6　机动车与非机动车混合交叉口

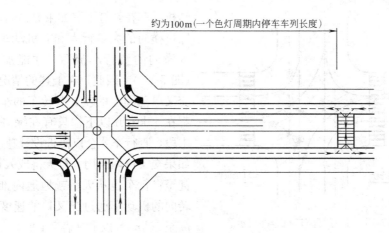

图 7-1-7　有延长隔离带的交叉口

求，在信号灯的管理下，各自在绿灯内垂直通过，交通管理十分简单。难点是如何加密城市道路网，使机动车与非机动车能各行其道，达到机动车与非机动车的真正分流。

7.1.3　交叉口设计

交叉口的设计一般应考虑以下要素：

（1）视距三角形的保证；

（2）缘石半径设置（大小与道路等级有关）；

（3）缘石边缘与交叉口中心的距离（过大，人行横道过长，或车辆停止线很远，交叉口内车流游荡）；

（4）交叉口内各流向的机动车、非机动车、行人的交通组织、交通岛的设置（保证流线的安全顺畅，提高交叉口车流的通行能力）；

（5）交叉口地面雨水排除与竖向设计；

（6）交叉口范围内管线综合及地面窨井盖的处理；

（7）交叉口范围内交通信号、标志、绿化、公交站点及其他市政公用设施的布置。

7.1.3.1　交叉口的设计车速

交叉口的设计车速应与路段上的设计车速相呼应。对于快速路，交叉口采用立体交叉，交叉口的设计车速可以采用道路设计车速的七折。

在特大城市，城市主干路的直行设计车速达 60km/h。设置立体交叉口，其技术标准较高，交叉口的直行车速可按 40km/h 计。在一般城市里，仍设置平面交叉口，交叉口的设计车速约在 30km/h 左右。若采用绿波交通，则直行车速可达 40km/h 以上。若主干路、次干路和支路采用信号灯管理尚未形成绿波交通，车辆在交叉口进口道前经常停车候驶，则交叉口的直行车速因车流密度大而不会很高。一般在绿灯初期，驶出停车线的直行车要与对向左转的非机动车、机动车先后相遇，要通过这些冲突点后，直行车才能加速前进。左转机动车在穿过对向直行机动车后，还要穿过对向的直行非机动车和行人，然后才能加速前进。右转机动车在绿灯下要穿过同向直行的大量非机动车和行人，进入横向道路后才能加速前进。右

153

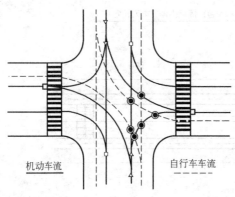

图 7-1-8　信号灯路口机非冲突示意

转机动车在红灯下（如果允许右转），要穿过横向的大量行人和非机动车，并汇入横向的直行车流后，才能加速前进（图 7-1-8）。因此，在上述的情况下，在交叉口范围内的左、右转车的车速一般都在 15km/h 以下，只有在绿灯中段和末段，直行车才会以接近设计速度行驶。如果交叉口内采用人行天桥或人行地道，甚至自行车也从天桥或地道内推过，则转向的机动车通过交叉口的速度才能提高至 30km/h 以上（表 7-1-2）。

平面交叉口的设计车速（单位：km/h）　　　　表 7-1-2

车流方向	左转车	直行车	右转车	
在绿灯的时段			人、机、非混行	纯机动车
绿初	15～20	15～20	15	25
绿中	20	30～40	15	25～30
绿末	25	30～40	15	25～30

7.1.3.2　交叉口的视距三角形

为保证交叉口行车的安全，视距是必须考虑的因素。特别是在无信号灯管理的交叉口，必须使驾驶人员在驱车至交叉口的一段足够长的距离内能够看清楚横向道路的车辆驶入交叉口的情况，以避免双向车辆相撞。由交叉口内最不利的冲突点，即最靠右侧的直行机动车与右侧横向道路上最靠中心线驶入的机动车在交叉口相遇的冲突点起，向后各退一个停车视距，将这两个视点和冲突点相连，构成的三角形称为视距三角形（图 7-1-9）。在视距三角形的范围内，有限阻碍视线的障碍物应予清除，以保证通视。

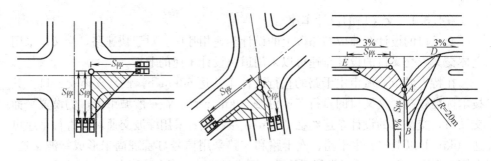

图 7-1-9　平面交叉口的视距三角形

视距三角形应以最不利的情况来绘制，绘制的方法和步骤如下：

（1）根据交叉口计算行车车速计算相交道路的停车视距。

（2）根据通行能力与车数的计算划分进出口道车道。

（3）绘制直行车与左转车辆行车的轨迹线，找出各组的冲突点。

（4）从最危险的冲突点向后沿行车轨迹线（车行道中线），分别量取停车视距 S 停值。

（5）联结末端，构成视距三角形。在视距三角形范围内，不得有阻碍视线的障碍物存在。交叉口转角处建筑红线应在视距三角形之外。

通常 X 形、Y 形交叉口锐角端必须验算视距三角形后，才能确定该处红线控制位置。

城市新建的主要道路与铁路干线的交叉口，原则上应采用立交。当城市次要道路与铁路相交时，可采用平面交叉口，道路线形应为直线。为保证平交道口有足够的视距，应清除图 7-1-10 所示视距三角形内的一切障碍物。道口停止线距外缘钢轨的距离应不小于 3m。为保证道路上行驶车辆停车方便与安全，在道口两侧靠外缘钢轨应设有一定距离的水平路段。道口外道路为上坡时，水平路段不小于 13m；道口外道路为下坡时，水平路段不小于 18m；紧接水平路段的道路纵坡不大于 3％。道口的宽度不应小于路段宽度，当交通量较大时要根据具体情况适当展宽。

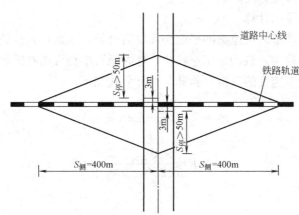

图 7-1-10　铁路与公路视距三角形内的障碍清除

7.1.3.3　交叉口缘石的转角半径

为了保证右转弯车辆能以一定的速度顺利地转弯，交叉口转角处的缘石应做成圆曲线，或多圆心复曲线，以符合相应车辆行驶的轨迹；通常多采用圆曲线，计算与施工均较方便。多圆心曲线用在设计车辆为大型车辆，或用于转角处建筑物已形成、用地紧张的交叉口。圆曲线的半径 R_1 称为缘石半径（图 7-1-11）。

一、确定交叉口转角缘石半径的因素

（1）缘石半径取值应满足交叉口右转车辆的最小半径（国内许多城市

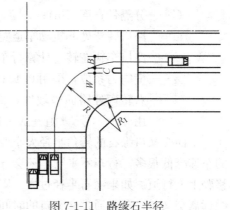

图 7-1-11　路缘石半径

道路交叉口的缘石半径都偏大）。

（2）根据相交道路等级取用半径。通常正交十字交叉口按表7-1-3选用。

交叉口转角缘石半径　　　　　　　表 7-1-3

道 路 类 别	缘石半径(m)
不设计非机动车道的快速路	25～30
不设计非机动车道的主干路	20～25
设非机动车道的主干路、次干路和支路	10～15
居住区道路	5～10
货运道路	25
非机动车道路	5

（3）X形、Y形斜交型交叉口缘石半径应视交叉口的交角形状选用。在保证视距前提下，锐角的半径值宜小，钝角处半径值宜大，以利车辆行驶（图7-1-9）。

（4）城市旧城道路进口道为一车道的，应适当加大缘石半径，以便扩大停车线断面附近车行道路宽度，减少阻塞。

二、缘石半径的计算

在只行驶机动车的快速路的平面交叉口右转处，或城市入口处的道路，由于行人和非机动车较少，机动车车速较快，这时缘石半径可用右转车的计算行车速度（路段计算行车速度的5折）验算，计算公式如下：

$$R_1 = R - \left(\frac{b}{2} + e + C + w \right) \tag{7-1-1}$$

$$R = \frac{V_{右转}^2}{127(\mu \pm i)} \tag{7-1-2}$$

式中

R_1——路口最小缘石转弯半径（m）；

R——机动车最外侧车道中心线的圆曲线半径（m）；

b——最外侧机动车道的宽度（m）；

e——最外侧机动车道的加宽值（m）；

C——分隔带宽度（m）；

w——路口转弯处非机动车道宽度（m）；

$V_{右转}$——路口车辆右转弯计算行车速度（km/h），见表7-1-2；

μ——横向力系数，采用0.15；

i——右转弯处路面横坡度，向曲线内侧倾斜用"＋"号，向外侧倾斜用"－"号。i值一般可按常用的路面横坡$i=0.02$取值。

平面交叉口缘石的转角半径大小要适宜。如果缘石半径过小，则要求右转车的车速降低很多，行车不平顺，还会导致车辆向外偏移侵占相邻车道，或向里偏移驶上人行道。如果缘石半径过大，则造成行人横过道路距离过长；或车辆停止线远离交叉口，车辆通过交叉口的时间较长，行人过街绕行太多。此外，由于缘石半径过大造成交叉口面积太大，左转车的行车轨迹不固定，有较大的游荡区，不利于行车安全（图 7-1-12）。

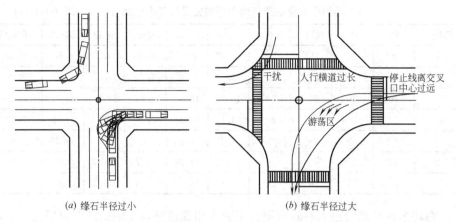

(a) 缘石半径过小　　　　　　　　(b) 缘石半径过大

图 7-1-12　过小或过大的缘石半径

三、为适应右转车辆转向操作的行驶轨迹及路线的顺畅，国外常将交叉口缘石做成多半径的和顺曲线。

表 7-1-4 中所推荐的数值是符合设置缘石半径的最小要求。

（1）图 7-1-13（a）适用于右转小汽车据多的交叉口。表 7-1-4（a）列出各有关技术参数，其中 $R_1 = R_3$，其值是 R_2 的 3 倍。

适用于右转小汽车据多的交叉口变半径缘石　　　　表 7-1-4（a）

角度 α	R_2	$R_1 = R_3$	角度 β	角度 γ	a(m)	c(m)	x(m)
50°	6	18	100°	15°	4.66	0.61	16.92
60°	6	18	90°	15°	4.66	0.61	14.21
70°	6	18	80°	15°	4.66	0.61	12.25
80°	6	18	70°	15°	4.66	0.61	10.74
90°	6	18	60°	15°	4.66	0.61	9.51
100°	6	18	50°	15°	4.66	0.61	8.48
110°	6	18	40°	15°	4.66	0.61	7.59

（2）图 7-1-13（b）适用于小汽车和货运车混行交通的交叉口。这种缘石曲线是不对称形式，其半径 R_2 是 R_1 的 2.5 倍。表 7-1-4（b）列出了各有关技术参数。

适用于小汽车和货运车混行交通的交叉口变半径缘石　　　　表 7-1-4（b）

角度 α	R_1	R_2	角度 β	角度 γ	x(m)	a(m)	b(m)	y(m)	a(m)	b(m)
50°	6	15	110°	20°	13.58	5.64	7.94	16.40	5.13	11.27
60°	6.5	16.3	100°	20°	11.94	6.40	5.54	14.93	5.55	9.37
70°	7	17.5	90°	20°	10.67	7.00	3.67	13.82	5.99	7.83
80°	8	20	80°	20°	10.27	7.88	2.39	13.77	6.84	6.93
90°	9	22.5	70°	20°	9.81	8.46	1.36	13.62	7.70	5.92
100°	10	25	60°	20°	9.31	8.66	0.65	13.36	8.55	4.81
110°	11	27	50°	20°	8.76	18.43	0.34	12.98	9.41	3.58

（3）表 7-1-4（c）所列出的各有关技术参数适用于大量重型货运车辆的交叉口。

适用于大量重型货运车辆的交叉口变半径缘石　　　　表 7-1-4（c）

角度 α	R_1	R_2	角度 β	角度 γ	x(m)	a(m)	b(m)	y(m)	a(m)	b(m)
50°	8	20	110°	20°	18.10	7.52	10.58	21.87	6.84	15.03
60°	9	22.5	100°	20°	16.53	8.86	7.67	20.67	7.70	12.98
70°	10	25	90°	20°	15.24	10.00	5.24	19.74	8.55	11.19
80°	11	27.5	80°	20°	14.12	10.83	3.29	18.93	9.41	9.42
90°	12	30	70°	20°	13.09	11.28	1.81	18.16	10.26	7.90
100°	13	32.5	60°	20°	11.93	11.26	0.67	17.37	11.12	6.26
110°	14	35	50°	20°	11.15	10.72	0.43	16.52	11.97	4.55

右转车辆从路段进入右转弯道直至驶入相邻道路，车辆的转弯半径是一个由大变小再变大的过程，即进出弯道时转弯半径大，在弯道中间时转弯半径小。与此相适应，交叉口缘石中间段的半径为设计半径，两端的半径可适当放大（图7-1-13（a））。

此外，当干路和支路相交时，由于干、支道路设计车速的不同，交叉口路缘石也可做成变半径的形式，即与干路相连一侧的半径大一些，与支路相连一侧的半径小一些（图 7-1-13（b））。

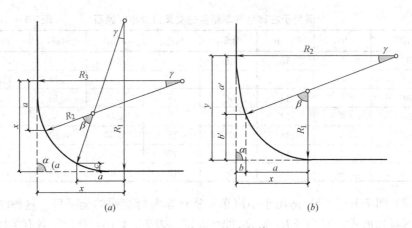

图 7-1-13　交叉口变半径缘石

7.1.3.4　平面交叉口交通量调查

调查的目的是为掌握交通的实际流动状态，改善交叉口的交通或改造交叉口的设计。

调查内容可以通过常规观测完成，除调查驶向交叉路口的各断面交通量外，还应调查交叉路口不同出入方向的组合。进入交叉口的车辆可分为左转、直行和右转（图 7-1-14）。其中直行车占主要部分，约占 70% 左右；左转车和右转车的比例，视交叉口在路网中的交通区位而异，通常约各占 15% 左右，也有高达30% 以上的。同时还要调查信号灯周期及红、绿、黄灯的显示时间等。对于交通

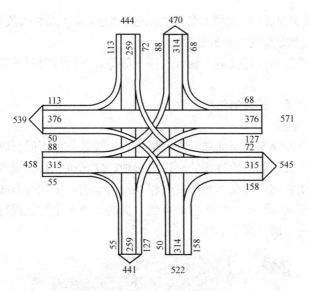

图 7-1-14　某交叉口流量图

阻塞严重的交叉口，还需调查等候信号的次数和阻塞时间等项目。

调查时间应按调查的目的确定，但一天之内往往只在高峰时段调查就足够了。也有根据需要进行 24h 观测或连续观测一天以上。

观测方法：可用人工统计，也可采用自动记录仪或带广角镜的摄像机纪实。国外已用卫星定位系统（GPS）跟踪车辆行动，整理出交叉口的交通量。调查成果一般绘制成交叉口流量图（图 7-1-14）或流量表（表 7-1-5）。流进交叉口的总量和流出交叉口的总量应该是平衡的。

平面交叉口流量一览表　　　　　　　　　　　表 7-1-5

机动车流量（pcu/h）		出交叉口				进交叉口合计
		东	南	西	北	
进交叉口	东	—	127	539	68	571
	南	158	—	50	314	522
	西	315	55	—	88	458
	北	72	259	113	—	444
出交叉口合计		545	441	539	470	1995

7.1.3.5　平面交叉口的交通组织

一、交通组织原则

（一）有利于提高通行能力

用信号控制比无信号控制的交叉口通行能力大，所以当无信号控制不能满足通行能力的要求时，就必须选用信号控制。

（二）有利于提高安全性

一般说来，信号控制的交叉口的事故率较低，但当车速较快时容易发生尾撞事故。因此，在改善交叉口时必须对各种情况充分考虑，认真分析事故发生的原因。

（三）有利于提高效率和舒适性

由于信号管制的红灯强迫车辆行人停止等待，在绿灯时间的机动车辆和行人就能放心前行。

二、平面交叉口的交通组织方法

（一）渠化交通

在交叉口合理地布置交通岛、交通标志、标线等，把不同行驶方向和车速的车辆分别规定在有明确的轨迹线的车道内行驶，使司机和行人很容易互相看清自己和对方的行动去向，避免车辆行驶时相互侵占车道，干扰行车线路，从而减少车辆之间以及车辆与行人之间碰撞的可能，提高交通安全性及通行能力。这种交通方式称为渠化交通（图 7-1-15）。

图 7-1-15　渠化交通交叉口示意

（二）在交叉口实行交通管制

用交通信号灯或由交通手势指挥，使通过交叉口的不同道路上车辆的通行时间错开，即在同一时间内只允许某一方向的车流通过交叉口。

现代交通信号在配时上具有多种方法，从简单的双相位周期式到复杂的感应式多相位制式。交叉口的信号灯分为红、绿、黄三色。红灯亮时禁止车辆和行人通行；绿灯亮时准许车辆和行人通行；黄灯起清扫路口的作用——对已过停车线的车辆可以继续前进通过交叉口，其他车辆须停在停止线以外。信号灯按红、绿、黄的次序循环变化，每循

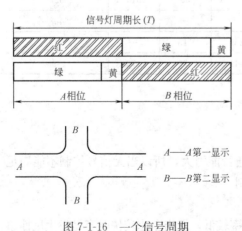

图 7-1-16　一个信号周期

环一次称为一个周期（图7-1-16）。利用信号灯对平面交叉口的交通流进行管理，可以消除或减少冲突点（图7-1-17）。

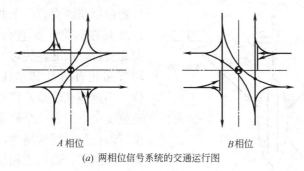

*A*相位   *B*相位

(*a*) 两相位信号系统的交通运行图

*A*相位   *B*相位   *C*相位

(*b*) 三相位信号系统的交通运行图

图 7-1-17 信号控制示意图

交通信号控制的基本参数有三个：周期长、绿信比和相位差。

1. 周期长

周期长是绿灯信号显示两次之间（一周期）所需要的时间，即红、绿、黄灯显示时间之和。比如对于通常的两相控制信号（即具有两个交通信号相位的控制）来说，周期长如图7-1-16所示。信号相位简称相。它表示在信号化交叉口给予车辆与行人通行权的程序。东西通，南北停止，这是一相；南北通行，东西停止，是另一相，如图7-1-17（*a*）所示，所以叫两相控制。这是最常用的控制方式。另外还有三相、四相直到八相的控制方式，如图7-1-18、7-1-19所示。前者包括*A*、*B*、*C*、*D*四个相位控制。*A*相位：

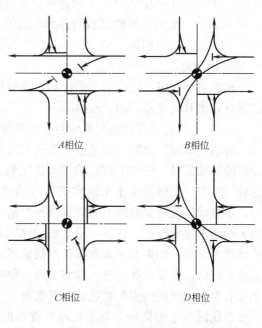

*A*相位   *B*相位

*C*相位   *D*相位

图 7-1-18 四相信号

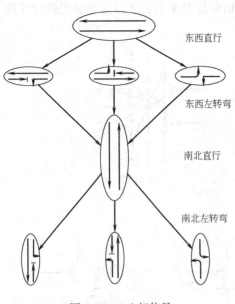

图 7-1-19　八相信号

东西直行；B 相位：东西左转弯；C 相位：南北直行；D 相位：南北左转弯。后者包括东西直行，东西左转弯（东直行及其左转弯，西直行及其左转弯）；南北直行，南北左转弯（南直行及其左转弯和北直行及其左转弯）等八个相位。不过应该注意，信号相位越多，交通虽安全，但在一个周期内分到每个相位可通行的时间就越少，交叉口的通行能力则越低。若延长相位的时间，则周期太长，车辆排队会很长，一般周期以小于 120s 为宜。

2. 绿信比

绿信比即在一个周期内显示的绿灯时间与周期长之比，用百分比（％）表示。

根据美国得克萨斯交通研究所的研究，对于分道行驶的交叉口，可以通过下列公式来确定绿灯时间长短。

$$n_入 = \frac{T_绿 - D}{H} + 2 \tag{7-1-3}$$

式中

$n_入$——绿灯时间内从某个车道进入交叉口的车辆数；

D——车队中头两个车辆进入交叉口所需要的时间；

H——头两个车辆以后的各个车辆的平均车头时间间隔；

$T_绿$——绿灯时间（s）。

3. 相位差

相位差一般用于线控制或面控制，表示相邻两个交叉路口同一方向或同一相的绿灯起始时间之差，用 s 表示。

（三）采用自动控制的交通信号指挥系统，形成"绿波"交通组织

所谓"绿波"交通，就是在一系列交叉口上，安装一套具有一定周期的自动控制的联动信号，使主干道上的车流依次到达前方各交叉口时，均会遇上绿灯。这种"绿波"交通减少了车辆在交叉口的停歇，提高了平均行车速度和通行能力。不过采用此种交通组织的要求极为严格：交叉口的间距要大致相等，双向行驶车辆的车速要相近，或呈一定倍数的比例关系，才能保证双向车辆到达交叉口时都遇到绿灯。如果某一方向车速过快或过慢，就会提前或延迟到达交叉口，都会遇到红灯，要等候才能进入绿波交通。单向交通的道路组织"绿波"交通，由于没有对向交通的约束，就比较容易实现。

在我国城市的机动车与非机动车并行的三幅路中，机动车与非机动车的车速相差悬殊，转向时相互干扰很大，因而不易组织绿波交通。此外，对行人过

街也要严格管理，不能影响绿波的行车速度。其交通组织原理如图 7-1-20 所示。

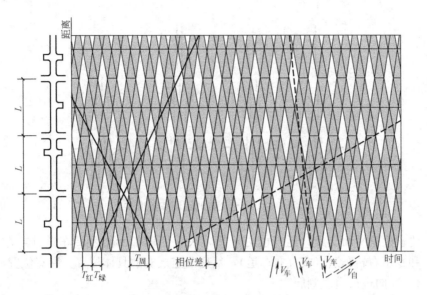

图 7-1-20　绿波交通组织原理

7.1.3.6　交叉口展宽

由于道路车辆到了交叉口，有一半以上的时间要分给横向车辆使用，只能用展宽交叉口进口道、增加车道数的方法，提高路口的通行能力，使它与路段的通行能力相匹配。其设计内容包括展宽位置的选择以及展宽长度的计算。

一、展宽交叉口的进口应考虑的因素

交叉口的交通量和分向比例，进口道允许的排队长度以及车辆所要求的每条车道的宽度。

通常交叉口的车速较路段的低，车道宽度可适当减小。

具体按交叉口所在位置、道路等级及交通组成而定。一般小汽车车道宽度采用 3m（在旧城道路交通改善时，最小用到 2.7m）。混入货运车和铰接车的车道及左、右转车道宽度可采用 3.5m，最小 3.25m。处理好左转交通，增加左转车道宽度可采用 3.5m，最小 3.25m。根据不同的车道条数可组织成各种车流走向的方案（图 7-1-21），以适应交叉口车辆通行和转向的要求。处理好左转交通，增加左转车道是交叉口规划设计的重点，但在我国有大量非机动车行驶的三幅路，在路口增加右转机动车道也是十分重要的。有些城市在机动车双向四车道的干路上，利用机动车道与非机动车道的分隔带辟作右转车道，解决了路口交通堵塞。相反，有的城市从高架路引出的下坡车道离交叉口太近，使下坡车辆到交叉口后，右转机动车受地面直行非机动车的阻挡无法驶出，造成排队车辆向后顶推到高架桥坡道上，严重时波及到高架路上的车辆，造成交通阻滞和拥堵。

二、展宽位置的选择

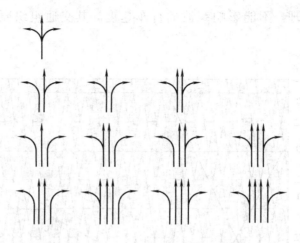

图 7-1-21　交叉口的不同车道形式

要求根据平面交叉口通行能力计算，决定应增加专用左转车道（或左直车道）和专用右转车道（或直右车道），然后确定展宽的具体位置。展宽位置如下：

（一）向进口道左侧展宽

1. 利用中央分隔带

利用交叉口的中央分隔带辟出一条左转车专用道（图 7-1-22a）。

2. 中线偏移，占用对向车道

将原有车行道中线向左侧偏移约 3.0m，以形成一条左转车专用道（图 7-1-22b）。

（二）向进口道右侧展宽

利用机动车道右侧的分隔带、人行道上的绿带，或拆迁部分房屋，增加一条车道（图 7-1-22c）。

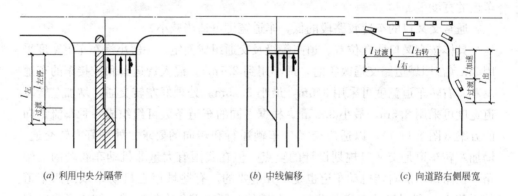

(a) 利用中央分隔带　　　　(b) 中线偏移　　　　(c) 向道路右侧展宽

图 7-1-22　交叉口处车道的拓宽

三、展宽车道的长度

（一）左转弯车道长度（图 7-1-22a）

为使最后一辆左转车能在左转车车列末端安全停车，左转车道长度应为停车车列长度与渐变段长度之和，其计算公式如下：

$$l_{左} = l_{左停} + \max\{l_{左减}, l_{过渡}\} \qquad (7\text{-}1\text{-}4)$$

式中

$l_{左}$——左转弯车道长度（m）；

$l_{左停}$——左转车停车车列长度（m），与车列中的车列长度及车身长度有关；

$l_{左减}$——左转车减速所需长度（m）；

$l_{过渡}$——过渡段长度（m），可采用横移一个车道所需时间 3s 计算；

$l_{左减}$ 与 $l_{过渡}$ 经计算比较，取其中的较大值作为渐变段长度依据。

（二）右转弯车道长度

展宽右转车道的长度，主要根据一个信号周期内红灯及黄灯时间所停候的车辆数决定，应使右转车能从停候的最后一辆直行车（或左直车）后面驶入展宽车道，以及满足右转车辆减速行程要求（取两值的和）。展宽长度如图 7-1-22（c）所示。

右转车道展宽长度按下列公式计算：

$$l_{右} = l_{直停} + l_{过渡} \qquad (7\text{-}1\text{-}5)$$

式中

$l_{右}$——右转弯车道展宽长度（m）；

$l_{加速}$——直行车停车车列长度（m）与车列中的车辆数及车身长度有关；

$l_{过渡}$——过渡段长度（m），可采用横移一个车道所需时间 3s 计算。

（三）出口道展宽长度

右转车辆转入相交干路以后，需要加速，伺机并入直行车道。为了不影响相交干路直行车流的正常行驶，要在出口道展宽一定的长度为加速车道长度（图 7-1-20c），计算公式如下：

$$l_{出} = l_{加速} + l_{过渡} \qquad (7\text{-}1\text{-}6)$$

式中

$l_{出}$——出口车道展宽长度（m）；

$l_{加速}$——车辆加速所需长度（m）；

$l_{过渡}$——过渡段长度（m），采用值同式（7-1-5）。

在道路规划中，往往缺乏详细的交通量，为了控制交叉口的红线和用地范围，可以采用如下规定：

当路段为单向三车道时，进口道至少四车道或更多；当路段为单向两车道或双向三车道时，进口道至少三车道或更多；当路段单向一车道时，进口道至少两车道或更多。

交叉口进口道展宽段的长度也可根据交叉口的交通量和在红灯时排队车列的长度而定。在缺乏交通量数据时，可以在交叉口进口道外侧缘石半径的端点向后展宽 50～80m。

交叉口出口道展宽段的宽度与进口道展宽段的宽度相同，长度则根据交通量和公共交通设站的需要而定。在缺乏交通量数据时，出口道展宽段的长度，是交叉口出口外侧缘石半径端点向前延伸 30～60m。当出口道设置港湾式公交站后，还有三条车道时，可不展宽。

为了展宽交叉口进出口道的宽度，必须在控制性详细规划和道路规划阶段控制好道路红线。在旧城改造中，交叉口往往是经商者特别看好的地方，以求得火红的生意，这样就更加重了交叉口的交通拥挤。国外常利用奖励的措施，向房地产开发商提出改善交叉口交通的要求。例如，要求开发商帮助建造通入楼层商场的人行天桥或步行平台，以允许开发商提高建筑容积率作为奖励。又如鼓励开发商在道路中段两侧建造大商场，背面建立与它相连的公共停车场（楼），路段设置港湾式错位的公共汽车站，其间用人行天桥或地道相连，方便顾客乘车往返。在市场竞争中，这些大商场的营业额和赢利明显超过交叉口附近的商店。随着交叉口商店的生意日趋清淡，业主也就向路段中间的商店转移，最后导致交叉口的房地产价格下跌，这时政府可收购这些交叉口附近的房地产，作为展宽交叉口进出口道用，或在交叉口红线以外建造街头绿地和小游园，既改善了城市交通，又增添了城市景观。

7.1.3.7　人行横道的规划设计

交叉口也是大量行人穿过街道的地方，为使行人安全地横过道路，一般需要设置护栏、安全岛（避车岛）、人行横道等。

一、人行横道规划设计的原则

（1）应尽可能与行人的流向一致，尽量与道路中心线垂直。过于迂回会使行人在设置的人行横道以外横过街道，使人行横道不起作用，影响交通安全及道路通行能力。

（2）人行横道要在驾驶员容易看清楚的位置，长度宜小于15m。在双向机动车道达到或超过六车道的道路上，应在道路中间设置行人安全岛。安全岛的端部应有醒目的标志。设置在道路中央的行人安全岛占一条车道宽，长约5～8m不等，视过街行人的数量而定。岛四周围以铁栏杆，开两个错位缺口，连接两侧的人行横道（图7-1-23），既可防止冒失的行人忽视道路交通情况急穿而过，又为驶离交叉口的左转车辆进入横向道路在人行横道线前等候行人通过时，不致挡住交叉口内的直行车辆，这对疏导交叉口的交通十分有利。

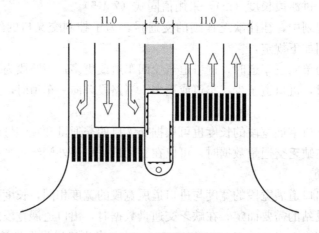

图 7-1-23　人行横道实例

（3）人行横道的宽度与过路行人数量及绿灯时长有关，应结合每个平面交叉路口的实际情况设置，宽度变化过多也不好。通常，在干道相互交叉时最小 4m，支路相互交叉时最小 2m，结合需要以 1m 为单位增加宽度。

二、人行横道的设计

为减少行人的绕行距离，人行横道应尽量靠近人行道的延长线；但对于信号灯控制的交叉口，当纵向道路为绿灯，而横向道路为红灯，需要横过道路的行人要在人行道转角处等候绿灯时通行，占用了一定的人行道面积（图 7-1-24）；

平面交叉口附近的人行道上有护栏、电杆及其他附属设施等。人行道的有效部分不一定直接与人行

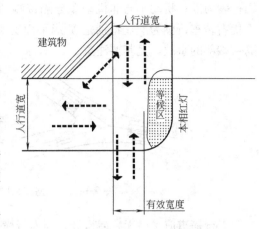

图 7-1-24 行人等候占道情况示意

横道相接。所以通常情况下，把人行横道自平面交叉口附近的人行道延长线后退 3～4m（图 7-1-25）。在路缘石转弯半径较小时，可以在路缘石转弯起点处设置人行横道。

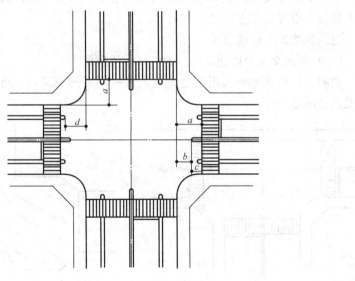

图 7-1-25 分隔带端部设计

在右转车与横过道路的行人容易干扰的平面交叉路口上，由于右转车等候前方横道线上行人通过而停留在车行道上，妨碍后面直行车的前进。为了不降低整个平面交叉路口的功能，可以采用图 7-1-25 所示的处理手法，为右转车设置一条专用车道。同时，可以保证为过街行人提供等候过街站立面积及安全避车地点；也为在平面交叉路口转角处为行人设置专用信号、标志、照明、雨水口等设施提供地点；此外，还给行人过街增加了安全感和组织秩序的作用。

　　为增加人行横道的安全性，宜将人行横道设在道路行车分隔带端部后1~2m的位置处。中央分隔带端部（图7-1-25的*b*、*c*部分）的设计以不干扰左转弯车辆行驶为准；机动车与非机动车分隔带端部（图7-1-25的*d*部分）的设计以不干扰右转车行驶为准，特别是Y形平面交叉口处，容易发生右转车驶上机非分隔带端部的事故，尤其要注意。

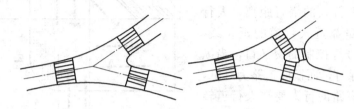

图7-1-26　Y型交叉口人行横道布置

　　人行横道应考虑无障碍设计，与人行横道相交的路缘石要降低顶面标高，使残疾人车及儿童手推车能平顺通行。

　　三、Y形平面交叉口

　　Y形平面交叉口的人行横道可按图7-1-26所示的式样布置。

　　四、T形平面交叉口

　　T形平面交叉口的人行横道的布置通常如图7-1-27所示，但根据交通量、行人数量，也可以考虑省去*A*或*B*。

　　五、其他的人行横道

　　（一）平面交叉口内随意穿行的人行横道布置

　　如图7-1-28所示，适用于过街行人量特别多的交叉口。行人过街时，机动车道上全部是红灯。

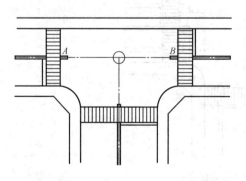

图7-1-27　T形交叉口人行横道布置

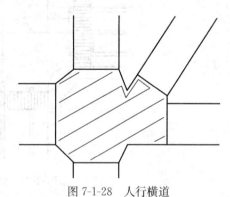

图7-1-28　人行横道

　　（二）行人横过道路的指导线

　　人行横道若不用斑马线表示，也可用两条白线表示。因其与斑马纹标线相比，辨认性低，所以，只用于施工时的临时性人行横道或行人很少的道路上。城市干路的平面交叉路口都应当使用正规的斑马纹标线表示人行横道。应注意斑马线表示行人有优先权，指导线表示车辆有优先权。国外在一些穿越小城市的道路上，常将斑马线划在道路隆起的部分，使车辆减速，确保行人安全。

（三）地下人行横道和过街人行天桥（图 7-1-29）

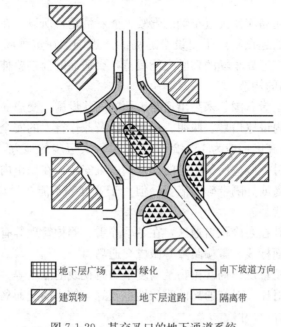

　地下层广场　　绿化　　　向下坡道方向

　建筑物　　　　地下层道路　隔离带

图 7-1-29　某交叉口的地下通道系统

7.1.3.8　交通岛的规划设计

一、交通岛的种类

为渠化设的"岛"，根据其功能，分类如下：

（1）为指示和规定右、左转交通方向设置的岛，谓导向岛。

（2）为把同向或对向交通（主要是直行交通流）分开而设置的岛，谓分隔岛。

（3）为行人提供躲避车辆的场所而设置的岛，谓安全岛或避车岛。

实际设置的岛多数兼有上述全部或两种功能。

二、交通岛的设计

（一）交通岛接近端的设计

交通岛应能使驾驶人清楚地看到其存在，以便能选择正确的行驶路线。

为不致对驾驶人员进行错误的诱导，必须特别注意交通岛接近端的设计。在端部设导向标柱灯或反光标志。在其前面根据计算行车车速在必要区间内用路面标线、震颤路障等表示出接近的标志（图 7-1-30）。接近标线的长度 L（m），根据岛端半径 R（m）与计算行车速度 V（km/h）按下式计算：

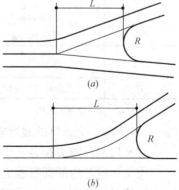

图 7-1-30　交通岛接近标志长度

平分时
$$L = \frac{1}{3} V \cdot R \qquad\qquad (7\text{-}1\text{-}7)$$

169

一侧偏移时
$$L=\frac{2}{3}V \cdot R \qquad (7\text{-}1\text{-}8)$$

上述这种交通岛应使驶近车辆的驾驶人能看清楚，所以，在凸型竖曲线的顶点，又为平曲线的起点附近不要设交通岛的接近端。在这种场合，一定要设置时，为能使接近交通岛车辆的驾驶人能看清，交通岛的前端要伸长。

（二）交通岛的构造

交通岛一般是缘石围起来高出道路表面的岛状设施。交通岛最好有确定的形式（尤其是在岛内设置信号、照明、标志等以及兼作行人的安全岛时，更应采用缘石结构）。缘石高度一般为15～25cm，但供行人迈步的地方，路缘石应做平。交通岛顶端与车道外侧应保留一定的宽度，以策安全。在城市内用地受限制的平面交叉口，尽管岛或分隔带确实需要，但由于宽度等不能按设计的尺寸建造时，应该用路面标线代替。

在郊区，尤其在寒冷积雪地区，在冬季除雪、养护管理等有问题时，不用缘石围砌也可用路面标线、震颤路障等做成交通岛。

交通岛多栽植草皮、匍匐植物及高度不妨碍视线的灌木等。这些绿色植物与路面形成鲜明的对比，对交通岛的辨认性也较好。较小的交通岛可以不绿化。

（三）交通岛的尺寸

为引起驾驶人的注意，交通岛应有足够的尺寸。岛太小不仅给人带来麻烦，在雨夜还会有被汽车撞上的危险。

结合其形状，交通岛的最小尺寸推荐值见表7-1-6、图7-1-31。

交通岛及分隔带各部的最小尺寸（m）　　　　　　　　　表7-1-6

分类		城市	郊区
a	W	1.0	1.5
	L	3.0	5.0
	R	0.3	0.5
b	W	1.5	2.0
	L	4.0	5.0
	R	0.5	0.5
	面积（米²）	5.0	7.0
c	W	$(D+1.0)$	$(D+1.5)$
	L	5.0	5.0
d	无渐弯段分隔带宽度 W	1.0	1.5

表中：D—交通设施的宽度

7.1.3.9　交叉口的通行能力

交叉口通行能力指各进口道在单位时间内通过车辆数之和。

交叉口进口道的通行能力，由于受到交叉口各种条件的限制而小于路段通行能力。信号灯管制的路口通行能力，与进口道车流所得到的绿灯时间有关。在主次干路相交的交叉口，为提高主干路通行能力，可以增加主干路的绿灯信号比例，以牺牲次路（或支路）绿信比为代价。提高整个交叉口通行能力的方法是增加交叉口进出口道的车道数，在空间上弥补时间上的损失，以减少绿灯需求。

目前不少交叉口上存在的问题是左转、直行、右转车辆合用一个车道，以致

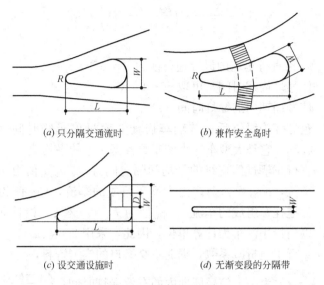

(a) 只分隔交通流时　　　　　　(b) 兼作安全岛时

(c) 设交通设施时　　　　　　(d) 无渐变段的分隔带

图 7-1-31　导流岛的要素

不同流向的车辆相互干扰，严重影响交叉口处的通行能力。例如，对于左转与直行合用的车道，如果队列中的左转车受对向连续直行车阻拦在交叉口内，就会使后续直行车在绿灯期间原地等待，绿灯利用率降低，通行量随之锐减。对于右转与直行合用的车道，也有因前车减速右转，而影响后续直行车畅通的干扰。在快速干道上，还会引起追尾撞车事故。针对上述情况，可以增辟左转车道，使不能穿越对向直行车流空档的左转车辆在左转专用车道上等待（有些城市用信号控制技术，出现左转绿箭头灯显示，给予通过）。增辟右转车道也有利于提高直行车道的通行能力。

信号灯管制十字形交叉口的设计通行能力计算：

我国目前计算交叉口通行能力的方法有：停止线法和冲突点法两种。停止线法以交叉口的停止线作为基准断面，无论左转、直行或右转，只要在有效绿灯时间内过了停车线，即认为已通过了交叉口。从饱和通行能力经过修正得到设计通行能力。该断面上各方向行驶车道的一小时最大通过量，即为各车道的设计通行能力。断面进口道设计通行能力，等于停止线断面各车道设计能力之和。整个十字路口设计通行能力应为四个进口道设计通行能力之和。而冲突点法则认为：车辆要通过了交叉口内的冲突点，才算通过交叉口，其余的计算方法两者有点相似。但由于我国较早引进和普及使用了停止线法，并在《城市道路设计规范》（CJJ 37—90）中也采用停止线法，所以，都以用停止线法为主。但在改造交叉口交通时，用冲突点法可以分析得更深入仔细。

停止线断面各机动车车道计算设计通行能力采用的基本公式、参数等分述如下（尚未考虑非机动车和行人的干扰）：

一、直行车道的设计通行能力

（一）直行车设计通行能力

直行车设计通行能力计算公式如下：

$$N_直 = \frac{3600}{T_周} \cdot \left(\frac{t_绿 - t_首}{t_间隔} + 1 \right) \cdot \alpha_直 \qquad (7\text{-}1\text{-}9)$$

式中

　　$N_直$——一条直行车道的设计通行能力（pcu/h）。

　　$T_周$——信号灯周期时间，可取 60～90（s）。

　　$t_绿$——信号周期内的绿灯时间（s）。

　　$t_首$——色灯变为绿灯后，首辆车启动并通过停车线时间（s），可采用 2.3s。它是大型车、小型车数各据一半的平均值。

　　$t_间隔$——直行车辆过停止线的平均间隔时间（s）。$t_间隔$值由小汽车组成的车流，$t_间隔$为 2.5s。由大型车组成的车流，$t_间隔$值为 3.5s。全部为拖挂车组成的车流，$t_间隔$值为 7.5s。交叉口设计通行能力一般以当量小汽车为计算单位，因此，采用 2.5s。

　　$\alpha_直$——直行车道折减系数，据北京交叉口的实测资料，建议采用 0.9。

上式中，$t_绿 - t_首$ 为一个信号周期内的有效绿灯时间。$\frac{t_绿 - t_首}{t_间隔}$ 为绿灯时间内连续车流通过停止线的时间间隔数。$\frac{t_绿 - t_首}{t_间隔} + 1$ 为绿灯时间通过的车辆数。其再乘以每小时周期数 $\frac{3600}{T_周}$ 与折减系数 $\alpha_直$，为车道的通行能力。

（二）直右车道设计通行能力

直右车道设计通行能力计算公式如下：

$$N_{直右} = N_直 \qquad (7\text{-}1\text{-}10)$$

式中

　　$N_{直右}$——一条直右车道的设计通行能力（pcu/h）。

根据观测，当右转车辆与其他行驶方向的车辆混行时，由于右转车辆通过停止线的间隔时间与直行车的间隔时间大致相等，因此，直右车道的设计通行能力按直行车道的公式计算。

（三）左直车道设计通行能力

左直车道设计通行能力计算公式如下：

$$N_{左直} = N_直(1 - P_{左直}/2) \qquad (7\text{-}1\text{-}11)$$

式中

　　$N_{左直}$——一条左直车道的设计通行能力（pcu/h）；

　　$P_{左直}$——左直车道中左转车所占比例。

（四）左直右车道设计通行能力

左直右车道设计通行能力计算公式如下：

$$N_{左直右} = N_{左直} \qquad (7\text{-}1\text{-}12)$$

式中

　　$N_{左直右}$——一条左直右车道的设计通行能力（pcu/h）。

在左直或左直右车道中各种不同方向的车辆混行，左转车驶入交叉口一般需减速，影响后面的车正常通过交叉口。经实际观测，在左转车后面的车辆通过停止线的间隔时间往往大于直行车平均间隔时间，通过一辆左转车相当于通过 1.5 辆直行车。在一般情况下，一辆左转车只影响后面一辆直行车或右转车。因此在计算左直或左直右混行车道通行能力时，应按左转车混入比例折减，折减系数为 $(1-P_{左直}/2)$。

二、进口道设有专用左转与专用右转车道的设计通行能力

进口道设有专用左转车道和专用右转车道时的设计通行能力计算方法，应按照本面车辆左、右转比例计算。先计算本面进口道的设计通行能力，再计算专用左转车道及专用右转车道的设计通行能力，计算公式如下：

（一）进口道设计通行能力

进口道设计通行能力计算公式如下：

$$N_{面左右}=\sum N_{直}/(1-P_{左}-P_{右}) \qquad (7\text{-}1\text{-}13)$$

式中

$\quad N_{面左右}$——设有专用左转车道与专用右转车道时，本面进口道的设计通行能力（辆/h）；

$\quad \sum N_{直}$——本面直行车道的总设计通行能力（pcu/h）；

$\quad P_{左}$——左转车占本面进口道车辆的比例；

$\quad P_{右}$——右转车占本面进口道车辆的比例。

（二）专用左转车道设计通行能力

专用左转车道设计通行能力计算公式如下：

$$N_{左}=N_{面左右}\cdot P_{左} \qquad (7\text{-}1\text{-}14)$$

式中

$\quad N_{左}$——专用左转车道的设计通行能力（pcu/h）。

（三）专用右转车道的设计通行能力

专用右转车道的设计通行能力计算公式如下：

$$N_{右}=N_{面左右}\cdot P_{右} \qquad (7\text{-}1\text{-}15)$$

式中

$\quad N_{右}$——专用右转车道的设计通行能力（pcu/h）。

三、进口道设有专用左转车道而未设专用右转车道时，专用左转车道的设计通行能力

按本面左转车辆比例 $P_{左}$ 计算，如下式：

$$N_{面左}=\sum N_{直右}/(1-P_{左}) \qquad (7\text{-}1\text{-}16)$$

式中

$\quad N_{面左}$——设有专用左转车道时，本面进口道的设计通行能力（pcu/h）；

$\quad \sum N_{直右}$——本面直行车道及直右车道的设计通行能力之和（pcu/h）。

$$N_{左}=N_{面左}\cdot P_{左} \qquad (7\text{-}1\text{-}17)$$

四、进口道设有专用右转车道而未设专用左转车道时，专用右转车道的设计通行能力

此时可按本面右转车辆比例 $P_{右}$ 计算：

$$N_{面右} = \sum N_{左直} / (1 - P_右) \tag{7-1-18}$$

式中

$N_{面右}$——设有专用右转车道时，本面进口道的设计通行能力（pcu/h）；

$\sum N_{左直}$——本面直行车道及直左车道的设计通行能力之和（pcu/h）。

$$N_右 = N_{面右} \cdot P_右 \tag{7-1-19}$$

五、在一个信号周期内，对面到达的左转车超过 3～4 辆时，应折减本面各种直行车道（包括直行、左直、直右及左直右等车道）的设计通行能力。

绿灯启亮后，对面专用左转车道的左转车或在混行车道中排在前面的左转车，由于离冲突点较近，每个信号周期可抢先通过 1～2 辆，而不影响本面直行车的通行。黄灯期间尚可通过绿灯时驶入交叉口等候通过的对面左转车 3～4 辆。交叉口较大时，容纳停候车辆较多，可采用 4 辆；较小时采用 3 辆。

当对面左转车每一周期超过 3～4 辆时，对本面进口道设计通过能力的折减按下式计算：

当 $N_{左面} > N'_{左面}$ 时，

$$N'_面 = N_面 - n_直(N_{左面} - N'_{左面}) \tag{7-1-20}$$

式中

$N'_面$——折减后本面进口道的设计通行能力（pcu/h）。

$N_面$——本面进口道的设计通行能力（pcu/h）。

$n_直$——本面各种直行车道数。

$N_{左面}$——本面进口道左转车道的设计通行能力（pcu/h）。

$$N_{左面} = N_面 \cdot P_左 。$$

$N'_{左面}$——不必折减本面各种直行车道设计通行能力的对面左转车数（辆/h）。当交叉口较小时，每个周期内可通过 3 辆，一个小时可以通过 $3n$ 辆（n 为每小时信号周期数）。交叉口较大时，每个周期内可通过 4 辆，一个小时可以通过 $4n$ 辆。

非机动车和行人在交叉口范围内对于机动车通行能力的干扰和折减，通常是对结合具体车道分别乘上折减系数进行折减的。

六、平面交叉口规划通行能力（推荐值）见表 7-1-7 所示。

平面交叉口规划通行能力（千 pcu/h）　　　　表 7-1-7

相交道路的等级	交叉口的形式			
	T 字型		十字型	
	无信号灯管理	有信号灯管理	无信号灯管理	有信号灯管理
主干路与主干路	—	3.3～3.7	—	4.4～5.0
主干路与次干路	—	2.8～3.3	—	3.5～4.4
次干路与次干路	1.9～2.2	2.2～2.7	2.5～2.8	2.8～3.4
次干路与支路	1.5～1.7	1.7～2.2	1.7～2.0	2.0～2.6
支路与支路	0.8～1.0	—	1.0～1.0	—

注：① 表中相交道路的进口道车道数：主干路 3～4 条，次干路 2～3 条，支路为 2 条；

　　② 通行能力按当量小汽车计算。

【例 7-1-1】 计算图 7-1-32 所示十字交叉口的设计通行能力。假设每个信号周期长为 120s，绿灯时间 57s，黄灯时间为 3s，左、右转弯车各占的面 15%。$T_{首} = 2.3s$，$t_{间隔} = 2.5s$，$\alpha_{直} = 0.9$。

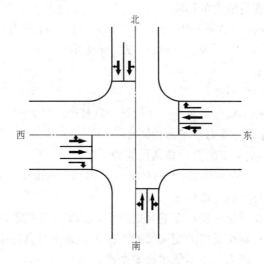

图 7-1-32 计算实例

【解】 已知条件：$t_{绿} = 55s$，$t_1 = 2.3s$，$t_{间隔} = 2.5s$，$P_{左} = P_{右} = 15\%$

（一）计算北面设计通行能力

$$N_{直右} = N_{直} = \frac{3600}{T_{周}} \alpha_{直} \left(\frac{t_{绿} - t_{首}}{t_{间隔}} + 1 \right) = \frac{3600}{120} \times 0.9 \times \left(\frac{55 - 2.3}{2.5} + 1 \right) = 618 \text{ (pcu/h)}$$

$$N_{左直} = N_{直}(1 - P_{左直}/2)$$

$$P_{左直} = P_{左}/50\% = 15 \div 50 = 0.3$$

$$\therefore \qquad N_{左直} = 618 \times (1 - 0.3 \div 2) = 525 \text{ (pcu/h)}$$

$$N_{面} = N_{直右} + N_{左直} = 618 + 525 = 1143 \text{ (pcu/h)}$$

检验左转车对通行能力的影响

$$N_{左面} = N_{面} \times P_{左} = 1143 \times 15\% = 171 \text{ (pcu/h)}$$

$$N'_{左面} = 4n = 4 \times \left(\frac{3600}{120} \right) = 120 \text{ (pcu/h)}$$

$$\because N_{左面} > N'_{左面}$$

∴本面通行能力应折减：

$$N'_{面} = N_{面} - n_{直}(N_{左面} - N'_{左面}) = 1143 - 2(171 - 120) = 1041 \text{ (pcu/h)}$$

（二）南面通行能力与北面相同

（三）计算东面的通行能力

$$N_{直} = \frac{3600}{T_{周}} \left(\frac{57 - 2.3}{2.5} + 1 \right) \times 0.9 = 618 \text{ (pcu/h)}$$

$$N_{左直} = N_{直}(1 - P_{左直}/2)$$

$$P_{左直} = \frac{P_{左}}{(1 - P_{右})} = \frac{15\%}{\frac{(1 - 15\%)}{2}} = 0.353$$

$$N_{左直} = 618\left(1 - \frac{0.353}{2}\right) = 509 \ (\text{pcu/h})$$

$$N_{面右} = \sum N_{直左} / (1 - P_{右}) = (618 + 509) \div (1 - 15\%) = 1326(\text{pcu/h})$$

检验左转车对通行能力的影响

$$N_{左面} = N_{面} \cdot P_{左} = 1326 \times 15\% = 199 \ (\text{pcu/h})$$

$$N'_{左面} = 4n = 120 \ (\text{pcu/h})$$

$$\because N_{左面} > N'_{左面}$$

$\therefore$ 本面通行能力应折减：

$$N'_{面} = N_{面} - n_{直}(N_{左面} - N'_{左面}) = 1326 - 2(199 - 120) = 1168 \ (\text{pcu/h})$$

（四）西面设计通行能力与东面相同

（五）该十字形交叉口的设计总通行能力$\sum N$

$$\sum N = 1041 \times 2 + 1168 \times 2 = 4418 \ (\text{pcu/h})$$

7.1.3.10　自行车的交通组织

前面几部分主要讨论了机动车的交通组织，其实在三幅断面的道路上非机动车（主要是自行车）对交叉口的交通影响也很大，如不对自行车进行管理，就不能提高交叉口的通行能力，也不能提高安全性。

当采用专门的自行车道路系统时，自行车与机动车相交的交叉口，交通组织较为简单，交通量小时可采用平交，交通量大时可采用立交。

由于我国没有专门的自行车道路系统，交叉口的自行车交通组织较复杂。目前国内自行车在交叉口的放行办法有两种：一种是当自行车交通量很少时，只对机动车实行管理，自行车则伺机通过。这种方式不利于保证交叉口的交通安全；另一种是当自行车交通量很大时，对交叉口的机动车、非机动车一律实行管理。

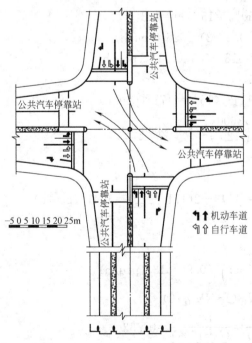

由于自行车停驶和起步比机动车灵活，因而在交叉口停止线前候驶时，最容易形成并列挤停于机动车的前面，对机动车的影响很大。为此，应像对机动车道那样对自行车道进行规划管理，使机动车和非机动依次通过交叉口。

交叉口自行车道的布置主要有四种方式：

一、机动车与非机动车并列布置

将机动车候驶区与非机动车候驶区分开并列布置，而右转的机动车道和非机动车道合并设置在最右侧，如图 7-1-33 所示，左转（或直行）的机动车和自行车同时通过交叉口。这种布置方式的优点是：直

图 7-1-33　机非合道并置道路最右侧

行的机动车与左转停候的自行车之间互不干扰，但左转自行车的行程过长，易被直行车拦在交叉口内。如果按"先左转后直行"的原则组织交通，上述问题可以解决。右转机动车穿过左转和直行自行车时，若双方车辆都很多，车流交织会产生较多干扰。这种状况还发生在自行车少摩托车多的城市里，将上述的非机动专用候驶车道在交叉口进口道改为摩托车专用车道，由于双方的车速都较快，所以，车流交织干扰较紧张。

二、非机动车停在机动车之前

将自行车候驶区布置在机动车候驶区之前，同时在不妨碍交叉口横向机动车行驶的前提下，应尽量使自行车候驶区接近交叉口，右转的机动车道和非机动车道仍合并设置在最右侧。此种布置方式，利用自行车起动快的特点，抢在机动车之前进入、通过交叉口。但是机动车与自行车干扰较多，当自行车流量或机动车流量较大时，这种方式不宜采用。

三、自行车在交叉口内绕行

骑车人在交叉口内指定的范围内推自行车绕行。图 7-1-34 为自行车道停止线设在交叉口内，自行车进入交叉口内 B_1 处等候绿灯，左转自行车在 B_2 处第二次等候绿灯。自行车横过道路时可以与行人合用人行横道，也可以有专用通道。这种方式适合于自行车流量不大的场合。若在自行车横道时允许双向推行，则自行车只要等候一次绿灯就能通过交叉口。图 7-1-35 为在交叉口内铺设自行车区和行人停候区，自行车和行人一起进入交叉口内的交通岛等候绿灯横穿，左转自行车需要第二次等候绿灯（若自行车在交叉口范围内可以双向推行，只要等一次绿灯）。该方法的最大好处是缩小了交叉口内冲突点的分布范围，减少了所有交通者的通过时间，换灯间隔清扫路口时间最短，相位损失最少。但设置多相位信号灯时，务必使各相位进入交叉口左转或直行的车道数与出口道的车道数相匹配。

上述两种方法使自行车与行人一起在 B_1 处等候，绿灯亮时，右转机动车驶

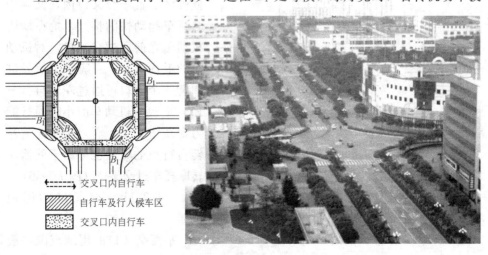

交叉口内自行车

自行车及行人候车区

交叉口内自行车

图 7-1-34　小流量路口自行车通过方式

图 7-1-35　交通岛内设等候区

到横向道路时，密集的自行车和行人群已大部分通过冲突点，因而减少了右转机动车、自行车和行人的干扰及冲突。另外当自行车的交通量较大时需要展宽交叉口转角的非机动车道，为自行车的停候提供足够的面积。

四、左转非机动车二次过交叉口

左转非机动车停在机动车之前，交叉口进口道的机动车按左转、直行、右转分列于多条车道内，非机动车道设置在最右侧，也按左直右分列候驶。当绿灯放行时，左转自行车直行至横向道路进口道机动车候驶区的前方，并在交叉口范围内专为左转自行车设置的候驶区内左转停住，等候横向道路绿灯开放后直行驶出交叉口。这种布置方式，将左转候驶区前置于交叉口内，又利用自行车起动快的特点，抢在横向机动车之前通过交叉口，对机动车的干扰很少，一般一个信号灯周期一个进口可通过左转自行车 10～20 辆，机动车的小时通行能力则高达 10000 辆。这种处治左转自行车的做法也可用于处治左转摩托车过交叉口（图 7-1-36）。

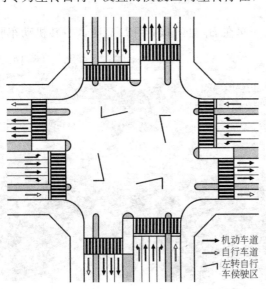

机动车道
自行车道
左转自行车候驶区

图 7-1-36　左转自行车二次过交叉口

7.1.3.11　交叉口的用地范围

平面交叉口的用地范围一般从停止线开始计算，如无停止线也可从转角路缘石起点开始计算。

也有从人行横道（或人行过街天桥水平投影）的最外边线开始计算的，几种计算方法结果相差不大。平面交叉口的用地面积见表 7-1-8。

平面交叉口规划用地面积（万 m²） 表 7-1-8

城市人口（万人）　　相交道路等级	T字形交叉口			十字形交叉口		
	>200	50~200	<50	>200	50~200	<50
主干路与主干路	0.60	0.50	0.45	0.80	0.65	0.60
主干路与次干路	0.50	0.40	0.35	0.65	0.55	0.50
次干路与次干路	0.40	0.30	0.25	0.55	0.45	0.40
次干路与支路	0.33	0.27	0.22	0.45	0.35	0.30
支路与支路	0.20	0.16	0.12	0.27	0.22	0.17

7.1.3.12　平面交叉口竖向规划

一、平面交叉口竖向规划的任务与原则

平面交叉口竖向规划的主要任务是：合理地确定不同纵坡的相交道路在交叉口范围内的相交形状及其相应部分的设计标高，统一解决行车平顺、排水流畅和建筑景观三方面在立面上的关系。

平面交叉口竖向规划主要决定于相交道路的等级和当地的地形条件。规划中首先应注意主要道路上的行车方便。其次，在不影响主要道路行车方便的前提下，也可以改动主要道路的纵横坡，方便次要道路的行车。

平面交叉口竖向规划的处理原则是：

（1）主要道路通过交叉口时，设计纵坡保持不变。

（2）同等级道路相交时，两相交道路的纵坡保持不变，而改变它们的横坡，使横坡与相交道路的纵坡一致。

（3）主要道路与次要道路相交时，主要道路的纵横断面均保持不变，次要道路的纵坡应随主要道路的横坡而变。横坡应随主要道路的纵坡而变，次要道路的双向倾斜的横断面，应逐渐过渡到与主要道路的纵坡一致的单向倾斜的横断面，以保证主要道路行车方便。

（4）为了保证交叉口排水，竖向规划时至少应将一条道路的纵坡离开交叉口。如遇特殊地形——交叉口处于盆地处，所有纵坡均向着交叉口时，必须考虑设置地下排水管道和进水井。

二、平面交叉口竖向规划的方法

平面交叉口竖向规划设计方法，可采用高程箭头法和设计等高线法。

高程箭头法　根据竖向规划的原则和要求，确定出交叉口各主要部位的设计标高，并标注于交叉口图上，用箭头表示排水方向。这种方法简便，易于修改，但比较粗略，仅适宜交叉口初步规划时使用。

设计等高线法　即用等高线来表示交叉口各部位的设计高程及排水方向。这种方法在平面交叉口规划设计中应用较多。

绘制路段及交叉口的设计等高线，首先必须根据道路脊线和控制标高，按需要的设计等高线间距计算路段和交叉口各部位两相邻等高线之间的水平距离。据此，便可以绘制出路段和交叉口的设计等高线图。

　　确定道路脊线时，既要考虑行车平顺，也要考虑整个交叉口均衡美观。路脊线通常为对向车辆行驶轨迹的分界线，也就是车行道路的中心线。

　　交叉口的控制标高，除根据相交道路的纵坡要求外，也要结合交叉口四周地形和建筑物的关系作综合的考虑。

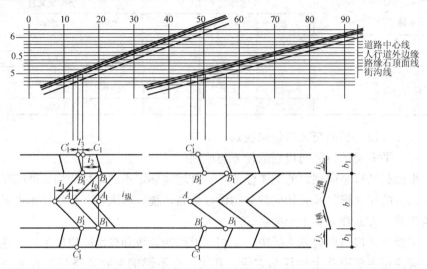

图 7-1-37　路段上设计等高线的绘制

（一）路段设计等高线的绘制

　　道路的纵坡、横断面形式以及路拱横坡确定后，可按所需要的设计等高线间距，计算出车行道、街沟及人行道的设计等高线间的水平距离。图 7-1-37 即为直线形路拱的路段各部位设计等高线的水平距离计算及所绘制的设计等高线。计算公式如下：

　　对于路脊线

$$l = \frac{B i_{\text{横}}}{2 i_{\text{纵}}} \qquad\qquad (7\text{-}1\text{-}21)$$

　　对于街沟

$$l_1 = \frac{h}{i_{\text{纵}}} \qquad\qquad (7\text{-}1\text{-}22)$$

　　对于缘石

$$l_2 = \frac{h_1}{i_{\text{纵}}} \qquad\qquad (7\text{-}1\text{-}23)$$

　　对于人行道

$$l_3 = \frac{b i_{\text{人}}}{i_{\text{纵}}} \qquad\qquad (7\text{-}1\text{-}24)$$

式中

　　l——车行道上同一等高线与两侧街沟交点的连线到路脊线上该等高线顶点的水平距离；

　　l_1——路脊线或街沟处相邻等高线之间的水平距离；

　　l_2——同一等高线在街沟边到缘石顶面的水平距离；

　　l_3——同一等高线与缘石顶面和人行道外边缘的交点，沿道路纵向的水平距离；

　　h——设计等高线间距；

　　h_1——缘石高度；

$i_纵$——车行道、人行道和街沟的纵向坡度；

$i_横$——车行道路拱横坡度；

$i_人$——人行道横坡度；

B——车行道宽度；

b——每侧的人行道宽度。

根据上述计算便可绘制路段的设计等高线。首先绘制道路平面的中线、缘石线和人行道边缘线。然后，根据控制点标高和设计等高线间距在中线上找一相应点 A，由 A 点顺道路上坡方向量距离 $AA_1=l$，过 A_1 点作道路中线的垂直线与两侧缘石线相交于 B_1 点，连接 AB_1 即可为车行道上的设计等高线。再经过 B_1 点在缘石线上沿道路下坡方向量距离 $B_1B_1'=l_2$，再经过 B_1' 点作缘石线的垂直线与人行道外缘线相交于 C_1 点，由 C_1 点在人行道外边缘线上沿道路下坡方向量距离 $C_1C_1'=l_3$。由此，便可绘出同一等高线在车行道、缘石和人行道上的位置，即为：$C_1'B_1'B_1AB_1'C_1'$。

（二）交叉口设计等高线的绘制

交叉口上的设计等高线的计算和绘制方法与路段相同。但在交叉口范围内为便于行车和排水，则需要调整和相交道路的纵、横坡，而且路缘石线又是曲线，还要考虑人行道上到人行横道的无障碍交通的要求，因而不能直接采用路段上绘制设计等高线的办法，故借助于标高计算线网。标高计算线网是竖向规划中计算交叉口范围内各点标高的一种辅助线。根据相交道路的设计纵、横坡度和交叉口控制标高，便可以计算出辅助线上各相应点的设计标高，然后将各高程相同的点连接，便得到交叉口的设计等高线。

交叉口标高计算线网一般有以下三种形式：

1. 圆心法（图 7-1-38）

在相交道路的脊线上根据需要，每隔一定距离（或等分）定出若干点，把这些点分别与相应的缘石曲线的圆心连成直线（只画至缘石处即可），这样，便可形成以路脊为分水线，以路脊交点为控制中心的标高计算线网。

2. 等分法（图 7-1-39）

将交叉口范围内的路脊线分为若干等分，然后将相应的缘石曲线也等分成相同的份数，按顺序连接各等分点，即得交叉口的标高计算线网。

3. 平行线法（图 7-1-40）

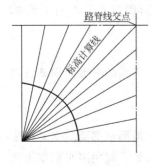

图 7-1-38　圆心法

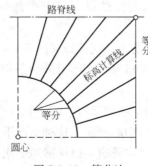

图 7-1-39　等分法

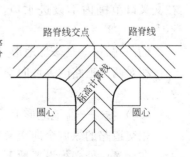

图 7-1-40　平行线法

先把路脊线交点与转角圆心连成直线，然后根据需要把路脊线分成若干点，通过各点作平行线交于缘石曲线，即得交叉口标高计算线网。

上述交叉口标高计算线网的三种形式，一般多采用圆心法。当交叉口用地面积较大时，也可以用方格法来计算各方格的标高。

此外，在竖向规划时，还要计算交叉口的土方填挖数量。

三、十字平面路口竖向规划的基本形式

相交道路的纵坡方向是影响交叉口竖向规划的主要因素。相交道路的横断面形状和纵坡的方向不同，则交叉口的竖向规划形式也不同。十字平面交叉口竖向规划有六种基本形式（图7-1-38）。

（一）坡——斜坡地形上的十字交叉口（图7-1-41a）

相邻两条道路的纵坡倾向交叉口，而另外两条相邻道路的纵坡由交叉口向外倾斜。交叉口位于坡地形上时便形成此种形式。竖向规划时，相交道路的纵坡均保持不变，而将纵坡倾向于交叉口的两条道路的横坡在进入交叉口前逐渐向相交道路的纵坡方向倾斜，在交叉口形成一个单向倾斜的斜面。

（二）谷——谷线地形上的十字交叉口（图7-1-41b）

三条道路的纵坡向交叉口中心倾斜，而另一条道路的纵坡由交叉口向外倾斜。交叉口相交道路中，有一条处于谷线上时，就可形成这种形式。在这种交叉口与谷线相交的道路进入交叉口前，在纵断面上产生转折，形成过街横沟，对行车极为不利，应尽量使纵坡转折点离交叉口远些，并在那里插入竖曲线。

（三）脊——脊线地形上的十字交叉口（图7-1-41c）

三条道路的纵坡由交叉口向外倾，而另一条道路的纵坡则向交叉口倾斜。交叉口相交道路中有一条道路位于地形分水线上，便形成这种形式。在交叉口竖向规划时，应将纵坡倾向交叉口的道路路拱脊线在交叉口分成三个方向，使主要道路的纵横坡都保持不变，仅调整次要道路接近交叉口部位的横坡即可。为了避免地面水流过人行横道和交叉口影响人行和车行交通，应在纵坡倾向交叉口的道路上的人行横道上侧设置进水口。

（四）背——屋脊地形上的十字交叉口（图7-1-41d）

相交道路的纵坡全由交叉口中心向外倾斜。此种交叉口的竖向规划最容易，仅需要调整接近交叉口部位的一条道路的横坡，便可使交叉口上的坡度做成与相交道路的坡度相同。在这种情况下，地面水可直接排入交叉口四个路角的街沟，在交叉口范围内不设进水口，人行横道上只有少部分面积过水，对行人影响不大。

（五）鞍——马鞍形地形上的十字交叉口（图7-1-41e）

相对两条道路的纵坡向交叉口倾斜，而另外两条相对道路的纵坡由交叉口向外倾斜。

（六）盆——盆地地形上的十字交叉口（图7-1-41f）

相交道路的纵坡全向交叉口中心倾斜。这种情况下，地面水都流向交叉口集中，在交叉口处必须设置地下排水管道，以排泄地面水。为了避免雨水聚积于交叉口中心，还需要改变相交道路的纵坡，抬高交叉口中心的标高，并在交叉口四

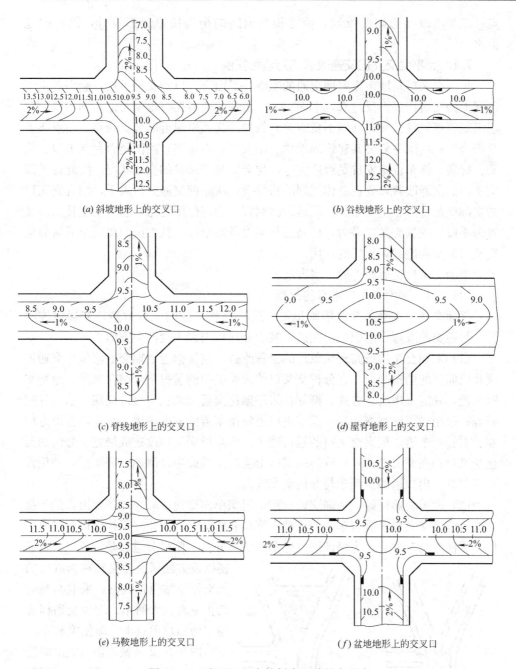

(a) 斜坡地形上的交叉口   (b) 谷线地形上的交叉口

(c) 脊线地形上的交叉口   (d) 屋脊地形上的交叉口

(e) 马鞍地形上的交叉口   (f) 盆地地形上的交叉口

图 7-1-41 交叉口竖向规划有六种基本形式

个角的低洼处设进水口。此种形式对行车、排水都不利，应尽量避免，应设法有一条主要道路的纵坡向交叉口外倾斜为宜，可采用将主要道路的纵坡转折点设在远离交叉口的地方。

对于十字形交叉口，上述六种基本形式中，坡、谷最常见，脊也多见，背、鞍、盆三中形式不常见。还有一种特殊形式，即相交道路的纵坡都为零。对于这种特殊形式的交叉口有两种处理办法：一是将交叉口中心的设计标高稍微提高一点；二是不改变道路的纵坡，而将相交道路的街沟按锯齿形设计，以排除地面水。

7.1.4 平面交叉口交通改善的方法和实例

平面交叉口是城市道路网交通的咽喉。平面交叉口的交通不畅，会引起主干路网上的交通拥挤；反过来，平面交叉口出现的交通拥挤也常与道路网布局、交通组织管理欠佳及交通环境不良有关。例如：交叉口附近的公交线路、站点布置是否合理；周围主要公共建筑的性质、出入口是否得当；路网是否存在卡口、堵头、蜂腰；停车设施安排是否适宜等，均会影响交叉口的交通状况。因此，平面交叉口的交通改善，要在总体规划的指导下，从路网交通分析入手，结合交叉口的实际交通特点、主要矛盾，因地因路制宜，合理使用道路，利用工程技术以及管理手段，挖掘交叉口潜力，提高通行能力及安全性。其中组织单向交通对简化交叉口的交通能起到很好的作用。

平面交叉口交通改善的主要方法：

7.1.4.1 平面交叉口本身的改造

平面交叉口本身的改造措施包括：道路现状条件的工程改造；交通设施改善、加强交通管理、组织单向交通，减少外环境因素干扰两个方面。

（1）平面交叉口道路现状条件的工程改造，应根据近远期交通流量、交通组成及流向分配的预测值，在分析交叉口的交通组织的前提下，结合地形、地物实际可能，确定采用改造方式。例如：采用渠化交通或调整信号灯周期、信号灯配时等；采用局部展宽交叉口，缩窄进口道每条车道的宽度来增加车道，布设专用左、右转弯车道，提高交叉口的通行能力；将环形交叉口改建成展宽、分向的渠化交叉口；在交叉口信号灯管制的基础上通过工程改造，增加分流车道，并用设施将其进、出口道的机动车与非机动车隔离。

（2）改善交通设施、加强交通管理、组织单向交通、减少外环境因素的干扰方法：解决交叉口人流与车流、机动车流与非机动车流的相互干扰而设置必要护栏，或使人与车立交；为保证进口道车辆顺利分岔、侧移分道行驶，或出口道通畅以及方便居民公交转乘而进行的公交停靠站位置调整；采取必要的禁止左转、大回车，增加交通标志与实施路口单点半自动化控制等。

图 7-1-42 是城市出口处的畸型交叉口，货运车多，高峰时间堵车严重。通过简单的工程改造，将原有道路保留，在交叉口两端各建一条 100m 长的道路，并将交叉口中间的道路封住，形成一个像中心环岛被压扁了的环形交叉口，使车辆绕着环岛单向行驶，将冲突的车流变成交织车流，大大改善了交通条

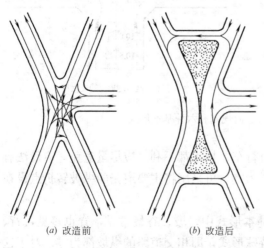

(a) 改造前　　　　　(b) 改造后

图 7-1-42　某畸形路口交通改善措施

件，交叉口立刻就很畅通。这种做法，对于方格道路网中有斜拉的对外公路所形成的斜交路口的改造十分有效。

国外某类似的交叉口采用了同样的改造方法，所不同的是在压扁的环岛中间增加两条道路，类似于将一个环岛变为三个环岛（图7-1-43）。这种改建方法需要注意的是，必须要保证足够的交织段长度。

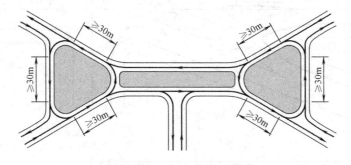

图 7-1-43　国外某交叉口改造

图7-1-44是一对错位丁字路口的交通改善方法。通过展宽错位丁字路口的中间段、增加车道数、合理分配流向及采用联动信号等措施，较经济地解决了交通阻塞的问题。

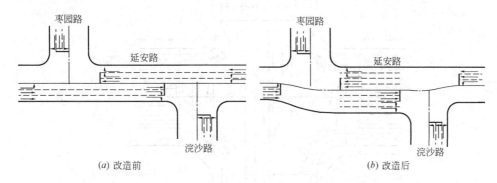

图 7-1-44　某丁字路口交通改措施

图7-1-45是五条路相交的平面交叉口，增加三个交通岛后，车流冲突点从50个变成17个，大大改善了交叉口的交通条件，提高了通行能力，减少了交通事故。三个交通岛设置的位置恰当，保证了主要道路（横向道路）交通畅通。

图7-1-7是利用护栏将自行车右转引出交叉口，在横向道路候驶排队的机动车之后横过道路，从而使交叉口变为纯机动车通行，简化了交叉口交通组织。实践结果，有许多自行车提前在道路的横向小路、街巷转弯离去。证实了在道路网中机动车与非机动车分流的可能性。

图7-1-46是城市自行车交通很多，在交叉口内利用"八"字形分隔设施，将自行车引离交叉口中心区，使其变成机动车通行区，大大减少了机动车与自行车的冲突；并且冲突点分布较集中，自行车候驶区宽度大，车辆起动快，过街距离短，横过道路的时间短，对机动车的干扰减少，提高了双方的通行能力。

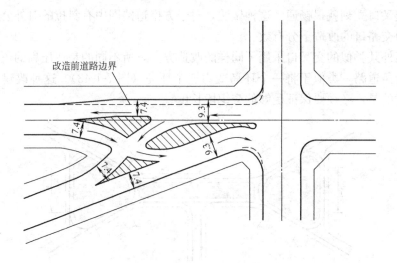

图 7-1-45　某交叉口的交通改善

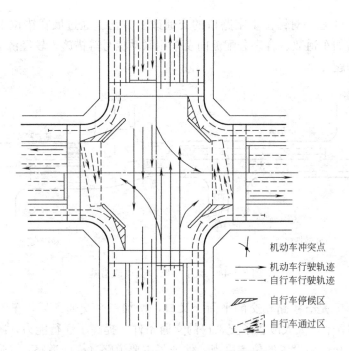

机动车冲突点
机动车行驶轨迹
自行车行驶轨迹
自行车停候区
自行车通过区

图 7-1-46　某交叉口的交通改善措施

　　图 7-1-47（a）为一个五路相交的畸形交叉口。交叉口面积大，车流行驶轨迹不稳定，冲突点多，交叉口的通行能力也很低。设计人员提出了改善方案。一是增加绿岛，将交叉口变为环形交叉口（图 7-1-47b）❶；二是将五路交叉口变为一个十字交叉口和一个 T 形交叉口（图 7-1-47c），也提高了通过能力，多出来的用地还可做成一个停车场。

❶　环形交叉口内容见本章 7.2 部分

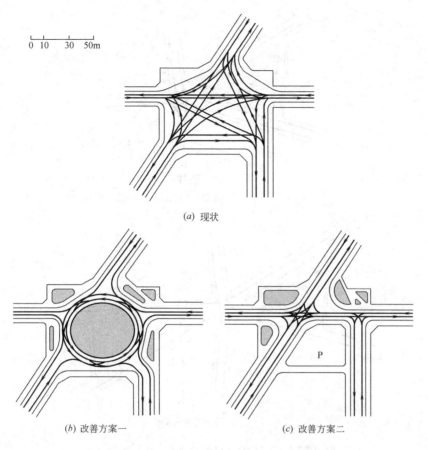

(a) 现状

(b) 改善方案一　　　　　　　　(c) 改善方案二

图 7-1-47　某五路交叉口的交通改善措施

图 7-1-48 原为畸形六岔交叉口，交通混乱，通行能力低。后来部分改为单向交通，使交叉口交通部分得到改善（图 7-1-48a），但交叉口上空无轨电车的架空线，在正负触线绝缘段的布置上仍极其繁乱。后来，将该交叉口改为单向交通（图 7-1-48b），禁止左转的四岔交叉口，使交通事故明显减少，通行能力大为提高，交叉口交通状况显著改善。

图 7-1-49 显示原来十字交叉口改为单向交通后，交叉口车流流向和交通组织情况。图 7-1-50 显示两对单向交通的道路交叉口的交通简化情况。单向交通还可使绿波交通更易实施。

（3）应该指出：单向交通在 20 世纪二三十年代，由于汽车发展，在欧美许多城市已开始实施，到 20 世纪 50 年代苏联也开始推广组织单向交通。旧城区内街道狭窄、路网密度很大，为组织单向交通提供了有利条件。实践证明，实行单向交通的总体效果可以概括为：①排除车辆迎面相撞的可能，大量减少了交叉口的冲突点，提高了交通安全。②改善了道路上车辆对车道的使用特点，尤其是对奇数车道的道路，可减少交叉口延误时间，提高道路通行能力和车辆的行驶速度。据实例分析：单向交通可提高车速 10%～20%，减少交通事故 20%～50%。③单向交通可使路网上组织绿波交通更容易实施。

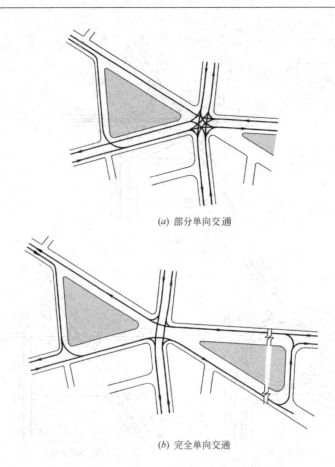

(a) 部分单向交通

(b) 完全单向交通

图 7-1-48　某交叉口的交通改善措施案例

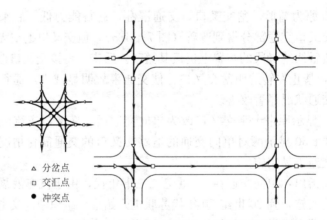

△ 分岔点
□ 交汇点
● 冲突点

图 7-1-49　单向交通将交叉口的交通简化

如图 7-1-49 表示双向交通的十字交叉口改为单向交通以后，可使交叉口的复杂程度大为改善。

又如图 7-1-50 表示组织单向交通后，可排除交叉口上的车流交叉和冲突点，利于路网中丁字路口和十字路口交通的改善，减少黄灯时间和红灯时间，提高交

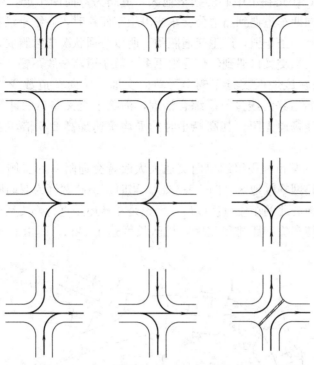

图 7-1-50　单向交通在交叉口的组织形式

叉口的通行效率。

当然，实行单向交通后，会使部分车辆的行程增加，市民找不到公交站点。所以，单向交通配对的道路间距以 200m 以内为佳，最多不要超过 350m。

7.1.4.2　从路网布局改善着眼，调整交叉口的交通流量流向

当旧城道路系统改建、展宽困难时，也可通过调整、改变交通路线，封闭与干路平交的过多、过密支路和街坊路，以及定时限制某种车辆通行和组织单向交通等方法，来减少交叉口上的车流阻塞。

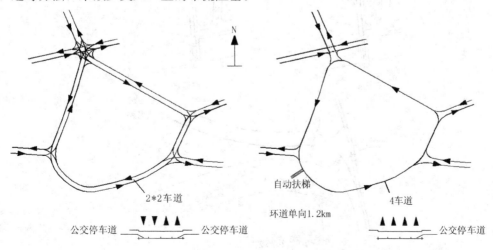

图 7-1-51　某交叉口的交通改善措施

又如图 7-1-51 是在市中心的繁华地区，道路为双向四车道，客货运车辆交通繁忙。若单向两车道遇到路边公交车或出租车停靠时，后续车辆就得停住或由两条车道合并到一条车道，产生交通瓶颈。所以交通状况非常脆弱，以致稍有干扰交通就受阻，到交叉口遇到红灯受阻更多，整条道路全线不畅，车辆经常排队 1～2km。后来在该地区实行车辆全天单向交通，单向车道数变为四车道，对 1.2km 长的环行道路沿线进行了综合治理，消除了交叉路口的冲突点，简化了行车条件，全线畅通无阻。其高峰小时的平均车速提高 2.5 倍，通行能力提高了 50%。

图 7-1-52 为某市利用组织单向交通大大改善交通阻塞的实例。该交叉口地处城市中心道路网蜂腰地区（图 7-1-52a）。当时，道路宽度为双向四车道，桥面为三车道，由南向北的车流过河以后，无论是左转还是直行都要经过许多交叉口红灯的阻挡，使车头间距排得很密，排队长度达 1.2km。而由北向南的车流是

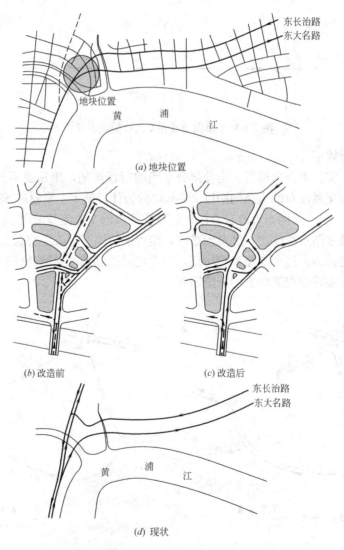

(a) 地块位置

(b) 改造前

(c) 改造后

(d) 现状

图 7-1-52 某市组织道路单向交通流向图

向桥头汇集的，不仅车道数减少，车辆爬坡自身要减速，增大车流密度，并且还遇到了一系列密集的、左转和直行交叉的车流，使整个地区的车辆交通被相互扣死（图 7-1-52b）。该地区道路改为单向交通行驶后，减少了大量交叉口内的冲突点，使车流明显顺畅，交通阻塞现象消除，车速提高。在道路改单向行驶后，车道数增加，在交叉口遇红灯的排队车辆可以数行同时驶出，缩短了红灯时间，也提高了道路通行能力（图 7-1-52c）。以后，又在其附近建了一条五车道宽的桥梁，与它配对（图 7-1-52d），变成南北向各为四车道的通道，解决了该蜂腰地区的交通问题。

我国许多大中城市，如上海、重庆、大连、青岛等，在 20 世纪 70 年代以后陆续通过采用上述类似的单向交通措施，均取得了显著的效果。

7.2 环形交叉口

7.2.1 概述

7.2.1.1 环形交叉口的交通特点

环形交叉口是在几条相交道路的平面交叉口中央设置一个半径较大的中心岛，使所有经过交叉口的直行和左转车辆都绕着中心岛作逆时针方向行驶，在其行驶过程中将车流的冲突点变为交织点（图 7-2-1）。由于车辆在同向行驶中通过交织或穿梭变换车道，比较安全，车速减少也不多，又不用警力和信号灯管理，车辆可以连续不断地通过环形交叉口。其平均延误时间短，车辆制动、停车候驶和起动减少，尾气污染和噪声也降低，中心岛又能绿化，增加市容景观。所以，在国内中小城市普通使用。但环形交叉口占地大，左转车绕行路程长，当非机动车和行人过多时，环形交叉口的交通组织会变得很复杂。

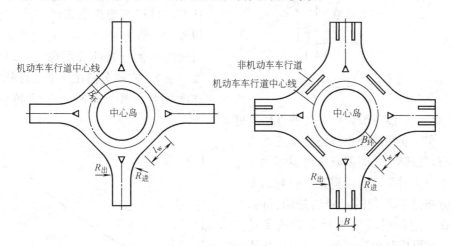

图 7-2-1 环形交叉口

7.2.1.2 环形交叉口的适用条件

进入环形交叉口环道的车辆间距，只有大到存在可穿越空档时，才能保证车辆可以交织或穿梭通过。若进入环道的车流过密，或两股稠密的长串车流在环道上相遇，后到的一串车流无法交织或穿梭而过，只能在环道上或环形交叉口进口道暂停等候。这就会影响整个环形交叉的通行，甚至造成环形交叉口堵塞。由于受信号灯管理的交叉口在绿灯时放出的车流常容易产生长串稠密的车流，所以在两个信号灯管理的交叉口之间建环形交叉口是不太适宜的。相反，有的城市在道路网中有许多环形交叉口（如梅州市），车流交织就很方便。

由此可知，环形交叉口适用于：

（1）车流量不大的城市主干路或次干路和支路上；

（2）左转弯车辆较多的交叉口利用环道交织，可使车辆有序、顺畅地通过；

（3）多条道路，尤其是奇数道路相交的交叉口，用信号灯管理难以配对，用环形交叉口有利于提高交叉口通行能力；

（4）有地形起伏的城市，为了避免车辆在交叉口前的坡道上制动和起动，利用环形交叉口可以连续不断地通行。

7.2.2 环道上车辆的交织

进入环形交叉口的车流能与驶出环形交叉口的车流在环道上交织，需要有这

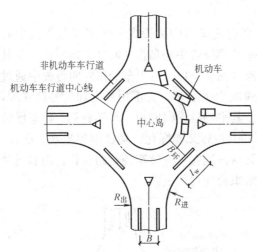

图 7-2-2 环道车流交织示意

样一个条件，即：驶出环道的前后两车之间的车头时距（$t_{距}$）要能够使进入环道的一辆车驶入前后两车之间，并驶入靠近中心岛的内侧车道（图 7-2-2）。通常这个车头时距大约为 3.6～4s，可以使进环和出环的两辆车在环道上互换一条车道，完成一次交织。若是铰接车或货运拖挂车相互交织，则需 6～7s。而摩托车、自行车交织所需的时间就少得多，一般为 2～2.5s。在这个交织时间内车辆行驶的长度称为交织长度（$l_{织}$）。它随车辆在环道上行驶的速度而异（图 7-2-3）。车速越快，

要求交织长度越长，中心岛的直径也越大。

车辆交织的理想状态是车流均匀分布，每辆车之间都具有可供车辆交织的车头时距。但在道路上行驶的车流分布是不均匀的，到达是随机的。若在一定的时段内统计车辆的到达数，它可以是离散型的，也可以是连续型的。在一定时间内到达某个数量车辆的概率分布，有泊松分布、二项分布、负二项分布、负指数分布、厄尔兰分布等。根据观测车辆到达的情

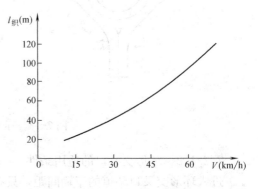

图 7-2-3 交织长度与车速的关系

况，可以通过数理统计方法求得车流中不同大小的可穿越空档出现的概率（这将在城市系统工程课程中详细讲解）。

7.2.3　环形交叉口的交织段长度

环形交叉口的交织段长度应大于、最少等于一个交织长度。交织段长度有两种取值方法。一是取环形交叉口进口道路的导向岛边至环形交叉口出口道路的导向岛边之间一段环道的长度为交织段长度（图 7-2-4a）；二是取环形交叉口两相邻进出口道路的机动车道边线延长线和环道中心线相交的两个交点之间的一段环道长度为交织段长度（图 7-2-4b）。

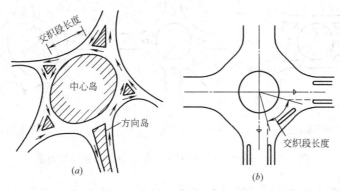

图 7-2-4　交织段长度

交织段长度（l）与环形交叉口中心岛的直径（D）、环交点相交道路的条数（N）和夹角（α）有关。

$$l=(D+B_{环})\pi/n-B \qquad (7\text{-}2\text{-}1)$$

或

$$l=(D+B_{环})\pi\alpha/360°-B \qquad (7\text{-}2\text{-}2)$$

式中

　　D——环形交叉口中心岛直径（m）；

　　$B_{环}$——环道宽度（m）；

　　B——环道进出口处导向岛的宽度，或相交道路进出口处机动车道的宽度（m）；

　　N——相交道路的条数；

　　α——相交道路的夹角。

当相交道路条数和夹角固定不变时，中心岛直径越大，交织段长度越长；反之，为了节约用地，将中心岛的直径设计得很小，交织段长度也很短。当中心岛直径固定不变时，相交道路的条数越多，交织段长度越短；相交道路间的夹角越小，交织段长度也越短。因此，就需要加大中心岛的直径，造成环形交叉口用地面积增加，左转车和直行车绕岛行程延长。所以，对于畸形的交叉口首先要调整相交道路进口的位置，力求各夹角基本相等，才能使交织段均匀；其次使相交道路的条数不超过六条。否则，交织段过短，必然成为环形交叉口的交通阻滞点。

7.2.4　环形交叉口的通行能力

环形交叉口的通行能力决定于各条环道的通行能力。从图 7-2-6 可以看出环

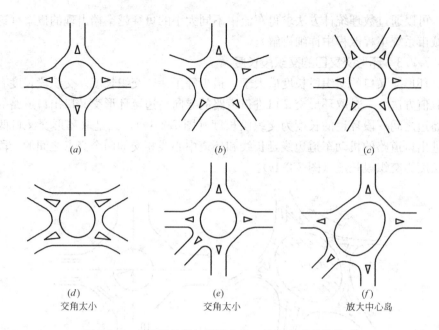

(a) (b) (c)

(d) (e) (f)
交角太小   交角太小   放大中心岛

图 7-2-5 交织段长度与道路交角、中心岛直径的关系

形交叉口内机动车的流线。环道上经过交织点 A 的车流由 a 路的左转车（$Q_{a左}$）、直行（$Q_{a直}$）和 c 路的左转车（$Q_{c左}$）、d 路的直行车（$Q_{d直}$）所组成。a 路与 b 路间环道上还有 c 路去 b 路的右转车，（它并不进入交织点 A）和 d 路去 c 路的左转车（$Q_{d左}$）（它穿过交织点 D 进入环道内侧行驶）。后者通过车数受交织点 D 的制约，在 a 路与 b 路间环道上也不参与交织点 A 的交织。所以通过一个环形交叉口的机动车流量（$Q_{环}$），由各条环道进入（或驶出）交织点的左转车（$Q_{i左}$）、直行车（$Q_{i直}$）及各条道路进入的右转车（$Q_{i右}$）之和所组成。

$$Q_{环} = \sum_{i=1}^{n} Q_{入环} = \sum_{i=1}^{n} Q_{i左} + \sum_{i=1}^{n} Q_{i直} + \sum_{i=1}^{n} Q_{i右} \qquad (7\text{-}2\text{-}3)$$

对于一个穿梭不断的交织点，其最大通行能力（$N_{织}$）为：

$$N_{织} = \frac{3600}{t_i} \ (\text{pcu/h}) \qquad (7\text{-}2\text{-}4)$$

式中

t_i——左转和直行机动车通过交织点的车头时距，正常行驶状态下，小型机动车为 3.6s；机动车高峰时为 3.1s；非机动车高峰时，机动车受干扰多，车头时距为 3.6~3.9s。

所以，在车辆正常行驶状态下，一个交织点的通行能力（$N_{织}$）为 900~1100 辆/h，若环道上驶入和驶出的车数各占一半，则在 N 条道路相交的环形交叉口上总共可驶入环道穿过交织点的车数（$N_{织总入}$）：

$$N_{织总入} = \sum_{i=1}^{n} N_{织入} = \sum_{i=1}^{n} (3600/2)/t_i \ (\text{pcu/h}) \qquad (7\text{-}2\text{-}5)$$

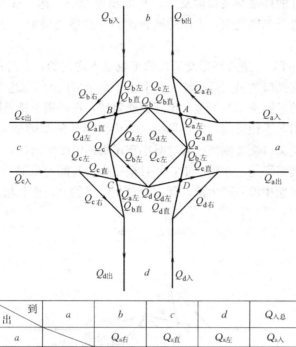

图 7-2-6　环形车道流量图

对于四条道路相交的环形交叉口，总共可驶入环道穿过交织点的车数为 1800～2200 辆/h。若环道上交织段比较长，车辆进环道交织点不止一个点，则其通行能力可相应提高。

若环形交叉口的车流中右转车占总量的比例为 P，则该环形交叉口的总通行能力（$N_{环}$）为：

$$N_{环}=\frac{N_{织总入}}{1-P}\cdot K=\frac{n\times 1800\cdot K}{t_{i}(1-P)}\ (\text{pcu/h}) \tag{7-2-6}$$

式中

P——右转车辆占总车流量的百分比，通常为 15%～20%；

K——环道上车流分布不均匀，对通行能力的折减系数，通常用 0.85～0.9。

根据实测和验算，在我国大、中城市采用的环形交叉口，圆形中心岛直径为 30～50m，环道为 18～20m，相交道路为四条正交，机动车与非机动车混行。在正常行驶状态下，其推荐的规划设计通行能力如表 7-2-1 所示。

环形交叉口规划设计通行能力　　　　　　　　　表 7-2-1

机动车车行道通行能力（千 puc/h）	2.6	2.3	2.0	1.6	1.2	0.8	0.4
同时通过的自行车数（千 puc/h）	1	4	7	11	15	18	21

当规划设计的环形交叉口的交织段长度超过 30m、达 60m 时，交织段上可以有几处同时进行车辆交织，表内的通行能力允许适当增加，可乘上 $1\sim1.2$ 的增加系数。

从图 7-2-7 可知，进入环形交叉口的车流是不均匀的，有时进入的总车流量并未超过环形交叉口的最大通行能力。但由于某个方向的车流量特别大，会造成某个交织段上的车辆来不及通过，出现交通阻塞，在环道上排长队，将其后的交织段也堵塞，引起连锁反应，使环形交叉口内要出环的车辆全部卡死在环道内，造成整个环形交叉口交通瘫痪。若这时小车司机还继续向前挤，试图寻求一点空档勉强驶出，其结果是堵塞更严重，并且很难在短时间内疏解开。为此，在交织段的交通阻塞问题还没有产生前，就应该对交织点的交通饱和状况作检验。

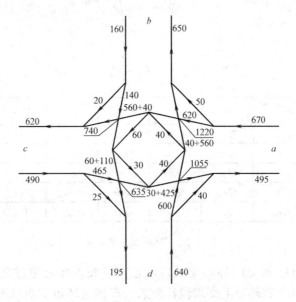

出 \ 到	a	b	c	d	$Q_入$
a		50	560	60	670
b	30		20	110	160
c	425	40		25	490
d	40	560	40		640
$Q_出$	495	650	620	195	1960

图 7-2-7 环道车流量

已知经过交织点 A 的车流（$Q_{A织}$）是进环的左转车（$Q_{a左}$）、直行车（$Q_{a直}$）和出环的左转车（$Q_{c左}$）、直行车（$Q_{d直}$），由 a 路进环道的总车流（$Q_{a入}$）为左转车（$Q_{a左}$）、直行车（$Q_{a直}$）和右转车（$Q_{a右}$），若在环道上测得由 a 路到 b 路的右转车流量（$Q_{a右}$），则可以很快求得交织点 A 的车流量（$Q_{A织}$）：

$$Q_{A织} = Q_{a入} + Q_{b出} - 2Q_{a右}$$

由此可知，检验通过某个交织点的车数，只需将相邻两路口的总驶入量加总驶出量减去两倍其间的右转量即可。这个方法对于多条道路相交的环形交叉口也都适用。若交织段较长，车辆交织分散在几个交织点上，则交织段的通行能力可达 1500pcu/h。

当交织点 A 的通行能力（$N_{A织}$）大于通过交织点 A 的车流量（$Q_{A织}$）时，交织点 A 不会产生交通阻塞；当 $N_{A织} \leqslant Q_{A织}$ 时，则交织点 A 必然产生交通阻塞，甚至连锁到后面一个交织点 D。通常当 $Q_{A织}/N_{A织} \geqslant 0.8$ 时，就需要考虑对该交叉口采取各种改善措施的预案。

7.2.5 环形交叉口设计

7.2.5.1 环形交叉口的中心岛

在相交道路的夹角相近的环形交叉口上，一般中心岛采用圆形直径为 30～60m，交织段长度基本相同。若相交道路的角度差别很大，对应小夹角的交织段长度就偏短，难以满足车辆交织的要求，可以局部放大中心岛的半径，使中心岛的形状变为椭圆形、卵形，以加大交织段的长度。

中心岛的边缘不应做人行道，要避免有行人频繁穿过交织段上的车流，造成车辆急刹车，加大车流密度，使车辆难以交织，失去建造环形交叉口的原意。

中心岛可以绿化，以增加道路景观。但种植的高度应保证视线通透，保证环道上的停车视距不受阻挡。适当种植一些低矮的灌木或少量高株乔木，配置少量秀石或雕塑。中心岛不宜做成吸引大量游人出入的公园，否则应使行人从天桥或地道内出入。例如郑州的二七纪念塔、香港柴湾地铁站前的环形交叉口，行人均采用立体交叉的办法进出中心岛。

7.2.5.2 环道

一、环道的车道数

环道的车道数决定于其上交通组织的方式和车流量大小。一般右转机动车行驶在环道的外侧车道，进环和出环的交织车辆行驶在环道中间。在交织点上只有一车道的通行能力，绕岛的左转机动车行驶在环道内侧，紧靠中心岛的车道上。观测表明，当环道的车道数只有一车道时，所有交织机动车辆和右转机动车辆都挤在一条车道内，通行能力很低。当车道数由一车道变为两车道时，通行能力明显提高；但经过交织进环的机动车辆由于车道少，仍会挤入下一个交织段的交织点内行驶，有时右转车也会挤入交织点内行驶，占去一些交织点的通行时间。当车道数变为三车道时，各去向的机动车辆能各行其道，交织点上只有交织车辆行驶，通行能力又可提高不少。变为四条车道时，通行能力已增加得很少。变为四条以上车道时，对通行能力的增加已无意义（图 7-2-8）。因此，环道的车道数一般为三条车道并以四条为限。

二、环道上的机动车交通组织方式

若环道的交织段上机动车数量

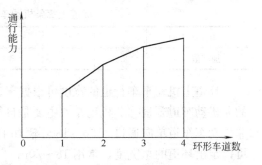

图 7-2-8 环道数量与通行能力关系

多，一个交织点通不过时，可设计较长的交织段，使车辆在交织段内有多处可以先后交织，这就要扩大环形交叉口的用地。但是在旧城，要扩大已有环形交叉口，往往用地受到制约，难以再延长交织段长度。这时，可以在环形交叉口进口处设置让路标志和车辆停止线，进环车辆先在停止线前自觉停车，按照"先出后进"的原则，等出环的机动车驶过导向岛后，进环 2~3 条车道上的候驶机动车可以同时行驶入环道，经过交织点后直行或左转。用这种交通组织的方法，在较短的交织段上就不是一个交织点的通行能力，而是两条车道同时交替穿梭不断地通过车辆，其通行能力可比原来的通行能力将近提高一倍。香港的一些环形交叉口就是这样组织交通的；其通行能力达 4600~5500pcu/h。厦门莲坂环形交叉口上加信号灯管理，使通过原交织点的车流股数更多，且多股左转和直行车流在信号灯的指挥下，可以双双连续交替通过，其通行能力已达 10000pcu/h。这种交通组织方法在国外（如布加勒斯特、雅加达）20 世纪 60~70 年代已有成功应用。这种做法对提高环形立体交叉口环道的通行能力也有参考作用。

环道上机动车的组织方式还应与车辆进环形交叉口前路段上的交通组织方式相呼应。国内有些城市在单向有三车道的主干路或快速路上采用环形交叉口，或环形立体交叉口，在车辆满流的三车道上，左转和直行的机动车占了两条多车道。当这些车辆进入环道参与交织时，交织段不胜负担，尤其在快速道路上车速快，环道交织段的长度没法满足车辆交织一次（3.6s 左右）所需的行驶长度。所以车辆在进入环形交叉口环道前都主动减慢车速，合并车道，希望能顺利交织进入环道。但实际情况是事与愿违，减速合并车道使车流密度显著加密。车流到交织段时，出环车辆已无法得到可穿越空档而出不来，或者进环车辆无法进行交织入环，就顺着右转车道行驶，不断变换车速，抢空档强行插入，结果所有后续车辆都无法正常行驶。冲击波的回波不断影响后续车辆，排成长队，而交织段也有随时被阻塞的可能。因此，在快速路和车道条数很多的主干路上不宜采用环形交叉口。

三、环道的宽度

环道上的机动车车道宽度视中心岛的半径大小对内侧车道进行加宽；同样，对环道进出口处外侧车道加宽值也要视进出口缘石转角半径值而定。交织车道上车辆基本上是按直线或大半径轨迹行驶，可不必加宽。

环道上机动车车道的加宽值可参考表 7-2-2 的数值。

环道上每条机动车车道的加宽值　　　　表 7-2-2

变道半径(m)	20	25	30	35	40	45	50
加宽值(m)	2.3	1.8	1.5	1.3	1.1	1.0	0.9

环道上机动车车行道的宽度可根据车道条数和加宽的车道加以确定。环道上的非机动车道要根据非机动车（主要是自行车）的流量确定宽度，可按每米宽的非机动车车道单向通过 1500~1800 辆/h 计，再加上离缘石的安全宽度。这样就可以定出环道的总宽度，常用 18~20m。

四、环道进出口的转角半径

　　环道进出口的转角半径决定于环道上的车速。为了保持环道上的车流密度，以利交织，勿使环道内外的车速变化太大。通常环道进口的转角半径接近或略小于中心岛的半径，而环道出口的转角半径略大于中心岛的半径，以贯彻"先出后进"的原则，保持环道畅通。

　　五、环道外侧缘石的形状

　　环道外侧缘石的形状，应符合右转车辆的行驶轨迹，从进环道到出环道，应是一条和顺的曲线，或在进出口两个转角半径之间加一直段，使右转车不进入环道的交织车道。国内目前建造的大量环形交叉口，外侧缘石的形状随中心岛的形状，做成同心圆，出现了反向曲线。实际上，车辆从来就不会驶入圆中灰色的部分（图 7-2-9）。从图 7-2-6 中可看出，在环道 da 段上，交织点 D 应该让 $Q_{b左}$、$Q_{c直}$ 和 $Q_{d左}$、$Q_{d直}$ 通过，而现在右转车 $Q_{d右}$ 为了行驶舒适，都进入了环道的 D 点内，占去了供进出环道左转和直行车辆交织的时间，降低了环形交叉口的通行能力。而图 7-2-9 中灰色部分花钱建的路面，不仅没有发挥正常的作用，相反成了停车场地

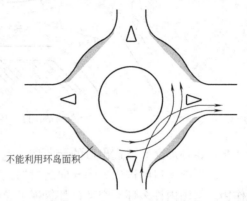

图 7-2-9　环道的外侧缘石形状

或小贩云集之地，干扰了环形交叉口的交通。若外侧缘石不做成同心圆，同样的路面面积可以得到较宽的环道宽度，且环道上的流线可以理得很顺。

　　六、环道的横断面

　　环道的横断面坡向与行车平稳和排水方向有关。通常路脊线设置在环道的中心线上，环道的进出口及绕岛行驶的车道，结合导向岛的布置，常设计成单面坡，以利于行车舒适（图 7-2-10）。向中心岛内侧汇集的雨水，通过雨水井排除。

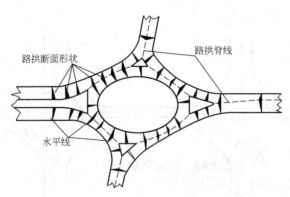

图 7-2-10　环道的路拱脊线

　　七、环道上车流的交织角

　　环道上车流的交织角是检验车辆行驶安全程度的。交织角是由绕岛车道距中心岛缘石线 1.5m 处与右转车道距外缘石线 1.5m 处连成的两条切线的夹角来衡

量的（图 7-2-11）。交织角的角度大，要求车头间隔时距长，当车流密集时，车辆难以交织，或者易发生碰撞事故。交织角小，同向行驶的车辆利用加速减速，容易产生一个车身长度的差距，利于变换车道，实现安全交织。交织角一般为 $20°\sim30°$，不大于 $40°$。通常一般环形交叉口设计都能满足交织角的要求，只有畸形环形交叉口要注意检验。

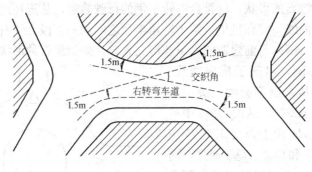

图 7-2-11　环道交织角

八、环形交叉口进出口的导向岛

环形交叉口的进出口的导向岛对保证交通安全、引导和组织车流有着重要的作用。但国内许多环形交叉口都忽视了导向岛的建造。

在环道进口处不设置导向岛，左转车辆经常会在环道上逆行（不逆时针绕岛行驶）左转，尤其晚上容易造成交通事故。环道进口没有导向岛，在一些城市还发生多起汽车驶入中心岛的事故。

环道进口处设置导向岛（图 7-2-12），可以引导车辆进入环道绕中心岛行驶，进行交织，规范行车轨迹。导向岛还可以沿着进口道的中心线向外延伸，分隔双向车流。导向岛还是过街人行横道中的安全岛。非机动车穿过路口中线处，避让机动车的安全停歇地，其路面可与机动车道齐平，但路面材料可以不同，以增强识别效果。

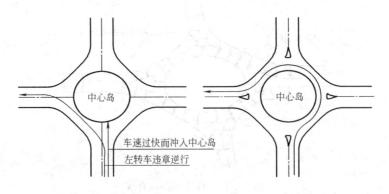

图 7-2-12　环道导向岛

九、环形交叉口内的人行道和人行横道

环形交叉口内的人行道应该设置在环道的外侧，有足够的宽度。穿过路口时，人行道与人行横道对接等宽。为避免冒失的行人直穿路口，不能顾及路口两个方向行驶的机动车，在人行横道中间应建安全岛。它可与路口的导向岛结合在一起。

中心岛的边缘不应建人行道，国内不少城市建了，并且在环道的中段设置了人行横道（图7-2-13），将大量行人引上了环道和中心岛，占去了交织点本来应该通行车辆的时间，降低了环形交叉口的通行能力。这种做法违背了设置环形交叉口的原意。

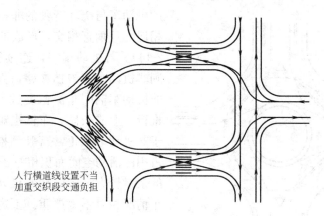

人行横道线设置不当
加重交织段交通负担

图7-2-13 环道内布置人行道的环形交叉口

十、环形交叉口的用地面积

在城市道路交通规划时，常需要预先控制用地，以便日后建造时避免不必要的拆迁。表7-2-3为建造平面环形交叉口提供了规划用地面积。

平面环形交叉口规划用地面积　　　　　　　　　　表7-2-3

相交道路等级	中心岛直径(m)	环道宽度(m)	用地面积(万 m²)
主干路与主干路	—	—	—
主干路与次干路	40～60	20～24	1.0～1.5
次干路与次干路	30～50	16～20	0.8～1.2
次干路与支路	30～40	14～18	0.6～0.9
支路与支路	25～35	12～15	0.5～0.7

7.2.5.3 环形交叉口上的非机动车

环形交叉口上的非机动车交通组织方式可分为几种：

一、与机动车在环道上混行

在三幅路横断面的道路上非机动车靠右侧进入环道，右转非机动车仍然靠右侧行驶，左转和直行非机动车就混入机动车流，穿过交织点。由于非机动车的速度在交织时一般小于12km/h，就迫使环道上机动车的速度也降低了。如果机动车和非机动车的数量都不大，相互交织时有足够的可穿越空档，在混行的车流中两种车辆的相对速度差只有2～3km/h，所以骑非机动车者并不紧张慌乱，行车也较安全。这方式适用于次干路、支路上。

二、与机动车在环道上分行

通常是用分隔带将环道分为两部分，内侧为机动车行驶，3 条车道，外侧为非机动车行驶，约 5~7m，视非机动车的数量而定。车辆交织在各自的环道内进行，所以在环道上交通秩序比混行的好，国内大多数城市都采用此法。有的城市环形交叉口先建成，环道较窄，就用护栏分隔，甚至在环道上用白漆划上 1~2 道与中心岛平行的同心圆圈，暗示非机动车应该在外圈环道内行驶。这种做法基本上都起到类似的效果。

非机动车与机动车在环道上分行的最大交通问题是在环道的出入口上，出环的机动车与绕环行驶的非机动车在出口相遇，且垂直相交，形成冲突点（图 7-2-14）。若机动车多，连续行驶出环道，则非机动车流被挡在路口停下，后续的非机动车辆因车流密度过大，陆续下车推行，形成长队，车辆也难以交织。由于非机动车从正常行驶到推行，每车所占用的活动空间面积相差 3~4 倍，压缩的余量较大，所以在非机动车环道上堵车情况相对不太严重。不过在非机动车高峰小时正常行驶的车流密度较大时，也会排出一二百米长的队伍。若绕岛的非机动车抢先过路口，且后续车辆多，占用路口的持续时间长，则出环的机动

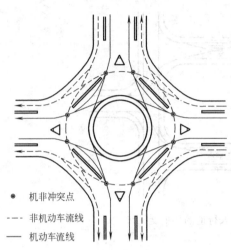

● 机非冲突点

--- 非机动车流线

—— 机动车流线

图 7-2-14　环道机非冲突点

车流被迫停在环道上。由于机动车的车身长，在环道上排不了几辆车，很快就将环道的交织点封死，使后续出环车出不了，只能继续排队，再封死下一个交织点；后续的进环车也进不了，从路口向后排队堵死了下一个路口进口道，同时，它又截断了绕岛行驶的非机动车流，使非机动车被拦截在路口导向岛的位置上。非机动车为了得到穿越机动车间的空隙，横过进口道，常排成一列横队，见空就穿，这时即使机动车可以行驶，其速度也只能是步行速度，其车流密度必然大到在交织点上无法与其他机动车正常交织，整个环形交叉口的进出口上交通混乱，阻塞严重。这种现象在我国许多城市普遍存在，例如广州大北立体交叉口的地面环道（今已改为信号灯管理）。由此可知，在机动车和非机动车的流量很大的交叉口采用这种形式的环形交叉口，由于在每一个进出口都有两个严重的冲突点，已经失去了环形交叉的意义和功能。佛山城门头、长沙的几个环形交叉口是将非机动车道下挖嵌入地下，使非机动车过路口时向下穿越过机动车，消除了二者的冲突点。实际上就是一个机动车与非机动车分层行驶的环形立体交叉口。

国内许多城市常将非机动车环形交叉口放在地面层，将机动车环形交叉口抬高 3.5m，取其非机动车净空高度低的特点，以节省造价。纯非机动车（主要是自行车）的环形交叉口，环道的交织段长度可比机动车的短，自行车交织一次约 2s，一般 20 多米长的交织段可以同时有几辆自行车进行交织。所以，中心岛的直径可以小些，套在机动车环形交叉口桥墩包围的用地范围内，同时还可以将人

行天桥也套在内，做到三者完全立体交叉，没有平面干扰（图 7-3-26）。

7.2.6 环形交叉口的改造

在城市中，由于道路交通量不断增加，原有的环形交叉口通行能力已经饱和，出现阻塞现象，可用下面几种办法来提高其通行能力。

7.2.6.1 在环道进口处加设让路标志和车辆停止线，组织车辆自觉地按"先出后进"的原则行驶（见 7.2.5.2 二）。

7.2.6.2 在环形交叉口上加装交通信号灯，强制执行分时进出环道，一般适用于四条相交的环形交叉口。车辆在环道上的行驶方法有两种。

一种是车辆仍然按逆时针方向绕岛行驶，环形交叉口的各组成部分都不改动，只在环道进口的导向岛右侧划上车辆停止线，按红、绿灯的灯色变化行驶，两两配对，通过交叉口（图 7-2-15）。也有将中心岛直径缩小，扩大进口道和环道，并将车辆停止线前移，以缩短车辆通过环形交叉口的时间。

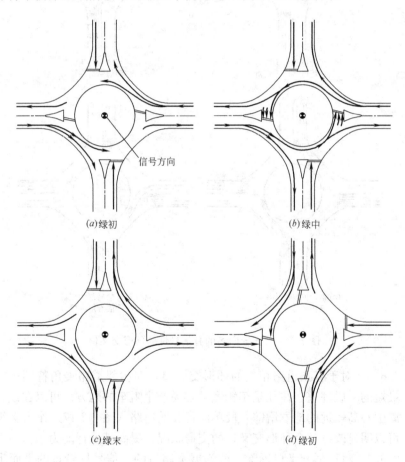

图 7-2-15　有导向岛的有信号灯的环形交叉口

另一种是保持中心岛不变（例如中心岛内有纪念性的雕塑或碑塔，必须保留），而将导向岛拆除，展宽路口。在车辆停止线前增加多条左转和直行车道（多时各有三条车道），当左转信号灯亮时，左转车流两两成对由中心岛左侧环道左转；当左转车队尾行至环道中段时，开放直行信号灯，直行车流两两成对由中心岛右侧经环道直行（图7-2-16）。这样，既充分发挥了环道宽、车道多的作用，又利用左转车和直行车行驶的时间差，充分发挥了可通行的时间，提高交叉口的通行能力。这种做法在国外用的较多，如墨西哥城。但只见用于纯机动车的环形交叉口，在我国使用时还须慎重研究。

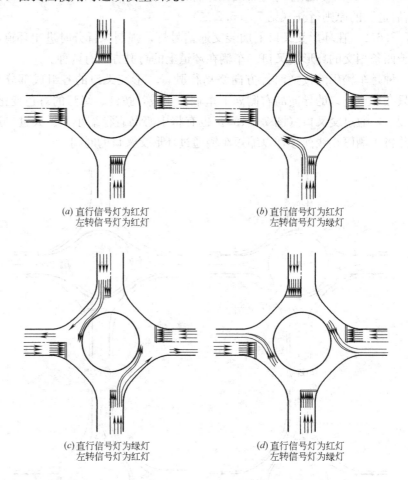

(a) 直行信号灯为红灯　　　　　　　　(b) 直行信号灯为红灯
　　 左转信号灯为红灯　　　　　　　　　　 左转信号灯为绿灯

(c) 直行信号灯为绿灯　　　　　　　　(d) 直行信号灯为红灯
　　 左转信号灯为红灯　　　　　　　　　　 左转信号灯为绿灯

图 7-2-16　无导向岛的有信号灯的环形交叉口

7.2.6.3　对于五条道路相交的环形交叉口，在相邻道路夹角特别小，对应交织段最短的一段环道，往往是车辆经常容易产生阻车的地方。可以在该夹角范围内、离中心岛较远的地方增辟一段单向行驶的道路（图7-2-17）作为交织段的补充，可以明显改善整个环形交叉口的交通状况，提高其通行能力。

7.2.6.4　将环形交叉口拆除，改为展宽路口的、信号灯管理的平面十字交叉口。这种做法往往是环形交叉口用地本来就不大，也难以再拓宽路口，而改为十字路口能提高较多的通行能力。四条以上道路相交的环形交叉口，则可以改造成两个或多个十字交叉口（图7-2-18）。

为了测得环形交叉口上各路口的左转、直行和右转的车辆数，可以用下面的方法得到。

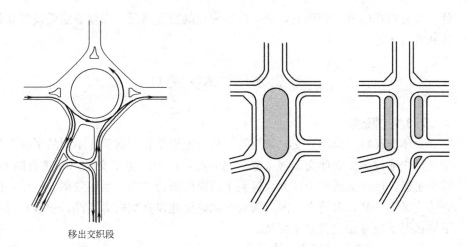

移出交织段

图 7-2-17　环交内增设交织道路　　　　图 7-2-18　某六路交叉环交的改善

　　用 4 人在环形交叉口各进口处数总进入车辆数（不分方向），再用 4 人迎面数各环道上的右转车辆数（不分方向），另用一人数任一路口的总出口车辆数，作为校核之用。若环形交叉口周围有 10 层以上的高楼，用带鱼眼广角镜的摄像机可以将整个环形交叉口的交通状况全部摄下，带回室内计数。

　　图 7-2-19 中，A 路的总进入量为 $Q_{a入}$，数得右转车为 $Q_{a右}$，可以减得 $(Q_{a左}+Q_{a直})$ 之值。在 B 路口中，数得 $Q_{b中}$。它是由 $(Q_{a左}+Q_{a直})+Q_{d左}$ 所组成。这样就可从 $Q_{b中}-(Q_{a左}+Q_{a直})$ 得到 $Q_{d左}$。在 A 路口中，数得 $Q_{a中}$。它是由 $Q_{d左}+(Q_{c左}+Q_{d直})$ 所组成。由于在 D 路口 $Q_{d入}$ 和 $Q_{d右}$ 都已数得，可以得到 $(Q_{d左}+Q_{d直})$。所以 $Q_{c左}$ 也可以得到，用 $(Q_{c左}+Q_{d直}+Q_{a右})$ 之和与数得的 $Q_{b出}$ 相校核。同理，就可以将其他路口进入环道的左转、直行和右转车的数量得到，

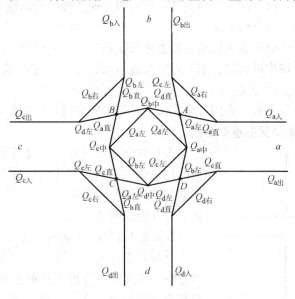

图 7-2-19　环形交叉口车流的测定

就可以分析在信号灯管理下，交叉口冲突点的交通情况，以便确定要设置几条左转和直行车道。

<h1 style="text-align:center">7.3 立体交叉口</h1>

7.3.1 概述

立体交叉口（简称立交）系用跨线桥或地道使相交道路在不同的平面上相互交叉的交通设施。立体交叉将车道空间分离，从而避免了交叉口冲突点的形成，减少延误，保证交通安全，大大提高了道路的通行能力和运输效率。然而，由于立体交叉造价高，占地大，因此需要全面论证建设立交的必要性。一般来说，在下列情况下应考虑设置立体交叉。

7.3.1.1 道路与道路立体交叉

（1）高速公路或快速路与各级道路相交，一级公路或主干路与交通繁忙的道路相交，可设置立交。

（2）平交路口在目前或规划年限内的交通量将达到饱和或超饱和，并且采取其他改善交通的组织措施难以解决问题时，则考虑设置或预留立交。

（3）地形和环境适宜，例如较高的桥头引道与滨河道路交叉等，可考虑设置立体交叉。

7.3.1.2 道路与铁路立体交叉

由于道路与铁路不互通，因此这类立交均为分离式立交。

（1）快速路与铁路交叉，必须设置立体交叉。

（2）主干路、次干路、支路与铁路交叉，当道口交通量大或铁路调车作业繁忙而封闭道口累计时间较长时，应设置立体交叉。

（3）主干路、次干路与铁路交叉，在道路交通高峰时间内经常发生一次封闭时间较长时，应设置立体交叉。

（4）行驶有轨电车或无轨电车的道路与铁路交叉，应设置立体交叉。

（5）中、小城市被铁路分割，道口交通量虽较小，但考虑城市整体的需要，可设置一、二处立体交叉。

（6）地形条件不利，采用平面交叉危及行车安全时，可设置立体交叉。

7.3.2 立体交叉的基本形式

车行立交的形式很多，目前世界各国已经采用的约有180余种，其中应用最多的有10余种。根据交通功能和匝道布置方式，立体交叉分为分离式和互通式两类。

7.3.2.1 分离式立体交叉

分离式立体交叉（图7-3-1）是指相交道路空间分隔，彼此间无匝道连接的立体交叉形式。即在相交道路的交叉处，修建一座立体交叉构筑物（地道或跨线桥），以保证直行车流互不干扰，而

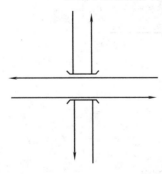

图7-3-1 分离式立体交叉

转弯车流必须绕行另寻出口。分离式立交形式简单，占地少，造价低，适用于直行交通量大且附近有可供转弯车辆使用的道路。此外，分离式立交也常用于道路等级、性质或交通量相差悬殊的交叉口，例如：道路与铁路交叉处、高速公路与三四级公路之间的立体交叉、城市快速路与次要道路和支路相交等情况。采用分离式立交可以避免互相干扰，保证主要道路的畅通。

7.3.2.2 互通式立体交叉

互通式立体交叉是道路立体交叉完整的形式。它不仅需要修筑立体交叉构筑物（隧道或跨线桥），而且还应设置连接相交道路的匝道，将各个方向的车流通过匝道相互联系，形成一体，保证车辆顺畅地通过交叉口。

一、喇叭形立体交叉（图7-3-2）

喇叭形立交是在丁字形路口的一侧设置匝道实现左、右转的全互通式立交。这种交叉口适用于 T 形或 Y 形路口，结构简单，行车安全顺畅，而且可在地形受到限制的情况下采用。当路口用地充足时，通常在两个象限上各设一个匝道，供左转

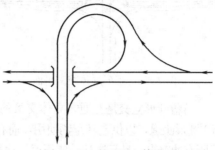

图 7-3-2 喇叭形立体交叉

车辆使用，形成蝶形立交（图7-3-3）。这种形式不仅有利于车辆的调头，而且在以后道路拓展为十字路口时，可用于远景苜蓿叶形立交的初始阶段。

此外，喇叭形立交常应用于我国公路收费口的建设。当两条公路相交、或过境公路和入城道路相交时，为了简化收费管理，将进出立交的车辆集中在一处收费，可以采用双喇叭形立体交叉（图7-3-4）。

图 7-3-3 碟形立体交叉

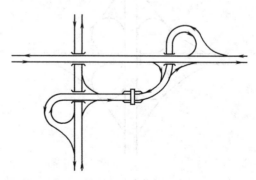

图 7-3-4 双喇叭形立体交叉

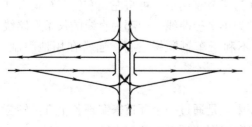

图 7-3-5 菱形立体交叉流线

二、菱形立体交叉（图7-3-5）

菱形立交是两条主次道路相交时采用的全方位互通式立交。其特点是主要道路直行车辆畅通，左、右转弯车辆在匝道上上坡进入次要道路、下坡进入主要道路。左转弯车辆在次要道路上采用平面交叉的方式。它的优

点是造型简洁，占地少，投资省，车辆迂回距离较短，主干道直行及右转交通不受干扰。其缺点是次要道路与匝道连接处存在两处平交，每处有三个冲突点，故对次要道路的直行交通及所有左转弯交通均有一定的干扰。但由于次要道路交通量较小，故影响不大。

在旧城道路改造中，为了节约用地，常将菱形立交的主要道路放在路堑内穿

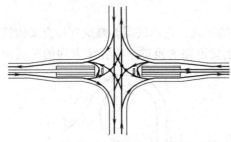

图 7-3-6　菱形立体交叉平面

过，次要道路在桥面上通过，主要道路上的车辆可以利用外侧坡道和桥面作180°调头行驶（图 7-3-6）。当主要道路的地下管线较多，又难以搬动时，常将主要道路的直行车流放在跨线桥上通过，其余方向的车流仍在地面的平面交叉口上行驶。需要时，可用交通信号灯管理。

三、苜蓿叶形立体交叉（图 7-3-7）

苜蓿叶形立交是互通式立体交叉的典型式样。它在交叉口周围四个象限内设有270°圆形匝道，以供左转车辆使用，而右转弯均用外侧匝道直接连通。这种立交消除了所有冲突点，且只需建一座桥梁，通行能力大，适用于用地充足、各方向车流量都很大的十字形交叉口。但它占地大，造价较高，限于节约用地，圆形匝道半径不能太大。此外，苜蓿形立交的左转车辆进出匝道时，在主车道上会产生交织，影响车辆的行驶速度，为了改善这种情况，通常在道路外侧加设集散道路（图 7-3-8）。

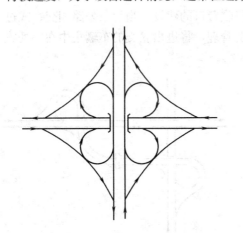

图 7-3-7　苜蓿叶形立体交叉

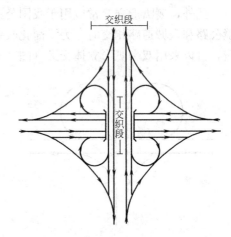

图 7-3-8　带集散道路的苜蓿叶形立体交叉

苜蓿叶形立交还有许多变形，例如为了节省用地，可将左、右转弯车道合并在双向匝道上，把圆形匝道压扁成两端为小半径曲线、中部为直线的长条形路线（图 7-3-9）。这种压扁的苜蓿叶形立交不利于车辆顺畅运行，通常在用地限制、车速较小的情况下采用。

四、环形立体交叉（图 7-3-10）

环形立交是由环形平面交叉发展而来，是通过一个环道来实现各个方向转弯的立交方式。它可分为双层式、三层式和四层式环形立体交叉。

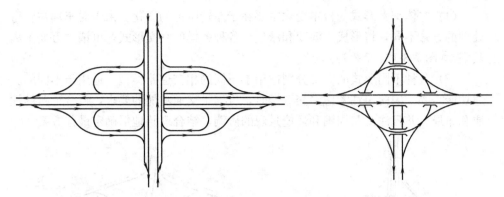

图 7-3-9　长条苜蓿叶形立体交叉 　　　　　　图 7-3-10　三层式环形立体交

双层式环形立交系将主要道路上跨或下穿环道直接通过交叉口，以保证主要道路直行交通畅通，而其他车辆均沿环道按逆时针方向绕行，并选择所去的路口方向驶出。这种形式适合于用地受限的主、次道路相交和多路交叉口。当两个方向的直行交通量均较大量，可同时采用上跨和下穿供直行车辆行使，转向车辆绕环道运行，成为三层式环形立交。它适用于两条主要道路相交的交叉口。当一条主干路近期交通量较小时，可分期修建，以双层环形立交作为三层式的过渡形式。

环形立交结构紧凑、占地较少，且左转车辆行驶的环道半径较苜蓿叶形立交为大（图 7-3-11）。但是它的通行能力受到环道交织段通行能力的限制，而且行车速度取决于环道半径的大小。因此在选用时，必须考虑满足远期交通量和行车速度的要求。

五、定向式立体交叉（图 7-3-12）

定向式立交系各个方向车辆均行驶在直接通行的专用匝道上，行驶路线简捷、方便、安全，通行能力大。但此种立交的匝道层数多，占地大，工程结构复杂，耗资巨大，一般适用于各方向车流量均较大的交叉口。根据交通的实际情况，还可做成部分定向式立体交叉，即仅在主要车流方向设置定向匝道。

由上面对立交各种基本形式的分析，可以看出：

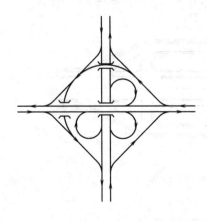

图 7-3-11　部分苜蓿叶立交的匝道改为环形立交

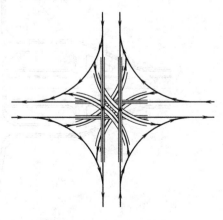

图 7-3-12　定向式立体交叉

（1）立体交叉形式的根本变化主要在于左转匝道的变化。由于对车辆左转弯处理的方式不同，将形成、演变和派生出各种各样的立交形式，可谓"万变不离其宗"（图 7-3-13、7-3-14）。

（2）各种不同形式的立交分别适用于不同的相交道路类型，适用于不同的交通功能需要。因此，在考虑立交选型时，应满足交通功能的要求，符合道路的性质和布局，并且注意与周围和环境景观的协调，结合现状地形确定最佳方案。

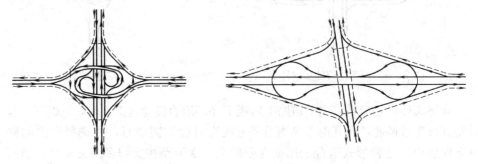

图 7-3-13　双喇叭式立体交叉　　　　　　图 7-3-14　迂回式立体交叉

7.3.3　我国立体交叉形式的发展

道路立体交叉是快速交通网络节点上最有效的交通组织方式。作为通畅的重要交通设施，道路立交近几十年来在世界各国有了很大的发展。1925 年，法国兴建了第一座苜蓿叶形立体交叉。美国于 1928 年在新泽西州建造了能每昼夜通过 62500 辆当量汽车的苜蓿叶形立交。我国修建立体交叉起步较晚，在 20 世纪 50 年代以后才获得迅速发展。

1956 年，北京开始在京密引水渠滨河路修建了三处半苜蓿叶形部分互通式立体交叉。1959 年，武汉建设江汉一桥时，利用桥头边孔供滨河路通行，也建成了同样形式的立交。继之，20 世纪 50 年代末，乌鲁木齐市在火车站站前广场处依"坡"就势建造了我国第一座城市环形立交。广州市于 1964 年也建成了两

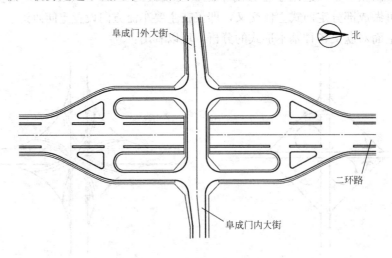

图 7-3-15　北京市阜成门立交

层式环形立体交叉——大北立交。20世纪70年代伊始，北京在复兴门、阜成门等地陆续建成了一大批完全互通式苜蓿叶形立体交叉（图7-3-15）。由于苜蓿叶形立交是立体交叉的典型式样，因而在北京乃至全国的立交中普遍采用。

　　然而，我国的交通结构与西方发达国家存在着很大的差异，小汽车比重低，而非机动车、特别是自行车的比重高，城市干路大部分采用三幅路横断面。这样在双层苜蓿叶式立体交叉立交范围内不可避免造成转弯机动车与直行非机动车的交叉干扰达16处（图7-3-16），机动车减速约60%，同时增加了交通事故的可能性。可见机动车与非机动车分道同层行驶的立交形式只适用于自行车交通量较少的交叉口。这与我国机动车、非机动车不断增长的国情是不相适应的。所以，在机动车与非机动车混合行驶的道路系统中，城市立体交叉的功能要求更为复杂，即不仅要解决机动车的相互干扰问题，还要考虑自行车对机动车影响。在总结上述经验的基础上，北京于1979年建成了我国第一座机动车与非机动车分行的三层式苜蓿叶形立体交叉——建国门立交（图7-3-17）。

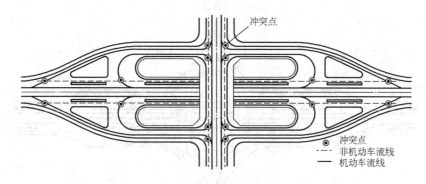

图7-3-16　立交转弯机动车与直行非机动车冲突点分布图

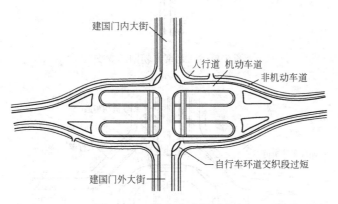

图7-3-17　北京市建国门立交

　　建国门立交利用三桥六洞从空间上把机动车与自行车分隔开，形成互不干扰的两个行车系统——机动车为苜蓿叶形立交，其中夹层为自行车环形交叉，并将行人与机动车分开，保证行人安全和机动车的快速通过。然而，由于自行车环道交织段过短，在高峰时间自行车易阻塞于中层交织段路口，因此，这种形式适用于自行车量中等的交叉口。自此以后，许多城市立交注意到自行车道的交织段长度，以提高自行车的通行能力。

　　三层式苜蓿叶形立交初步解决了机动车和非机动车的矛盾，但随着层数的增加，立交的占地面积越来越大。在城市用地紧张的情况下，特别是旧城改造中，建设苜蓿叶形立交存在着一定的困难。因此，20 世纪 80 年代初开始，环形立体交叉由于布局紧凑、节省用地、便于分期建设的特点，在我国立交建设中得到广泛应用：北京朝阳门立交、西直门立交分别采用了两层和三层环形立交（图 7-3-18、图 7-3-19）。值得称道的是，它们的"环"并非标准的圆环，而是长圆环，以利于直行交通量大的方向。如今，老的西直门环形交叉口交叉已经拆除，这是因为西直门地区交通发展很快，汇集的车流集中在其北面，道路上交织换向的交通量大大超过了道路通行能力，而由西二环往北太平庄南下的车流，不断在很短的距离内排队交织，产生交通堵塞，恶性循环，使西直门环交的环道交织段上严重堵塞（图 7-3-20）。新建的西直门立交改为定向立交，使车辆在各条车道上得以畅行。

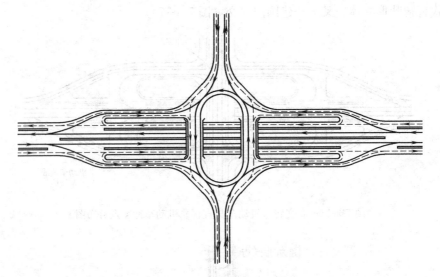

图 7-3-18　北京市朝阳门立交

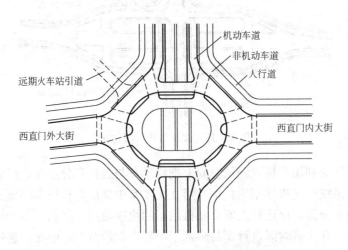

图 7-3-19　北京市西直门立交

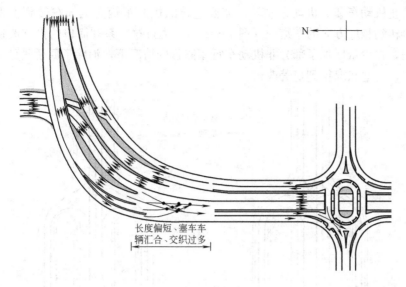

图 7-3-20　西直门立交北部路段交通

环形立体交叉成熟时期的代表作是 1983 年广州建成的区庄立交（图 7-3-21）。

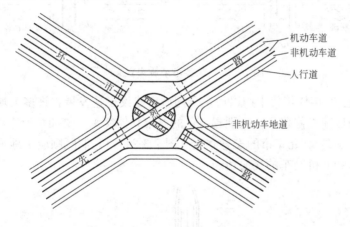

图 7-3-21　广州市区庄立交

区庄立交是一座典型的机动车与非机动车分行的四层环形立体交叉。第一层是环市东路下穿；第二层在原有道路平面上设非机动车及人行的平面环交，其环道设在机动车环道的外侧，增加了非机动车环道的交织段长度，对非机动车交通量特大的交叉口十分有利；三层是专供机动车左、右转弯行驶的环形高架路；第四层是先烈路方向机动车直行高架桥。区庄立交功能完善，安全通畅，占地却仅 3.23 公顷，不足首蓿叶形立交的一半，充分展现出环交作为城市立体交叉的独特优点。

也有部分城市采用简单的设施改造和交通管制的方法，解决原来立交上的机非冲突的问题。长沙市某桥头立交中，机动车和非机动车在过桥后转到横向道路时，在桥头交叉口处各类冲突点众多，交通异常混乱（图 7-3-22a）。后在与桥相连的纵向道路两侧加建非机动车道，移出非机动车流，让非机动车在匝道中部即落地转向，避免与横向道路上机动车流的冲突。在原桥头交叉口处加建中央分隔

213

带，禁止机动车和非机动车左转，需要左转的机非车辆先全部右转到上下匝道上，再转到相应方向的车道中（图7-3-22b）。通过这一系列简单的设施改造和交通管制，在少量增加了部分非机动车行车路程的情况下，消除了原桥头处的所有冲突点，交通状况得到显著改善。

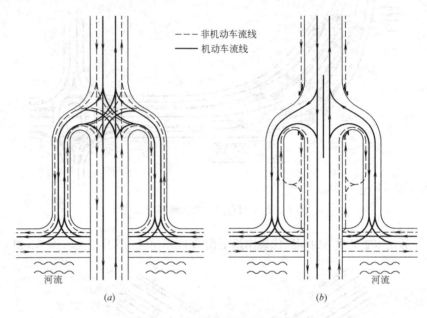

图 7-3-22 长沙市某桥头立交改善

20世纪80年代年代中期以后，全国城市建设迅速发展，许多大城市配合旧城改造、新区建设修建了一批别具特色的城市立体交叉。例如，天津市的中山门立交（图7-3-23）、北京市的安慧立交（图7-3-24），它们既顺应了地形特点又满足了机动车和非机动车的交通功能。

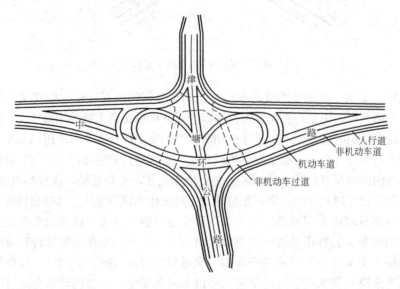

图 7-3-23 天津市中山门立交

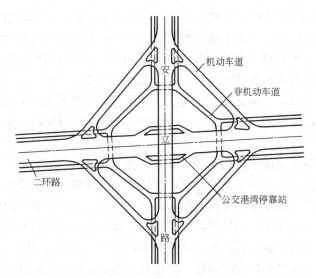

图 7-3-24　北京市安慧立交

安慧立交是配合 1990 年在北京举行的第十一届亚运会的重点市政工程之一。它坐落在北四环路与安立路交汇处，是亚运会北郊体育中心的主要枢纽。安慧立交采用机动车与非机动车分行的立体交叉，对机动车为互通式苜蓿叶形，对非机动车是交织段很长的环形交叉，适应了体育场观众的集中疏散问题，并在桥下四环路上设有公交站点。但换乘南北线路仍不方便，且左转机动车在苜蓿叶形匝道上半径偏小，行车不够顺畅。

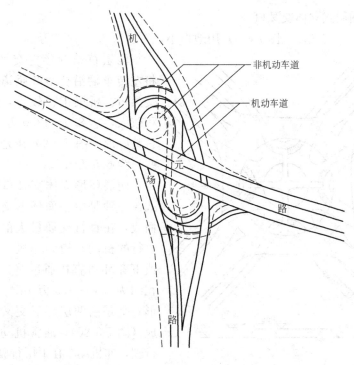

图 7-3-25　广州市机场路立交

215

进入20世纪90年代，大城市开始大量建造快速路，对车辆通过交叉口的车速提出了更高的要求。在车辆快速行驶条件下，一些环形立交的交织长度明显不足，使进出环道的车辆来不及交织，因此，进环道的车辆往往先减速后进环交织。但快速行驶的车辆猛然减速后，后续车流密度明显增加，使车头间隔缩小得已无可穿越的空挡，车辆无法在环道上实现交织，产生严重的阻滞现象。于是，定向立交的建设日趋增加，例如，上海的罗山路立交、延安路立交和广州的机场路立交（图7-3-25）。

广州机场路立交位于在机场路与广圆路交汇处，采用机动车与非机动车分行。对机动车设计为非全定向的立交，非机动车系统则巧妙地设计在机动车匝道内部，充分利用了机动车立交匝道间的高差和空间，大大节省了用地。

综观我国立交几十年的历程，可以看到：城市立体交叉的形式围绕着解决机动车和非机动车的矛盾，提高行车速度而不断发展，取得了很大的成绩。然而，立交范围内公交站之间换乘的问题一直没有得到很好解决。随着"公交优先"政策的贯彻，这一问题将是今后立交设计中的重点内容。

7.3.4 立体交叉口的用地与通行能力

7.3.4.1 立体交叉口的用地

城市中立体交叉形式主要由处理左转交通的方式决定，归纳起来，基本上是由菱形、苜蓿叶形、环形和全定向四种形式及其变种所组成。立交形式不同，其用地大小也不一样。根据机动车和非机动车交通混行和分行、有无冲突点的要求进一步组合，又可分为双层、三层和四层式立体交叉，层数越多，交叉口的用地面积越大。

一、两层式立体交叉口

菱形立体交叉口（图7-3-5）用地很小，一般为2.0～2.5万 m^2。

两层苜蓿叶形立交（图7-3-7）将左转车辆沿苜蓿叶匝道绕行出入交叉口，桥梁工程较少，但占地面积较大，达8.0～12.0万 m^2。长条苜蓿叶形（图7-3-9）用地面积较小些，为6.5万 m^2。

两层环形立体交叉口有两种形式：一种是由平面环形交叉口改造而成，在直行交通量大的方向，将直行的机动车道和非机动车道上跨或下穿环道直接通过路口，用地面积约为3.0～4.5万 m^2。另一种环形立交是由两层环形交叉口相叠而成（图7-3-26），通常机动车在上层行驶，非机动车在下层行驶。这种立交形式机动车、非机动车和行人之

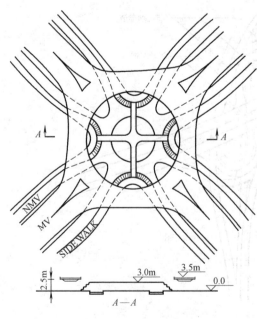

图7-3-26 两层式环形立体交叉

间没有干扰，用地也较小，约为 2.5～3.0 万 m²。

二、三层式立体交叉口

十字形立体交叉口（图 7-3-27）将直行机动车在上下两层垂直穿过，左右转的机动车和所有的非机动车在中间一层十字交叉口上混行通过。若其交通量过大，可展宽路口，加设交通信号灯，进行分时行驶。这种立交的用地约为 4.0～5.0 万 m²。

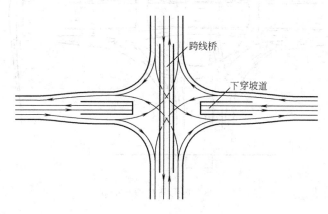

图 7-3-27　十字形立体交叉

三层环形立体交叉口也分为两种，一种是直行机动车在上、下层垂直穿过，左右转的机动车和所有非机动车在中间一层环形交叉口上混行通过。它的用地面积约为 5.0～5.5 万 m²。另一种是机动车和非机动车分别在上、下两层环形交叉口上行驶，直行交通量特别大的机动车道上跨或下穿环形交叉口；这种环交的用地面积约为 4.5～5.5 万 m²。

苜蓿叶形与环形立体交叉口是将机动车设在苜蓿叶形立交上行驶，非机动车在另一层环形交叉口上行驶。后者套在前者的用地内，置于前者构筑物之下。这种立交形式机动车和非机动车完全分流，非机动车环道的交织段长，使用效果好；但占地较大，达 7.0～12.0 万 m²。

环形与苜蓿叶形立体交叉口（图 7-3-28）是由一个两层非机动车苜蓿叶形立交套在一个三层式环形立交内组成。直行的非机动车紧贴在两条垂直的直行机构车的外侧，左右转的非机动车在其间的苜蓿叶形匝道上转向，左右转的机动车或超高度的车辆可在最上层的环道上转向或通过。这种立交的通行能力很大，但用地面积约为 5.0～6.0 万 m²。

三、四层式环形立体交叉口

由一个非机动车平面环形交叉口套在一个三层或机动车环形交叉口内组成。通常非机动车环形交叉口在地面层，机动车环形交叉口在上层，相互垂直的直行的机动车道设置在最下层和最上层。该立体交叉口的面积约为 6.0～8.0 万 m²。

7.3.4.2　立体交叉口通行能力

立体交叉的通行能力体现了立交的形式和规模。通行能力不但在总体上要适

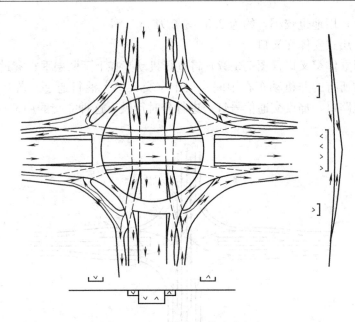

图 7-3-28　环形与苜蓿叶形立交

应交通量的需要，而且在各个方向，立交的各组成部分上的通行能力均应满足交通量的需求。

在此对上述交叉口的规划通行能力进行了估算。

（1）在立体交叉口进口道上单向机动车道的规划通行能力：一条车道为1500pcu/h，两条车道为2600pcu/h，三条车道为3300pcu/h。单向非机动车道宽5～7m，规划通行能力为6000～9000veh/h。

（2）在立体交叉口上采用苜蓿叶形立体交叉口，单向直行车道：机动车匝道转弯半径：机动车道20～25m，自行车道10～15m。立体交叉口的通行能力：机动车为6000～13000pcu/h；非机动车为16000～20000veh/h，不受机动车干扰的为20000～30000veh/h。

（3）在立体交叉口上采用的环形交叉层，中心岛直径保证机动车的交织长度为40～50m，非机动车的为25～30m。环道宽度：机动车的、只含左、右转车的为8m；含左、右转和中心岛外侧180°调头的为12m；含左、右转、直行车和在中心岛外侧180°调头的为16m；非机动车为6～8m；机动车与非机动车混行的、只含左、右转车为14～16m，含左、右转车和直行车的为16～20m；环形交叉层的通行能力：机动车为600～800pcu/h（只含左、右转车），2800～3000辆/h（含左、右转车和直行车）；在中心岛外侧180°调头的回车道，每车道通行能力为1200pcu/h。非机动车为12000～15000veh/h；机动车和与非机动车混行的为800～1000pcu/h（只含左、右转车），1600～2800pcu/h（含左、右转车和直行车），或将混行车换算成4000～6000veh/h（只含左、右转车），13000～14000veh/h（只含左、右转车和直行车）。

根据以上数值，在不同的立体口交通组织方式下，可以得出表7-3-1的规划通行能力数值。

立体交叉口规划用地面积和通行能力 表 7-3-1

立体交叉口层数	立体交叉口中匝道的基本形式	机动车与非机动车交通有无冲突点	用地面积（公顷）	通行能力（千 pcu/h）	
				当量小汽车	当量自行车
二	菱形	有	2.0～2.5	7～9	10～13
	苜蓿叶形	有	6.5～12.0	6～13	16～20
	环形	有	3.0～4.5	7～9	15～20
		无	2.5～3.0	3～4	12～15
三	十字路口形	有	4.0～5.0	11～14	13～16
	环形	有	5.0～5.5	11～14	13～14
		无	4.5～5.5	8～10	13～15
	苜蓿叶形与环形①	无	7.0～12.0	11～13	13～15
	环形与苜蓿叶形②	无	5.0～6.0	11～14	20～30
四	环形	无	6.0～8.0	11～14	13～15

注：①三层立体交叉口中的苜蓿叶形为机动车匝道，环形为非机动车匝道；②三层立体交叉口中的环形为机动车匝道，苜蓿叶形为非机动车匝道。

7.3.5 我国立体交叉口设置中应注意的问题

作为道路交通枢纽的立交桥是规模大，造价高的永久性工程结构物。它不仅涉及到公路网及城市道路系统的规划，衔接道路的布局，而且还涉及到与周围景观的有机协调，假如设置不当，在经济、社会和环境方面所带来影响将很难改变。

我国立体交叉口设置中通常存在以下问题：

7.3.5.1 立体交叉口的规模盲目求大，追求形式多变

城市道路立体交叉口不是现代化交通的标志，更不是城市的点缀品，不能按照城市的规模来确定立体交叉口的数量，更不能为了所谓的"气派"、"城市现代化"，一味追求"大手笔"、"大立交"。立体交叉口的设置应该根据道路的等级和交通量的需求，从全局观点调整和完善道路网来缓解交叉口的拥塞，这样取得的效果往往比建一个大立体交叉口为好。例如，徐州市中心的两条主干路交叉口原计划建一个三层式环形立交，后来分别在其东面和南面各开辟了一条道路，将市中心的道路网由十字形变成了井字形，使汇集于一个交叉口的交通量分散到四个交叉口上，交通拥挤的状况明显改善，不需要再修建立体交叉口。

立体交叉口的形式力求简单，既可降低造价，也易于辨认行驶方向。立交工程是一种交通设施，是为汽车运输服务的，应该便于驾车者掌握和通行，过于复杂的形式只会让使用者产生迷惑和滞留。此外，在驶向立交前的道路上，交通标志设置的数量和地点，对车辆安全快速行驶起着重要作用。

7.3.5.2 立体交叉口建设要有全局、系统的观念

立体交叉口的设置和布局形成一个系统后才能保证交通连续、通畅和安全运行，否则将会造成交通堵塞点的转移。在某一点上具备功能齐全的立交桥，而在系统建设上没有配套，也将影响立交作用的发挥。例如，有的立交建成之初，虽然缓解了该交通枢纽点上的交通阻塞，但由于没有同步建设相邻的立交，造成后者很快成为交通要冲，车辆经常受阻，受阻的车辆甚至排队到已建成的立交上。

再如，某市为了使城市的主干路免受铁路道口的阻挡，在铁路上空加设了两座桥梁，每桥单向三车道。其中两条车道供机动车行驶，一条车道供非机动车行驶。下桥以后的相接道路为单向两车道，机动车和非机动车各占一条车道，再向前接平面十字交叉口。该交叉口四周为农贸市场，行人和非机动车穿越交叉口的数量

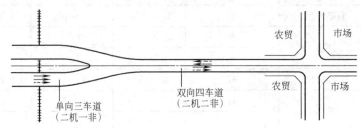

图 7-3-29　某城市立体交叉口设计

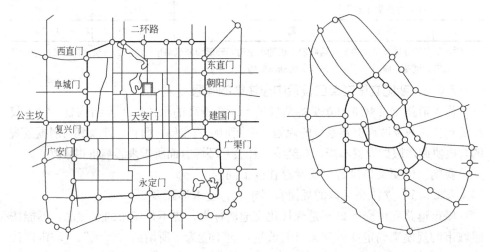

图 7-3-30　北京市二环路立交分布示意图　　　图 7-3-31　天津的中环路立交分

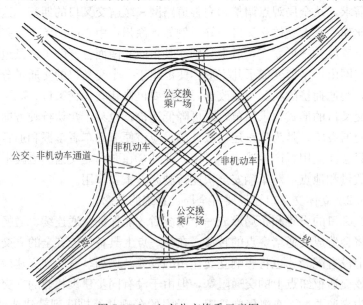

图 7-3-32　立交公交换乘示意图一

非常多，占用了许多绿灯时间，使平面交叉口进口道所分配的直行时间不到桥面车行道直行时间的 1/6。致使该交叉口堵车十分严重，排队车辆停满整条立交跨线桥，长达 1.2km，立交形同虚设（图 7-3-29）。因此，立体交叉口的设置不仅要满足该节点的交通需求，而且要考虑它对道路网络的疏导作用是否得以发挥（即立体交叉口的通行能力不仅应与道路路段的通行能力相匹配，也要与前后交叉口的通行能力相匹配）。我国北京的二环路与天津的中环路都是快速路，其上的立交按照交通需求进行了系统建设，其效能得到充分发挥（图 7-3-30、图 7-3-31）。

7.3.5.3　立体交叉口应考虑公交站点的配置

由于我国的交通结构不同于西方发达国家，为了城市交通的可持续发展，需要大力发展公共交通。居民的出行，特别是上下班出行应在很大程度上依靠公共交通。然而国内早先建造的立体交叉口往往将公交放在交叉口起坡点以外，乘客换乘往往需要步行 1km 左右，非常不方便，这与"优先发展公交"的政策是相背离的。国外在建立体交叉口时都专门考虑公交站的位置，或者在立交桥上、下直接换乘，或者驶入专门场地的公交站上换乘。这是我国立体交叉口规划设计中

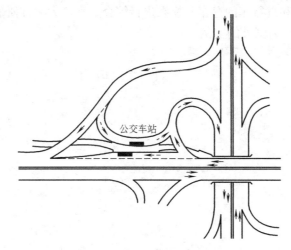

图 7-3-33　立交公交换乘示意图二

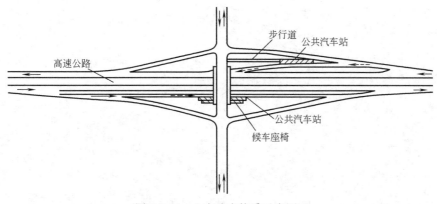

图 7-3-34　立交公交换乘示意图三

221

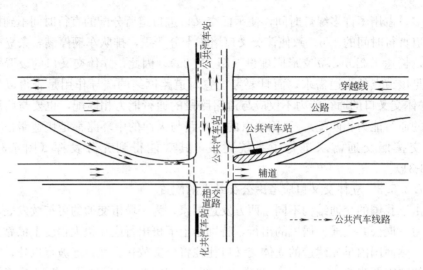

图 7-3-35 立交公交换乘示意图四

应该学习和改进的地方。近年来，有些城市的立交设计中，已开始将轨道交通站、公共汽车站和自行车的存车和换乘进行综合处理，大大方便了乘客换乘。图7-3-32～图7-3-35 为国外的实例。

第8章 城市道路路面基本知识

8.1 概 述

城市道路的路面是由各种材料铺筑在路基上供车行、人行的层状构筑物。路面质量的好坏，直接影响到行驶安全、速度和运输成本。为满足城市道路的通畅、安全、舒适、经济，对道路路面就有一定的要求。

8.1.1 路面的基本要求

城市交通要求道路路面能承受各种车辆行驶而不受破坏，能保证全天候通行，能在一定的通行速度下保证安全和舒适。因此，对城市道路的路面有以下要求：

8.1.1.1 强度和刚度

路面应有足够的强度和刚度，以承受行车荷载的作用。车辆行驶，路面结构内会产生不同的压应力、拉应力和剪应力。如果路面的强度不足，不能抵抗这些应力的作用，路面就会出现断裂、凹陷（两侧隆起）、碎裂、波浪等破坏现象，影响正常行车。刚度是指路面抗变形的能力。强度与刚度是两个不同的特性，有联系，又有不同。同样强度的路面，刚度可能不同。在强度足够，刚度不足的情况下，也会使路面产生变形，如波浪、凹陷等破坏现象。

8.1.1.2 稳定性

路面暴露在自然环境中，在水分、温度的影响下，路面的性能会发生变化，影响路面的强度和刚度。为此，必须选择适合于当地情况的路面结构与材料，使其变化减少到最低。

8.1.1.3 平整度

道路的平整度对使用的安全性和舒适性有很大的影响。平整度差会影响行车速度，同时因车辆颠簸会加快路面破坏和车辆损坏。道路路面要求有较好的平整度，行车速度越快，对平整度要求越高。

8.1.1.4 粗糙度

路面的粗糙度，是指路表面与行驶车辆轮胎之间应具备足够的摩擦阻力，以满足车辆滚动前进或制动停车的安全需要。光滑的路面使车轮缺少足够的摩阻力，容易空转打滑，导致交通事故。尤其在行车速度高，或是弯道、爬坡路段，更应保证足够的粗糙度。

8.1.2 路面结构组成

城市道路路面结构根据受力状况和使用要求，采用不同强度、规格的材料来铺筑。路面通常分为面层、基层和垫层（图 8-1-1）。

路面上行驶的车辆，尤其是重型机动车辆是道路路面结构的主要损坏者。行车的作用对路面受力的影响，主要包括车辆的重力作用和行车时的动态作用。

车辆的重力作用，包括自重和载重，通过轮胎与路面的接触面，传递给道路路面，再由路面扩散至路基。重力作用是垂直方向的作用，经传递扩散，最终由土路基承受。

行车的动态影响主要包括水平力和动态作用。水平力是指车辆行驶时，轮胎对路面产生的水平反力。其中，在车辆紧急制动时，对路面产生的水平推力最大，可达竖向力的 80%。动态作用是指车辆在路面上行驶时，由于自身的震动和路面的不平整，车轮以一定频率和振幅在路面上跳动，使作用于路面上的轮载呈时大时小的变化作用。行车的动态作用主要影响路面的受力状况，对路基影响较小。

从行车荷载对于路面作用分析，其竖向应力和应变随深度而递减，因而对各层材料的强度和弹性模量的要求也可随深度而相应减小。因此，路面分层构筑，按强度和弹性模量自上而下递减的组合，既能充分发挥各层材料的能力，又能充分利用当地材料，以降低造价（图 8-1-2）。

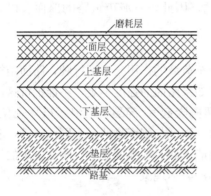

图 8-1-1　路面结构层划分

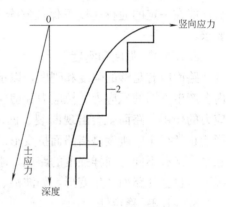

图 8-1-2　路面应力分布与结构
1—荷载应力分布曲线；2—材料弹性模量

8.1.2.1　面层

面层是路面结构最上面一个层次，直接受行车、自然条件等因素的影响，并将荷载传递至基层。因此，要求面层有较好的强度和刚度，良好的水、热稳定性，耐磨不透水❶，其表面有良好的平整度和粗糙度。路面的使用品质主要取决于面层。

修筑面层的材料主要有：水泥混凝土、沥青混凝土、沥青碎石混合料、碎（砾）石掺土（或不掺土）混合料和块石等。

面层材料的单价较高，因此常根据结构层所受的应力不同，分两层或三层修筑，如沥青混凝土可作为面层上层，沥青碎石作为面层下层。为加强面层与基层共同作用或减少基层裂缝对面层影响，面层与基层间加设联结层。

为改善行车条件，延长使用寿命，面层上常铺有 2～3cm 的磨耗层。而为延

---

❶　国外在高速公路上已铺设可透水的沥青路面，以减少高速行驶下汽车轮胎与路面之间水膜的不良影响。

长磨耗层使用期限，提高平整度，有时在磨耗层上再铺保护层。联结层、磨耗层、保护层都是路面面层的一部分，或是一种养护措施，或是因结构需要而设。

8.1.2.2　基层

基层在面层以下，是路面的主要承重层，主要承受由面层传递的荷载垂直力。因此，基层应有足够的强度和刚度，并有良好的扩散应力的性能。强基层才能薄面层。基层也应有平整的表面，以保证面层厚度均匀。它还可能受地表水或地下水侵入，所以应有足够的水稳定性，以防止受湿变形而影响强度。

用作基层的主要材料有：碎石、砾石、石灰土和用水泥或沥青处治的碎（砾）石、工业废碴组成的混合料和片石、块石等。

基层有时也可分为两层，其厚度根据施工碾压的要求而定。

8.1.2.3　垫层

垫层设置在基层以下与土基之间，作用主要是隔水、排水、防冻和扩散应力，改善土基和基层的工作条件。此外垫层还能阻止路基土挤入基层，起隔离作用，保证路面稳定性。

用作垫层的材料强度不一定要求高，但水稳定性或隔热性能要好。常用材料有两种类型。一是松散颗粒材料，如砂、砾石、炉碴、片石等用于修筑透水性垫层；二是整体性材料，如用石灰土、炉碴石灰土等用于修筑稳定性垫层。

8.1.3　路面分类

按路面结构在行车荷载作用下的力学特征，分为柔性路面和刚性路面两类。

8.1.3.1　柔性路面

柔性路面主要包括用各种块料面层、各类有机粘结料面层和各种基层（水泥混凝土基层除外）所组成的路面结构。其结构强度主要是依靠有颗粒级配的石料相互嵌挤密实，再加上适量有粘性、弹塑性的结合料共同作用而得的。从受力特点来看，柔性路面抗压，不抗弯拉。在行车荷载的作用下有一定的塑性，允许产生弯沉变形之后回复到原位时，残留一些微小的变形。但一旦累计变形过量，即引起柔性路面的破坏。因此，在柔性路面的构造中，"嵌挤密实"的原则十分重要。一般来说，面层的造价比较贵，而基层、垫层相对比较便宜。因此，面层的厚度一般相对薄些，但应高强、抗剪、耐磨和热稳定性好。基层可以厚些，承受压力，越往下层，应力越小，对所需的材料要求也可以相对越低。

8.1.3.2　刚性路面

刚性路面主要指水泥混凝土作面层或基层的路面结构。由于水泥混凝土路面是整体的板块，其强度、特别是抗弯拉（抗折）强度，远高于其他路面材料。它的弹性模量也较其他各种路面材料大得多，呈现较大的刚性。所以，在行车荷载的作用下，垂直变形极小；荷载通过混凝土板体的扩散分布，传递到路基上的压力较柔性路面小得多。

但水泥混凝土路面在重载下一旦强度不足，就立刻会引起刚性路面板被折断、损坏。所以，常在纵向板块缩缝之间加传力杆，横向板块之间加企口纵缝，以增强板块间分担荷载的作用。

此外，用无机结合料（水泥或石灰）、稳定的土或处治碎（砾）石及含有水硬性结合料的工业废碴基层，在前期具有柔性结构的力学特性，而后期强度刚度均有较大增长，但最终强度刚度仍较刚性路面低。这种路面结构称半刚性路面。

按路面特性，交通要求不同，可分为高级路面、次高级路面、中级路面和低级路面四类。城市快速路、主干路、次干路采用高级路面，支路、街坊道路可采用次高级路面。常见路面类型、名称、定义和适用层次见表8-1-1。

常见路面结构层类型 表8-1-1

名　称		定　义	适用层次
碎砾石类	泥结碎石	以碎石作骨料，粘土作填充料和粘结料，经压实而成的路面结构层	基层 中级路面面层
	泥灰结碎石	以碎石为骨料，用一定数量的石灰和土作粘结填缝料，经压实而成的路面结构层	基层
	级配碎（砾）石	由各种集料（碎石、砾石）和土，按最佳级配原理配制并铺压而成的路面结构层	基层 中级路面面层
	水结碎石	用大小不同的轧制碎石从大到小分层铺筑；洒水碾压；依靠碎石嵌锁和石粉胶结作用形成的路面结构层	基层
结合料稳定类	石灰（稳定）土	将一定剂量的石灰同粉碎的土拌和、摊铺，在最佳含水量时压实，经养生成型的路面结构层	基、垫层
	水泥稳定土	在粉碎的或原来松散的土中，掺入适量的水泥和水，经拌和、压实及养生成型的路面结构层	基、垫层
	沥青稳定土	用沥青为结合料，与粉碎的土或土加集料混合料经拌和、铺压而成的路面结构层	基、垫层
	工业废碴	用石灰或石灰下脚（含氧化钙、氢氧化钙成分的工业废碴、如电石碴等）作结合料，与活性材料（粉煤灰、煤碴、水淬碴等工业废碴）及土或其他集料（如碎石等，有时也可不加）按一定配合比，加适量水拌和、铺压养生成型的路面结构层	基、垫层
沥青类	沥青表面处治	用沥青和矿料按层铺或拌和的方法，铺筑厚度不大于3cm的一种薄层路面面层	次高级路面面层防水层、磨耗层、防潮层
	沥青贯入碎石	用大小不同的碎石或砾石分层铺筑，颗粒尺寸自下而上逐层减小，同时分层贯入沥青，经过分层压实而成的路面结构层	次高级路面面层高级路面基层、联结层
	沥青碎石	由一定级配的矿料（有少量矿粉或不加矿粉）用沥青作结合料，按一定比例配合，拌匀、铺压而成的路面结构层	高级、次高级路面面层（下层或上层）高级路面基层、联结层
	沥青混凝土	由适当比例的各种不同大小颗粒的矿料（如碎石、轧制砾石、筛选砾石、石屑、砂和矿粉等）和沥青在一定温度下拌和成混合料，经铺压而成的路面面层	高级路面面层（上层或下层）
水泥混凝土		以水泥与水合成水泥浆为结合料、碎（砾）石为骨料、砂为填料，按适当的配合比例，经加水拌和、摊铺振捣、整平和养生所筑成的路面结构层	高级路面面层、基层
块料类	整齐块石	分别以经过加工的整齐块石、半整齐块石或预制的水泥混凝土联锁块铺砌而成的路面面层	高级路面面层
	半整齐块石		次高级路面面层
	水泥混凝土联锁块		高级路面面层

8.1.4　路面结构选择

8.1.4.1　机动车道

车行道路面结构的选择，应根据城市道路的等级、承担的交通量、使用年限、当地气候、地质条件和当地材料情况等因素确定。

一、沥青类路面

沥青类路面表面平整、耐磨，行车舒适，施工期短，养护维修简便，宜于分期修建，可以适用于各种城市道路路面。城市快速路、主干路、次干路和支路根据等级性质不同，可以采用不同类型的沥青路面。在重交通道路上，应采用沥青混凝土路面、强度大承载力高的基层和坚实的路基。在潮湿多雨地段，则应采用密实性好、渗水少的沥青类路面。在纵坡大于3％的路段，宜采用粗粒式沥青碎石或粗面式沥青表面处治。在纵坡大于6％路段，则不宜采用沥青路面。通行履带式车辆的道路也不宜采用沥青路面。

二、水泥混凝土路面

水泥混凝土路面具有较高的承载能力、扩散荷载能力和较好的耐疲劳能力等特性。在荷载重和交通量大的城市道路上，宜采用水泥混凝土路面，特别是在土基软弱时，水泥混凝土路面更显优越性。同时，水泥混凝土的水稳定性和热稳定性均较好。在过水路面、冰冻地区和炎热地区，宜于采用水泥混凝土路面。此外，水泥混凝土路面粗糙度好，抗滑，适用于纵坡大，或小半径平曲线道路。水泥混凝土路面的致命缺点是在遇到强烈地震后，路面板块翘曲变形，接缝间高低错落不平，无法通行救灾交通，事后翻建难度大。

三、其他路面结构

整齐块石铺砌的高级块石路面，坚固耐久，可以适应重交通，但必须要有很坚实的基层。块石路面施工速度慢，建设成本高，只适用于特殊的城市道路的车行道，如通行履带式车辆路段、铁路平交道口或陡坡路段等处。其他块料铺砌路面和碎石路面一般不适用于城市快速路、主次干路、支路和街坊道路的车行道面层，通常作为路面的基层和底基层使用。

城市道路上的公交站点对路面强度要求很高。这是由于车辆进站制动引起的向前水平推力很大，出站时，加速向后的水平力也很大。路面的抗剪强度不足，路面易起拱，起搓板。因此公交站点不宜采用沥青路面，可用水泥混凝土或块料铺砌路面。

8.1.4.2 非机动车道

非机动车道主要供自行车、客货三轮车行驶。由于荷载较轻，可采用简单路面结构，尽量采用地方材料（尤其是基层）。面层可以采用沥青混凝土、沥青碎石、沥青表面处治等；基层可采用石灰稳定类、天然砂砾等。在色彩上，自行车道可以铺筑成与机动车道不同，国外常采用赭红色的路面。非机动车道的路面要平整，粗糙度可比机动车道的低些；使两者有明显的区别，以确保骑车人的安全。

在常用的三幅路断面上，沿路两侧单位出入的机动车，有时需在非机动车道上顺向行驶一段距离，再进入机动车道。所以，非机动车道的路面，也应考虑少量机动车辆行驶的要求。

8.1.4.3 人行道

城市道路上人行道铺装应平整、抗滑、耐磨、美观，其厚度应保证施工最小厚度的要求。面层可采用各种规格的预制混凝土方砖、预制混凝土联锁块、细粒式沥青混凝土、沥青石屑、水泥混凝土等。基层和土路基一定要有较高的强度和稳定性；否则基层容易产生不均匀下沉，雨后路面砌块缝间溅水，行人会走到车行道上，容易引发交通事故。

彩色预制混凝土联锁块铺装，能拼出各种彩色图案、美化市容，乐为城建部门采用。凡是采用彩色块料铺装路面，一般禁止机动车辆驶入（特殊急救车辆除外），以确保步行者安全。

车辆出入口处的人行道路面结构和厚度，应根据车辆荷载情况而定。在公园的步道上，还可以用带缺角的预制混凝土联锁块，或有密格子的工程塑料做成的联锁盘铺装成路面，在缺角或格子内载上草皮，形成一条绿色的步道。

8.2 土路基和基层

8.2.1 土路基

路基是路面的基础，一般由压实的自然土壤组成，又称土路基。路基坚强稳定，不仅有利于提高路面强度和道路的使用品质，还可以减薄路面结构层的厚度，降低路面工程造价。反之，若路基松软，在行车荷载的长期作用下，过量变形，会引起路面的不均匀沉陷，影响路面平整度，导致路面过早破坏。这在桥墩与路面的连接处表现得特别明显。土路基的品质主要取决于土路基的刚度和稳定性。

8.2.1.1 土路基填料的选择

一般不含有害杂质的土，大多均可用作路基填料。但各种填料的工程性质和运用性是有差别的：

一、不易风化的石块

透水性极大，强度高，水稳性好，使用场合和施工季节均不受限制，为最好的填料。但石块之间要嵌挤密实，以免在自重和行车荷载作用下石块松动位移产生凹坑变形。

二、碎（砾）石土

透水性大，内摩擦系数高，水稳性好，施工压实方便，是很好的填料。若细粒土含量增多，则透水性和水稳性就会下降。

三、砂

可塑性、透水性和水稳性均好，毛细上升高度很小，具有较大的内摩擦系数。但其粘性小，易于松散，对流水冲刷和风蚀的抵抗能力弱。为克服该缺点，可适当掺一些粘性大的土，或将边坡表面予以加固，以提高路基稳固性。

四、含低液限细粒土的砂（俗称砂性土）

内摩擦系数较高，又有一定的粘结性，易于压实，使获得足够的强度和稳定性，是填筑路基的良好材料。

五、低、中液限细粒土（俗称粉性土）

因含有较多的粉粒，毛细现象严重。干时易被风蚀，浸水后很快被湿透。在季节性冰冻地区常引起冻胀和翻浆，水饱和时遇震动有砂土液化问题。粉质土，特别是粉土，是稳定性差的填料，不得已使用时，宜掺配其他材料，并加强排水与隔离等措施。

六、中、高液限细粒土（俗称黏性土）

干燥时坚硬而不易挖掘，浸水后强度下降较多。干湿循环因胀缩引起的体积变化也大，过干或过湿时都不利施工。在给予充分压实和良好的排水条件下，可作路基填料。

七、很高液限细粒土（俗称重黏土）

几乎不透水，粘结力特强。干时难以挖，湿时膨胀性和塑性都很大。在重黏土中，以蒙脱土最差，不宜用来填筑路基。高岭土虽好，但它是瓷器原料，用之可惜。

八、易风化的软质岩石（如泥灰岩、硅藻岩等）

浸水后易崩解，强度显著降低，变形量大，一般不宜用作路基填料。此外，泥岩腐植土及易溶岩（如石膏等）含量超过容许限度的土，均不宜用来填筑路堤。

8.2.1.2　影响土路基刚度的主要因素及改善措施

影响土路基刚度的主要因素是水的作用。水会导致土路基软化，引起刚度变化，稳定性下降。水的来源甚多（图 8-2-1），主要有：

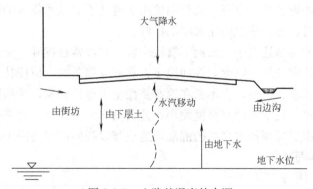

图 8-2-1　土路基湿度的来源

一、大气降水

当路面排水不良时，地面水可通过渗透或毛细润湿作用进入路基。蒸发则使水从土路基逸出。

二、地下水和温度

地下水的毛细管上升作用会影响土路基的湿度，土壤的毛细管越细，毛细管水上升越高。当昼夜温度变化，使水分以液态或气态向上移动。由于路面面层为不透水层，上升的水分就容易积聚在土路基内。

三、地下给、排水管道的渗漏

土路基水温湿度的变化，在北方季节性冰冻地区会造成冬寒冻胀和春融翻浆；在南方非冰冻地区会造成土基过分湿软。这些都将导致路基的刚度在某一时期过于降低，致使路面发生破坏。

为调节不利土路基的水温湿度状况，避免产生上述侵害，对于城市道路路基，可以采用以下工程措施：

一、加强路基路面排水

合理布设排水系统，使地面水得以迅速排除。及时维修路面，不使之产生裂缝和坑穴，以避免积水下渗路基。

二、压实土基

对土路基在最佳含水量时施以充分的压实，达到规定的压实度（压实度是工地上实际达到的干密度与最大密度之比），使之具有一定抵抗水分浸湿的能力，保证具有足够的刚度。

三、换土

用强度高、水稳性好、压缩性小的填筑材料替换土路基上层水稳性差、强度低的土。对于弹簧土、橡皮土等含水量大，压不实的土，宜采用换土措施。换土同时，采用分层夯实和不同土质层次恰当组合等填筑方法。

四、石灰稳定

对于过湿土路基，可掺拌少量石灰或打石灰桩。借石灰吸湿作用干燥土基。在土基顶面可铺设石灰土或石灰炉碴土等垫层，减少湿软土基对路面不良影响。

城市道路路基范围内往往有大量的地下管线。基于管道周围部位回填土的实际困难和为保护管道结构本身，沟槽回填压实度达不到技术规定的要求，在近期内需铺筑路面时，必须采取防止沉陷的措施。

城市道路的路基还由于城市地下管线增容，要经常被挖开，使路基的强度和水稳定性遭到严重破坏。因此，在回填土方和修复路基时，应按技术要求认真实施，不能敷衍了事。否则，会不断在原有路面上加厚结构层，抬高路面标高，使整条道路行道树干枝下的净空高度缩小，公共汽车无法靠站，道路排水向街坊内倒灌，引起城市交通和排水系统的混乱，造成难以挽回的经济损失。

8.2.2　路面基层

8.2.2.1　块石基层

块石基层采用锥形块石、片石或圆石手工摆砌，并用石屑嵌缝压实而成。块石基层一般铺在砂、砂砾垫层上，当土基干燥良好时，也可直接铺在压实的土基上。铺筑时，块石大面朝下，尖端向上，石块排砌紧密，不得有叠铺现象（图8-2-2）。

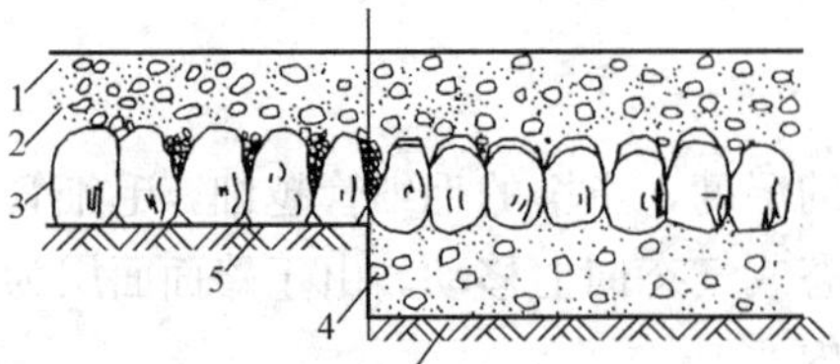

块石基层具有良好的强度和稳定性，但整体性差，且难以实现机械化施工。块石若铺在软弱土基上，可产生位移，造成路面沉陷变形。但在盛产石料地区取材方便，如能把好质量关，采用块石基层，还是有一定优越性的。

图 8-2-2　块石基层
1—沥青表层；2—碎石；3—锥形
块石；4—砂；5—土基

8.2.2.2　碎石基层

碎石基层是按嵌挤原理将碎石摊铺压实而成的一种基层。它的强度主要是依靠压实得到的碎石间的嵌挤锁结作用。嵌挤力的大小取决于石料的强度和形状、颗粒均匀性和施工时碾压程度。通常可作为沥青路面的基层。碎石的粒径分类见表8-2-1。

碎石颗粒分类　表 8-2-1

	碎石名称	粒径范围(mm)	用途
1	粗碎石	75～50	骨料
2	中碎石	50～35	骨料
3	细碎石	35～25	骨料
4	石碴	15～5	嵌缝料
5	石屑	5～0	嵌缝料
6	石粉		封面料

所用的填充结合料及施工方法的不同，又可分为：

一、填隙碎石基层

以单一尺寸的粗碎石为骨料，形成嵌挤作用，用碾压中碾碎的石屑石粉作粘结材料，增加密实度和稳定性的碎石基层。一层铺筑厚度通常为碎石最大粒径的1.5～2倍，约10～12cm。从施工方法分，有干法和湿法两种。前者称干压碎石基层，后者称水结碎石基层，施工时洒水碾压石灰岩碎石而成。

二、泥结碎石基层

以碎石为骨料，黏土作填充料和结合料，经压实而成的基层。一般厚度在8～20cm。泥结碎石基层施工简便，造价低；但因含一定数量的黏土，水稳定性较差，一般不宜作沥青路面的基层，或有控制地用于干燥路段。

三、泥灰结碎石基层

以碎石为骨料，采用一定数量的石灰土作为粘结填缝料而做成的基层。由于掺入石灰，所以强度和水稳性较泥结碎石好，可在潮湿与中湿路段作为沥青路面的基层。

四、沥青贯入式碎石基层

在碎石层碾压密实后，分层浇灌沥青，撒布嵌缝石屑，经压实而成的基层。沥青贯入式碎石基层的稳定性好。

五、级配砾（碎）石基层

是用粒径大小不同的粗细砾（碎）石集料和砂（或石屑）各占一定比例的混合料填充空隙，并起粘结作用，经压实后所形成的密实结构。它具有较高的力学强度和水稳定性。

8.2.2.3 稳定土基层

稳定土基层按土中所拌入的掺加剂不同，又分为石灰稳定土类基层、水泥稳定土基层、沥青稳定土基层和综合稳定土基层等。

一、石灰稳定类土基层

石灰稳定土的抗压抗弯强度较好，且能随龄期逐渐增加，稳定性好，宜作高级路面的底基层。缺点是易受冰冻影响产生收缩裂缝，低温施工时强度增长慢，雨季施工有困难。因此，在冰冻地区潮湿路段不宜采用石灰土类基层。沥青面层不宜直接铺在石灰稳定类基层上，其层间应设置碎石联结层。

二、水泥稳定类基层

在粉碎的土（包括各种粗、中、细粒土）中，按技术要求掺入适当水泥和水，经拌和摊铺，在最佳含水量时压实及养护，成为路面基层。它具有良好的整

231

体性、足够的力学强度、抗水性和耐冻性。初期强度较高，且随龄期增长，应用范围很广。但在高级沥青或水泥混凝土路面下只能用做底基层，其间应设置碎石联结层。

三、综合稳定土基层

在粉碎的各种粗、中、细粒土之中，掺入适量的水泥和石灰（用量比为 6：4～5：5）或其他稳定剂，经加水拌和、摊铺、碾压及养护后成型的基层，强度、早期强度和稳定性介于前二者之间。

四、沥青稳定土基层

在粉碎的、粘性不大的土中，以沥青材料为结合料，按一定技术要求，经拌和均匀、摊铺、碾压成型。沥青稳定土施工操作不如前几种方便，仅用于路基上的隔水层。

五、工业废碴基层

利用工业废碴铺筑路面基层，可以提高路面使用品质，降低造价，有很大的经济意义。常用工业废碴有煤炭废碴（包括煤矿的煤矸石、火电发电厂的粉煤灰和煤碴）、钢铁工业废碴（包括高炉碴和钢碴）、化学工业废碴（包括电石碴，漂白粉碴、硫铁矿碴）等。

用工业废碴修筑道路基层，主要是利用其中含有的二氧化硅、氧化钙或氧化铝等物质。这类物质与一定比例的石灰结合料加水拌合成混合料做成基层，具有水硬性，形成板体，强度高，稳定性好，抗水，抗冻，抗裂，且收缩性小，强度随龄期不断增加，适应各种气候和地质条件（表 8-2-2）。

稳定土的主要方法　　　　　　　　　　　　　　　　表 8-2-2

稳定方法	使用的稳定材料	适宜稳定的土	稳定土主要技术性质
压实		各类土	强度与稳定性略有提高
掺加粒料	对粘性土用砂、砾、碎石、炉碴等，对砂性土用粘土	高液限或中液限粘土，或砂砾	减少扬尘与磨耗
盐溶液	氯化钙、氯化镁、氯化钠等盐类	级配改善后的土	较高的强度、水稳定性和一定程度的抗冻性，整体性强，不耐磨
无机结合料	各种水泥、熟石灰、磨细石灰、硅酸钠	经级配改善或未改善的高液限粘土类、中液限粘土类、低液限粘土类	不透水，有一定强度、水稳定性和一定程度的抗冻性，整体性强，不耐磨
有机结合料	粘稠或液体沥青、煤沥青、乳化沥青、沥青膏浆等	级配改善或未改善的中液限粘土类、低液限粘土类	不透水，有一定强度、水稳定性和抗冻性，拌和稍困难
综合法	以石灰、水泥、沥青中的一种为主，掺入其他结合料	各类土	较高的强度与稳定性
工业废碴	炉碴、矿碴、粉煤灰等	高液限粘土、中液限粘土、粉土类	较高的强度与稳定性
高分子聚合物及合成树脂		各类土	较高的强度与稳定性

石灰稳定工业废碴常用做高等级道路的基层或底基层。按具体工业废碴的不同，常用的有石灰煤碴（简称二碴）基层，石灰粉煤灰基层（简称二灰），或在二碴中加入钢碴或石料等粗骨料（简称三碴）作为基层。

8.3 路面（面层）

8.3.1 沥青路面

8.3.1.1 概述

沥青路面是泛指用沥青材料作结合料，铺筑成面层的路面结构。因其路面呈黑色，又称黑色路面。

一、沥青路面的特点

沥青路面由于使用了粘结力较强的沥青材料，使经嵌挤压实的矿料之间的粘结力大大加强，路面的使用质量和耐久性都大为提高。沥青路面表面平整，坚实，无接缝，行车平稳，舒适，噪音小。沥青路面的强度可根据矿料的粒径、颗粒级配和沥青用量的不同进行调节，以适应不同的需要。沥青面层透水性小，特别是密实沥青混凝土面层透水性更小，能大大防止地表水进入路面基层和路基，从而使路面强度稳定。但同时土基和基层内水分也难以排出，在潮湿路段，若路面结构处理不当，易发生土基和基层变软，导致路面破坏。沥青混合料的生产可以工厂化，质量易于得到保证。沥青面层适宜于机械化施工，且施工进度快，摊铺完成后就可开放交通，分期建设和后期修补也较方便。但沥青路面抗弯强度低，温度稳定性差，夏季高温曝晒，路面易变形而破坏；冬季低温时，沥青材料会变脆而开裂。另外，履带式车辆不能在沥青路面上行驶。

二、沥青路面的分类

沥青路面主要类型有：沥青表面处治、沥青贯入式、沥青碎石、沥青混凝土四类。其中沥青混凝土和沥青碎石路面，承载能力大，可承受5000pcu/d以上交通量，一般使用寿命15~20年。沥青表面处治、沥青贯入式路面，承载能力较小，承受300~5000pcu/d的交通量，一般使用寿命在8~12年之间。在城市道路上，较多采用沥青混凝土和沥青碎石路面。

三、沥青路面的施工

按施工工艺沥青路面可分为三类：

（一）层铺法

用分层洒布沥青，分层铺撒矿料和碾压的方法修筑。按这种方法重复几次，做成一定厚度的面层。优点是施工工艺和设备简便，工效高，进度快，造价低。缺点是路面成型期长，沥青洒布不匀容易泛油。沥青表面处治和沥青贯入式路面按此法修筑。

（二）路拌法

在施工现场以不同的方式（人工或机械）将冷料热油或冷油拌和，摊铺和碾压。通过拌和，沥青分布比层铺法均匀，可缩短路面成型期。路拌沥青碎石混合料与拌和式沥青表面处治即按此法修筑。由于污染较大，在城市中现已很少使用。

（三）厂拌法

集中设置拌和基地，采用专用设备，将具有一定级配的矿料和沥青加热拌和，然后将混合料运至工地热铺或冷铺，碾压成型。此法需粘稠的沥青和精选的矿料，混合料质量越高，使用寿命就越长，但一次造价高。这种路面有沥青混凝土和厂拌沥青碎石路面。

8.3.1.2 沥青路面的结构组合

沥青路面的结构组合基本原则如下：

（1）面层、基层的结构类型及厚度应与交通量相适应。交通量大、轴载重时，应采用高等级面层与强度较高结合料稳定类基层。结构层层数不宜过多。

（2）层间结合必须紧密稳定，以保证结构的整体性和应力传布的连续性。

（3）各结构层的材料回弹模量应自上而下递减，基层材料与面层材料的回弹模量比应大于或等于 0.3。土基回弹模量与基层比值为 0.08～0.4。

（4）在半刚性基层上铺筑沥青面层时，对等级较高的道路应适当加厚面层或采取其他措施，以减轻由基层向上反射的裂缝。

沥青路面的土基要求有较高强度和稳定性。基层主要利用稳定土类基层和工业废碴基层。在路基潮湿和过湿地段以及冰冻地段，应加设垫层。常用的结构层厚度见表 8-3-1。

常用结构层最小厚度   表 8-3-1

结 构 层 名 称		最小厚度（cm）
砂粒式沥青混凝土		1.0
细粒式沥青混凝土	D_{max} 为 10mm	1.5
	d_{max} 为 13、15mm	2.5
中粒式沥青混凝土或中粒式沥青碎石		1.0
粗粒式沥青混凝土或粗粒式沥青碎石		6.0
沥青贯入式碎（砾）石		1.0
沥青表面处治		1.5
碎（砾）石石灰土、泥灰结碎（砾）石		12.0
无机结合料稳定土类及工业废碴类混合料		12.0
碎石		8.0
粒料	面层	8.0
	基层	12.0

注：d_{max} 为骨料最大粒径（mm）。

8.3.1.3 沥青混凝土路面

沥青混凝土路面是由几种颗粒大小不同的矿料（如碎石、轧制砾石、石屑、砂和矿粉等）按级配原理选配，用沥青作结合料，按一定比例配合，在严格控制条件下拌和，经压实成型的路面。

沥青混凝土路面的强度是按密集原则构成的。其中采用一定数量的矿粉是沥青混凝土的一个显著特点。矿粉的掺入使沥青混凝土中的粘稠沥青以薄膜形式分布，从而产生很大的粘结力（比单纯的沥青要大数十倍），是构成沥青混凝土强度的重要因素，而骨料的磨擦力和嵌挤作用则占次要地位。为使粘稠沥青和矿粉能形成均匀的沥青胶泥，并均匀的分布于级配矿料中，以构成一个密实的整体，通常采用热料热拌的方法（厂拌），以达到严格控制质量的目的。

沥青混凝土路面具有密实度大，整体性好，强度高，抵抗自然因素破坏的能力强等优点，是一种适合现代汽车交通的高级路面，适用于城市道路和交通量大的高等级公路。

沥青混凝土路面面层宜采用双层式或三层式结构（表 8-3-2），上层采用中粒式或细粒式沥青混凝土，下层采用粗粒或中粒式沥青混凝土，使用年限可超过 15 年。沥青混凝土路面要求有十分坚固的基层。沥青薄膜粘结力所构成、并获得的强度对温度很敏感。在高温季节，当沥青混凝土中的矿粉含量多，温度稳定性较差时，易产生波浪、推挤和拥包现象。

沥青混凝土面层常用厚度及适宜层位　　　　　　　　　　表 8-3-2

面层类别	骨料最大料径 （mm）	常用厚度 （cm）	适 宜 层 位
粗粒式沥青混凝土	30、35	4～8	双层式沥青混凝土面层的下层
中粒式沥青混凝土	20、25	4～6	1. 双层式沥青混凝土面层的上层 2. 单层式沥青混凝土的面层
细粒式沥青混凝土	13、15	2.5～3	双层式沥青混凝土面层的上层
	10	1.5～2	1. 沥青混凝土面层的磨耗层
砂粒式沥青混凝土	5	1～2	2. 沥青碎石等面层的封层和磨耗层 3. 自行车车行道与人行道的面层

8.3.1.4　沥青碎石路面

沥青碎石混合料的材料组成与沥青混凝土相似，主要的差别，一是空隙率大，一般都在 10％以上；二是材料中不掺或掺很少量的矿粉。用这种混合料铺筑的路面能充分发挥其颗粒的嵌挤作用，提高温度稳定性。在高温季节不易形成波浪和拥包，而且拌和摊铺较易，路面铺筑后成型较快。由于有上述优点，近年来，在我国的公路和城市道路中应用较广。其主要缺点是空隙率疏松，其强度和耐久性都不如沥青混凝土，在超重车辆碾压下易遭破坏。沥青碎石混合料可用作高等级道路沥青路面的联结层、基层及整平层。一般道路可铺筑沥青碎石路面，在面层的上层再加铺一薄层沥青混凝土混合料。

8.3.2　水泥混凝土路面

8.3.2.1　概述

水泥混凝土路面是以混凝土路面板和基层、垫层所组成的路面。根据对材料的要求及组成分为：素混凝土路面、钢筋混凝土路面、连续配筋混凝土路面、预应力混凝土路面、钢纤维混凝土路面、装配式混凝土路面等。其中素混凝土板只在接缝处和局部范围配置钢筋，是使用最广的一种水泥混凝土路面。

水泥混凝土路面是以水泥与水合成的水泥浆为结合料，碎（砾）石为骨料，砂为填充料，按适当的配合比例，经拌和，摊铺，振捣，整平和养生而筑成。能够适应快速交通和重载运输的要求，常在城市道路、厂矿道路、停车场上采用。水泥混凝土路面的能见度好，很适用于隧道内。

水泥混凝土路面具有以下特点：

（1）强度高　具有较高的抗压，抗弯压强度和抗磨耗能力。

（2）稳定性好　水泥混凝土路面受到水和自然气温影响时，引起的强度变化小，没有像沥青路面那样的"老化"情况，同时抗侵蚀能力也较强，特别适用于过水路面。

（3）耐久性好　一般能使用 20～40 年，而且能通行包括履带式车辆在内的运输工具。

（4）抗滑性能好　水泥混凝土路面粗糙度好，抗滑，能保证车辆有较高安全行驶速度。

（5）养护维修费用小　水泥混凝土路面虽然一次建造投资大，但使用年限长，每年养护维修费少，从长远计，经济效益高。

但水泥混凝土路面也有弱点：

（1）接缝较多　水泥混凝土路面在温度影响下，板面要伸缩，就要设置许多胀缝和缩缝。接缝增加了施工和养护的复杂性，而且接缝被车轮长期磨耗后，车辆驶过接缝处容易引起跳动，影响行车舒适。水泥混凝土路面的板边和板角部位是薄弱点，易被折断。

（2）养生期长　水泥混凝土路面铺筑后，一般需 2～3 星期湿治养生后，强度达到行车要求才能开放使用。

8.3.2.2　对土基和基层要求

一、对土基的要求

土基是混凝土路面的基础。水泥混凝土路面有刚度较高的面层板，传到土基上压应力很小，但若对土基的水稳定性处理不当，在自然水温变化影响下，土基局部强度降低，导致土基对面层不均匀支撑，使面层板在荷载作用下板底产生过大的弯拉应力而破坏。因此，土基应保证有足够的稳定和均匀的强度，同时应坚固而密实。要加强排水设计，对可能产生危害的地面水和地下水，采取必要的防水排水措施。在潮湿地段的土基上，设置垫层来改善土基水温状况。此外，不应在水泥混凝土路面上开挖、埋管。

水泥混凝土路面的经验厚度 表 8-3-3

交通量和车辆类型情况	路面厚度(cm)
通行无轨电车或特重汽车（如工矿区）	22～25
交通量＞5000 辆/昼夜（重型车辆为主）	20～22
交通量为 3000～5000 辆/昼夜（中型车辆为主）	17～20
交通量为 1000～3000 辆/昼夜（中型车辆为主）	15～17
交通量≤1000 辆/昼夜（轻型车辆为主）	12～10
仅通行少量小汽车的厂区内部道路	8～12

二、对基层的要求

水泥混凝土路面板下设置基层的主要作用是给面板提供均匀稳定的支撑和自由的伸缩，防止唧泥和冻胀的不良影响。因此，要求基层刚度大，整体性强，稳定性和平整度好，并且有抗冻性。基层一般采用无机结合料稳定类基层为好。特重和重交通道路基层采用贫混凝土、水泥稳定砂砾、水硬性工业废碴稳定类为宜；中等和较轻交通的道路，可采用水泥稳定土、石灰土或级配碎石基层。基层厚度以 20cm 左右为宜。

8.3.2.3　路面构造

一、横断面形式及板厚

水泥混凝土路面表面具有良好的排水能力，所以路面可采用较平缓的横坡，一般在 1％～1.5％。路拱多采用直线型和折线型。面板横断面有等厚式和厚边式两类（图 8-3-1）。在我国采用等厚式较多。交通量较繁重的道路，可采用厚边

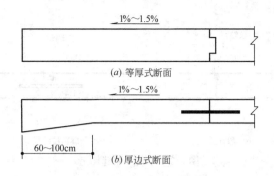

图 8-3-1 水泥混凝土路面横断面形式

式，即将板外侧 60～100cm 内，加厚至中部板厚的 1.25 倍左右。

二、路面接缝

水泥混凝土路面面层板一年四季受气温的变化，产生不同程度的膨胀和收缩，处理不当，会产生不规则隆起和缩断，导致路面破坏。因此，在路面板纵横两个方向都要建造接缝，将路面划分为许多矩形板块（图 8-3-2）。

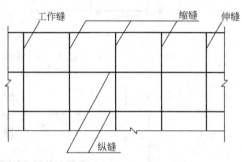

图 8-3-2 板的分块与接缝

1. 纵缝

指平行于道路中线的接缝，包括纵向施工缝和纵向缩缝。一次铺筑宽度小于路面宽度时，应设置纵向施工缝，形式上可采用加拉杆的平口缝或企口缝（图 8-3-3）。纵向施工缝间距大于 4.5m 时，其间应增设纵向缩缝，以减小收缩应力和温度翘曲应力。纵向缩缝宜采用带螺纹钢筋拉杆的假缝（图 8-3-4）。

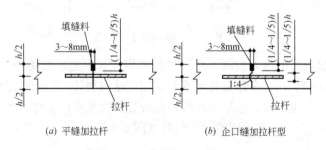

(a) 平缝加拉杆　　　　　　(b) 企口缝加拉杆型

图 8-3-3 纵向施工缝构造

2. 横缝

垂直于道路中线的接缝，包括缩缝、胀缝和施工缝。横向缩缝是为减小收缩应力和温度翘曲应力。横向缩缝间距即为板长，一般为 4～5m，最大不超过 6m。板宽与板长之比 1∶1.3 为宜。采用假缝的形式，在交通繁重的道路上可增设传力杆（图 8-3-5）。

横向施工缝是在因施工需要中断浇筑时设置，一般采用加传力杆的平缝形式，施工缝宜设在缩缝位置处（图 8-3-6）。

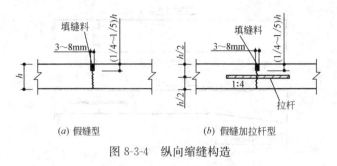

(a) 假缝型　　　　　　(b) 假缝加拉杆型

图 8-3-4　纵向缩缝构造

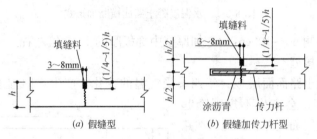

(a) 假缝型　　　　　　(b) 假缝加传力杆型

图 8-3-5　横向缩缝构造

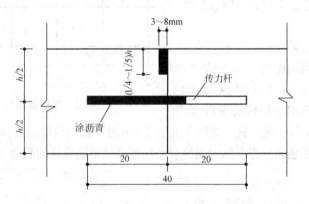

图 8-3-6　横向施工缝构造

　　设置胀缝的目的是为混凝土面层膨胀提供伸长余地，避免产生过大的压力。胀缝间距 100～200m。在邻近桥梁或其他固定结构物处、与沥青路面相接处、板厚改变断面处及隧道口、小半径曲线和纵坡变换处均应设胀缝。胀缝采用平缝形式，缝宽 2～2.5cm，宜采用滑动传力杆（图 8-3-7）。

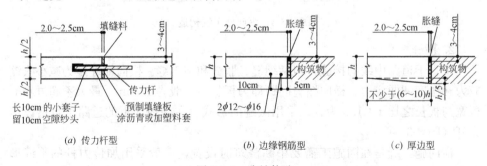

(a) 传力杆型　　　　　　(b) 边缘钢筋型　　　　　　(c) 厚边型

图 8-3-7　胀缝构造

三、交叉口接缝的布置

相交道路均为水泥混凝土路面时,交叉口范围内的接缝布置会出现梯形或钝角多角形划块。若布置不当,小锐角的板块很容易折断,影响混凝土板的使用寿命,应尽量避免。

交叉口接缝的布置应与交通流向相适应,并利于排水。接缝宜正交,尽量将锐角放在非主要行车部位,且在板角处加设补强钢筋网或角隅钢筋;分块不宜过小,接缝边长不应小于1m;接缝应对齐,一般不得错缝。图8-3-8为三种平面交叉口接缝布置示意。

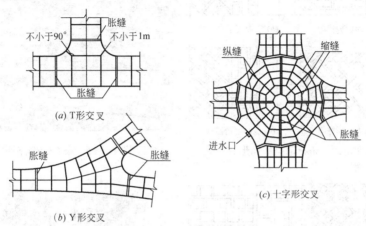

(a) T形交叉

(b) Y形交叉

(c) 十字形交叉

图 8-3-8　平面交叉口接缝布置

8.3.3　块料铺砌路面

块料铺砌路面是在坚实的基层上铺砂垫层作为整平层,再用块石和预制水泥混凝土等块料铺砌,然后用砂嵌缝而成的路面。其可用作城市道路的面层。

块石路面坚固耐久,清洁少尘,适应较大交通量,养护修理方便。但块石路面要用手工铺砌,施工进度慢,造价高。这种路面主要用于土基尚不够稳定的桥头高填土路段、铁路与公路平交道口以及通行重型车辆和履带式车辆的城市道路。

根据块石加工的形状、尺寸不同,可分为整齐石块、半整齐石块和不整齐石块。

不整齐块石路面即拳石路面和弹街石路面,由天然石料琢成。用作高级块石路面的整齐石块和条石,半整齐块石(俗称小方石和方头弹街石),石料品质应符合Ⅰ～Ⅱ级标准。拳石和粗琢石路面可直接铺砌在厚10～20cm的砂或炉碴层上,也可用碎砖、碎石、级配砾石作基层。条石和小方石路面,可铺设在贫水泥混凝土、碎石或稳定土基层上。方头弹街石多以石灰煤碴或砂砾为基层。上述路面的施工质量是路面平整的关键,基层一定要坚实,压路机辗过碎石应压碎而不嵌入,块石铺

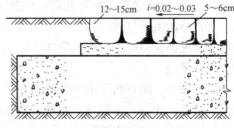

图 8-3-9　块石路面横断面示意图

砌时对每块块石锤击的次数和用力应一样，高出路面的要将填料挖去，低于路面的，要重新加填料。这样，日后路面才能均匀下沉，确保路面平整。

块石路面构造如图 8-3-9 所示。铺砌方法有横向排列、纵向排列及斜排列三种（图 8-3-10、图 8-3-11）。小方石路面还可以铺砌成弧形扇形的嵌花式图案（图 8-3-12、图 8-3-13），常用于城市广场上。

(a) 横向排列铺砌　　　　(b) 纵向人字形铺砌

(c) 横向人字形铺砌　　　　(d) 成45度角铺砌

图 8-3-10　条石铺砌平面形式　　　　　图 8-3-11　条石铺砌路面实例

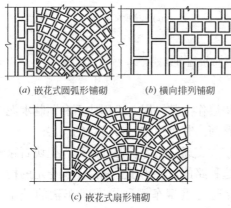

(a) 嵌花式圆弧形铺砌　　　　(b) 横向排列铺砌

(c) 嵌花式扇形铺砌

图 8-3-12　小方石铺砌平面形式　　　　图 8-3-13　铺砌成弧形扇形的小方石路面实例

8.4　现有路面的维修和利用

8.4.1　沥青路面的维修和利用

8.4.1.1　沥青路面的常见病害与维修

沥青路面由于材料、施工、行车作用等原因，会引起沥青路面强度和稳定性不足。常见沥青路面的损坏现象如下：

一、泛油

高温季节，沥青面层中多余的沥青泛到路表，产生泛油的病害，即软粘面、粘脚、粘轮。此时，面层材料粘结力低，容易被车轮粘着带走。造成泛油的原因是用油量过大，矿料用量不足。

二、推移

路面沿行车方向产生推挤和隆起，甚至形成波浪的现象称为推移。它是由于行车荷载的水平力、垂直力和震动力共同作用，使面层材料产生剪切破坏所致。路面在纵向形成连续、有规律的波浪现象称为搓板。

公交车站的路面，在车辆制动和起动时，水平力很大，经常出现严重的推移和隆起现象。

三、松散和坑槽

由于面层的材料粘结力不足，或者是由于基层湿软，强度不足时，路面在行车作用下磨损，碾碎，出现细骨料散失，粗骨料外露，失去联结，出现成片散开现象。松散现象若未及时处理，会逐步扩大，形成坑槽。

四、凹陷和车辙

凹陷是指路面局部下陷的现象。有的局部下凹，但仍处于完整状态，有的则出现裂缝或网裂。其产生原因主要是由于土基局部湿软（即局部强度和稳定性不足），或路面强度不足，或厚度太薄，传到土基的压力超过土基承载能力，因此产生过大垂直变形，使路面凹陷。如果整个路段土基强度不足，路面沿纵向产生带状凹陷，即为车辙。在高温季节，沥青面层在车辆的重复作用下，累积永久变形量较大，也易形成车辙。

五、裂缝

有网裂、龟裂、横向裂缝和纵向裂缝等。产生裂缝的原因是：基层软弱，使面层出现网裂；面层材料在行车荷载重复作用下产生疲劳，使面层出现头发丝裂缝，发展形成龟裂；沥青面层在冬季低温收缩，易产生横向裂缝；石灰土或石灰煤碴土等半刚性基层收缩，使面层也产生横向裂缝；面层底部由行车荷载作用产生的拉应力过大，使面层产生纵、横向裂缝；沥青材料老化，收缩，也会产生裂缝。

对沥青路面的局部病害，可以采用多种维修方法进行修补、养护。如果是基层的原因，应先修补基层，再修补面层。凹陷、坑槽、推移等面层变形可以采用挖补法或铣削法修补；面层裂缝采用表面处理封闭；泛油则可用撒铺矿料方法修补。

8.4.1.2　沥青路面的改建和利用

沥青路面发生较大的损坏，或者道路的功能变化，需要对原有沥青路面更新和改建。对沥青路面的改建和原有路面利用主要有以下两种方法。

一、罩面

在现有沥青路面上加铺新的路面的做法。如原有路面整体强度不足，可以采用在原有路面上加铺基层和面层的方法改建。原有道路面层老化和磨耗，可以采用加铺新的面层或保护层方法改建。

城市道路往往几经罩面，越盖越厚，可能造成道路标高超过周边街坊的地面标高，给街坊排水带来较大困难。也可以采用不提高路缘石与人行道的标高，通过加大路拱的办法解决罩面后的标高问题，但是这样不利于行车安全。

二、翻新与再生

对现有沥青路面更新的一种较好的方法。用路面铣刨机将破损的沥青路面切削一定厚度，铣刨下来的旧沥青材料放入路用沥青路面再生机，直接软化，添加新料拌合，再摊铺至原路面上，在现场一次完成旧沥青路面再生翻新。再生沥青混凝土与全新沥青混凝土比，无论在外观或实用上都没有明显差别。而且比新路面的热稳性更好，夏季无泛油、推挤、波浪等现象。它不但降低工程造价，节省能源，还可以减少环境污染，效益显著。

8.4.2 水泥混凝土路面的维修和利用

8.4.2.1 水泥混凝土路面的病害和维修

水泥混凝土路面的使用性能在行车和环境因素作用下逐渐变化，其损坏形态同柔性路面大不相同，主要有以下几种：

一、断裂

混凝土面板由于板内应力超过了混凝土强度而出现横向或纵向的断裂裂缝，或者角隅处的折断裂缝。产生过量应力的原因是多方面的：板太薄或货车超载，使荷载过重；板的平面尺寸太大；地基塑性变形过量；养生期间收缩应力过大；混凝土原材料、级配、施工不良等。断裂的出现，破坏了板的结构整体性，使板丧失大部以至全部承载能力。

二、拱起和碎裂

混凝土路面板在热膨胀受到约束时，某一接缝两侧的数块板突然出现向上拱起的现象（图8-4-1）。板收缩时接缝缝隙张开，填缝料失效，坚硬的碎屑落入缝内，致使板在而后受热膨胀时产生较大的热压应力，导致板出现纵向失稳。它出现于横向接缝（主要是胀缝）两侧数十厘米宽的范围内。由于胀缝内的滑动传力杆排列不正或不能滑动，阻碍了板的伸长，使混凝土在膨胀时受到较高的挤压应力而裂成碎块。

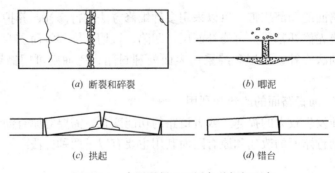

(a) 断裂和碎裂　　　　　　(b) 唧泥

(c) 拱起　　　　　　(d) 错台

图 8-4-1　水泥混凝土面层各种损坏现象

三、错台和唧泥

横向接缝两侧面层板端部出现的竖向相对位移称错台。当接缝处仅有部分传荷能力时，轮载作用下相邻板的端部出现挠度差，沿接缝渗入水分同来自路表、基层和路肩等处的碎屑相混杂。车轮驶过时，由于板端上下拍动，使水分带碎屑挤向后方面层与基层界面的空隙内，把后方板端逐步抬起。错台的出现，降低行车的平稳性和舒适性。

汽车驶过接缝时，缝内喷溅出稀泥浆的现象称唧泥。由于基层因塑性变形累积而同面层部分脱离接融，水分沿接缝下渗而积累在板下的空隙内。在轮载频繁作用下，积水变成有压水，同基层内浸湿的细料搅混成悬浮液，沿接缝被挤出。唧泥的出现，使面层板边缘下部失去支承，往往导致在离接缝 1.5～1.8m 处产生横向裂缝。若不及时处理，新断裂处又会出现唧泥现象，水泥混凝土板因板底基层逐步淘空，再次引起折断。

水泥混凝土路面局部常见病害维修方法如下：

一、补灌填缝料

接缝内填缝料丧失，脱落应及时补灌封平；填缝料日久老化失去弹性，应每隔数年铲除更新。

二、修补裂缝

修补裂缝宜在气温较低季节进行，此时裂缝较宽。一般采用灌注沥青料方法修补。

三、局部磨损

在清除碎屑之后，用沥青砂填补。当磨损面积较大时，用坚硬石料进行双层表面处治，采用沥青为粘结料。

8.4.2.2　水泥混凝路面的改建和利用

原有水泥混凝土路面有较大破坏，或者因道路功能变化，则需要对原有路面进行改建和利用。

一、加强

混凝土面板有较严重的断裂，如果断裂没有遍布全板，则可以通过加强方法修补。在断裂位置开凿成长方形凹槽，在板深 5～7cm 处，每隔一定距离打洞，埋入钢筋，做为传力杆，再浇灌混凝土填实。

二、翻新

如水泥混凝土面板破损严重，裂缝遍布全板，则进行翻新。先将该块板击破翻除，重新夯实基层，另浇筑新的水泥混凝土板。

三、罩面加厚

在旧水泥混凝土路面上修建加厚层，可以采用水泥混凝土罩面、沥青混凝土罩面、钢纤维混凝土罩面等类型。罩面加厚时，一般须先修补原有的旧水泥混凝土路面。如原有路面破损严重，不易修复，则应采用分离式加厚层，在新老路面之间设隔离层。

第9章 城市桥梁

9.1 概　述

我国城市众多，城市化进程发展迅速，在城市规划、建设中，必然会有大量桥梁技术和艺术方面的问题需要规划工作者去处理。拓宽专业视野，优化知识结构，是做好今后规划工作的基础。

在城市道路、城市铁路及轨道交通建设中，为了跨越各种障碍物（如河流、线路等）必须修建各种类型的桥梁。因此，桥梁是城市交通中的重要组成部分，在日常运营及灾害破坏情况下的紧急救援中，都起着关键性的作用。

9.2　桥梁的组成和分类

道路路线遇到河流或其他线路等障碍时，为了保持道路的连续性，充分发挥其正常的运输能力，就需要建造专门的人工构造物——桥梁来跨越障碍。桥梁既要保证桥上的交通运行，也要保证桥下水流的宣泄、船只的通航或车辆、行人等的通行。作为一般性的知识，需要熟悉一座桥梁的基本组成以及桥梁的分类。

9.2.1　桥梁的基本组成

图 9-2-1 表示一座跨河桥的概貌。从图中可见，桥梁一般由以下几部分组成：

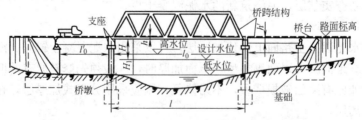

图 9-2-1　桥梁各部立面示意图

桥跨结构是在线路中断时跨越障碍的主要承载结构。当需要跨越的幅度比较大，除恒载外，还要求安全地承受很大的车辆荷载，这样桥跨结构的构造就比较复杂，施工也较为困难。

桥墩和桥台是支承桥跨结构，并将恒载和车辆等活载传至地基的建筑物。通常，设置在桥两端的称为桥台。桥台除了上述作用外，还与路堤相衔接，以抵御路堤土压力，防止路堤填土的滑坡和坍落。单孔桥没有中间桥墩。对于两端悬出的桥跨结构，则往往不用桥台而设置靠近路堤边坡的岸墩，如图 9-2-2 所示。桥墩和桥台中使全部荷载传至地基底部的奠基部分，通常称为基础。它是确保桥梁能安全使用的关键。由于基础往往深埋于土层中，并且需在水下施工，故也是桥梁建筑中比较困难的一个部分。

桥梁在桥跨结构与桥墩或桥台的支承处设置的传力装置称为支座。它不仅要传递很大的荷载，并且要保证桥跨结构能产生一定的变位。

一般将桥跨结构和支座系统称为桥跨上部结构。桥墩、桥台和基础称为桥跨下部结构。

在桥梁建筑工程中，除了上述基本结构外，根据需要还常常修筑护岸、导流结构物等附属工程。

河流中的水位是变动的。在枯水季节的最低水位称为低水位。洪峰季节河流中的最高水位称为高水位。桥梁设计中按规定的设计洪水频率计算所得的高水位称为设计洪水位。

下面介绍一些与桥梁布置和结构有关的主要尺寸和术语名称。

净跨径　对于梁式桥是设计洪水位上相邻两个桥墩（或桥台）之间的净距（图 9-2-1）。对于拱式桥是每孔拱跨两个拱脚截面最低点之间的水平距离（图 9-2-3）。

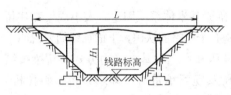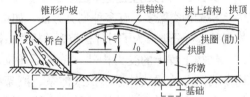

图 9-2-2　带悬臂的桥梁　　　　　　　图 9-2-3　拱桥概貌

总跨径　是多孔桥梁中各孔净跨径的总和，也称桥梁孔径（$\sum l_0$）。它反映了桥下宣泄洪水的能力。

计算跨径　对于具有支座的桥梁，是指桥跨结构相邻两个支座中心之间的距离，用 l 表示。对于图 9-2-3 所示的拱式桥，是两相邻拱脚截面形心点之间的水平距离。桥跨结构的力学计算是以计算跨径为基准的。

桥梁全长　简称桥长，是桥梁两端两个桥台的侧墙或八字墙后端点之间的距离，以 L 表示。对于无桥台的桥梁，为桥面行车道的全长（图 9-2-2）。在一条道路中，桥梁和涵洞总长的比重反映它们在整段线路建设中的重要程度。

桥梁高度　简称桥高，是指桥面与低水位之间的高差（图 9-2-1），以 H_1 表示，或为桥面与桥下线路路面之间的距离（图 9-2-2）。桥高在某种程度上反映了桥梁施工的难易性。

桥下净空高度　设计洪水位或计算通航水位（或桥下行车路面）至桥跨结构最下缘之间的距离，以 H 表示。它应保证能安全排洪（或车辆通行），并不得小于对该河流通航所规定的高度。

建筑高度　桥上行车路面（或轨顶）标高至桥跨结构最下缘之间的距离（图 9-2-1 中的 h 及 h'）。它不仅与桥梁的结构体系和跨径的大小有关，而且还随行车部分在桥上布置的高度位置而异。道路（或铁路）定线中所确定的桥面（或轨顶）标高，对通航（或行车）净空顶部标高之差，又称为容许建筑高度。显然，桥梁的建筑高度不得大于其容许建筑高度，否则就不能保证桥下的通航或通车要求。

净矢高　从拱顶截面下缘至相邻两拱脚截面下缘最低点之间连线的垂直距离，以 f_0 表示（图 9-2-3）。

计算矢高　从拱顶截面形心至相邻两拱脚截面形心之连线的垂直距离，以 f 表示（图 9-2-3）。

矢跨比　拱桥中拱圈（或拱肋）的计算矢高 f 与计算跨径 l 之比（f/l），也称拱矢度。它是反映拱桥受力特性的一个重要指标。

对标准设计或新建桥涵跨径在 60m 以下时，一般均应尽量采用标准跨径（l_b）。对于梁式桥，是指两相邻桥墩中线之间的距离，或墩中线至桥台台背前缘之间的距离。对于拱桥，则是指净跨径。桥涵标准跨径 0.75m～60m，共分 22 种。城市桥梁建设中也多采用标准跨径。

涵洞　用来宣泄路堤下水流的构造物。通常在建造涵洞处路堤不中断。为了区别于桥梁，凡是多孔跨径的全长不到 8m 和单孔跨径不到 5m 的泄水结构物，均称为涵洞。

9.2.2　桥梁的主要类型

桥梁种类繁多，有多种划分方法，如按桥梁基本体系、用途、大小规模和建桥材料等进行分类。为了对各种类型的桥梁结构有个概略的认识，下面加以简要说明。

结构工程上的受力构件，总离不开拉、压和弯三种基本受力方式。桥梁按结构受力可分为梁式体系、拱式体系、刚架桥及缆索承重桥（即悬索桥、斜拉桥）等四种基本体系，以及由几种基本体系组合而成的组合体系桥等。

按用途来划分，有城市桥梁、公路桥、铁路桥、公路铁路两用桥、农桥、人行桥、运水桥（渡槽）及其他专用桥梁（如通过管路、电缆等）。

桥梁按全长和跨径的不同，分为特殊大桥、大桥、中桥和小桥，以便作为在设计和施工中需要区别对待时的遵循标准（表 9-2-1）。总宽度大于或等于 30m 的城市桥梁，可在原分类基础上提高一类来考虑。

桥梁按总长或跨径分类　表 9-2-1

桥梁分类	多孔桥全长 L(m)	单孔跨径 l(m)	桥梁分类	多孔桥全长 L(m)	单孔跨径 l(m)
特殊大桥	$L \geqslant 500$	$l \geqslant 100$	中桥	$100 > L > 30$	$40 > l \geqslant 20$
大桥	$500 > L \geqslant 100$	$100 > l \geqslant 40$	小桥	$30 \geqslant L \geqslant 8$	$20 > l \geqslant 5$

但这种分类只能理解为一种行业管理的分类，不反映桥梁工程设计、施工的复杂性。国际上一般认为单跨跨径小于 150m 属于中、小桥梁；大于 150m 即称为大桥；而能称之为特大桥的，只与桥型有关。一般分类见表 9-2-2。

特大桥的分类　表 9-2-2

桥梁类型	跨径 l(m)	桥梁类型	跨径 l(m)
悬索桥	>1000	钢拱桥	>500
斜拉桥	>500	混凝土拱桥	>300

按主要承重结构所用材料划分，有圬工桥（包括砖、石、混凝土）、钢筋混凝土桥、预应力混凝土桥、钢桥和木桥等。木材易腐，现今一般很少采用。

按跨越障碍的性质，有跨河桥、跨线桥（立体交叉）、高架桥和栈桥。高架桥一般指代替高路堤的桥梁。为将车道升高至周围地面以上，并使其下面的空间可以通行车辆，或作其他用途（如堆栈、店铺等）而修建的桥梁，称为栈桥。

按上部结构的行车道位置，分为上承式桥、下承式桥和中承式桥。桥面布置在主要承重结构之上者称为上承式桥；桥面布置在承重结构之下的称为下承式桥；桥面布置在桥跨结构高度中间的称为中承式桥。

上承式桥构造较简单，施工方便，而且其主梁或拱肋等的间距可按需要调整，以求得经济合理的布置。一般说来，上承式桥梁的承重结构宽度可做得小些，因而可节约墩台圬工数量。此外，在上承式桥上行车时，视野开阔，感觉舒适也是其重要优点。所以，城市桥梁一般尽可能采用上承式桥。上承式桥的不足之处是桥梁的建筑高度较大。

在建筑高度受严格限制的情况下，以及修建上承式桥必须提高路面（或轨顶）标高而显著增大桥头路堤土方量时，就应采用下承式桥或中承式桥。特别是对于城市桥梁，有时受周围建筑物等的限制，不容许过分抬高桥面标高时，可修建下承式桥。

混凝土桥按施工方法可分为整体式和装配式。前者是在桥位上搭脚手架、立模板，然后现浇成为整体式结构。后者是在工厂（或工场、桥头）预制成各种构件，然后运输、吊装就位，拼装成整体结构；或在桥位上采用现代先进施工方法逐段现浇成为整体结构。

除了以上所述各种固定式的桥梁以外，还可按照特殊的条件，修建开合桥、浮桥、漫水桥等等。

9.3　城市桥梁的总体规划和设计要点

9.3.1　城市桥梁总体规划原则和基本设计资料

城市桥梁是道路的重要组成部分，特别是大、中桥梁对当地的政治、经济、国防以及防灾减灾等都具有重要意义。因此，应根据所设计桥梁的使用任务、性质和所在线路的远景发展需要，按照适用、安全、经济、美观的原则进行总体规划和设计。在城镇及靠近城镇、铁路及水利设施的桥梁，应结合各有关方面的要求考虑综合利用，需要经过多方论证，动态地、系统地加以考虑，尽量采用工程量较少的方案。

9.3.1.1　城市桥梁设计的基本要求

在城市桥梁设计中，必须考虑下述各项要求。

一、使用上的要求

桥上的行车道和人行道宽度应保证车辆和人行的安全畅通，桥型、跨度大小和桥下净空应满足泄洪、安全通航或通车等要求，并应满足未来城市建设及交通事业发展的需要，（如增加桥下净空、拓宽桥面车行道或者提高使用荷载，以及新建桥梁附近将来是否修建其他构筑物等）。建成的桥梁必须保证一定的使用年限，并便于检查和维修。

适用是修建桥梁的一个主要目的，有许多值得注意的经验。在桥位选择上，过去为方便城市交通，将有些桥建在市区而引入大量过境车流。有些桥又过分强调远期发展而建于远离市区处，使近期车辆绕道多，耗费大，不能吸引更多车流。过分强调高标准通航、通车要求，使桥梁高度、跨度和宽度偏高，偏大，导致引道坡度陡而长。片面强调节约，将桥梁宽度定得偏窄，或缩短引道长度采用较大的纵坡，导致使用上的不便。这些都是不可取的。

二、经济上的要求

桥梁设计应体现经济上的合理性。在设计中必须进行详细周密的技术经济比较，不仅使桥梁的总造价和材料等的消耗为最少，还应综合考虑附属建筑及征地拆迁等因素。要全面而精确地考虑所有的经济因素往往是困难的，在技术经济比较中，应充分考虑桥梁在使用期间的运营条件以及养护、维修等方面的问题。

桥梁设计应根据因地制宜、就地取材、方便施工的原则，合理选用适当的桥型。此外，施工上便于制造和架设，采用先进的工艺、技术和施工机械，能满足快速施工要求，以达到缩短工期的桥梁设计，不仅能降低造价，而且提早通车，在运输上将带来很大的经济效益。

三、安全上的要求

在结构和构造上，要求整个桥梁结构及其各部分构件，在制造、运输、安装和使用过程中应具有足够的强度、刚度、稳定性和耐久性。桥梁结构的强度应使全部构件及其连接构造的材料抗力或承载能力具有足够的安全储备。在刚度上，应使桥梁在荷重作用下的变形不超过规定的容许值，过度变形会使结构的连接松弛，而且挠度过大会导致高速行车困难，引起桥梁剧烈振动，使行人不适，严重者会危及桥梁结构的安全。在结构的稳定性上，是要使桥梁结构在各种外力作用下，具有能保持原来的形状和位置的能力。例如，桥跨结构和墩台的整体不致倾倒或滑移，受压构件不致引起纵向屈曲变形等。在地震区修建桥梁时，在计算和构造上还要满足抵御地震破坏力的要求。

除结构物在正常使用情况下的安全外，还需注意在使用过程中，对航运、车辆、行人的安全。对桥墩的布置、照明、排水、桥面线形、纵横坡、易燃管线过桥等都要注意结构安全和使用安全。

四、美观上的要求

桥梁应具有优美的外形，总体布局要舒展，且与周围的景致相协调。合理的结构布局和轮廓是影响桥梁美观的主要因素。桥梁有别于其他结构的美学特征有：通达之美、凌空之美、流畅之美及刚柔之美。

图 9-3-1 为一跨越公路立交桥的三种桥型方案。可以看出，斜腿的刚架与拱桥造型轻巧、线形流畅，与周围环境协调，结构造型力量感强，应是首选方案。

图 9-3-2 是一跨越城市道路立交桥的方案比较。由于桥面较宽，考虑原路地势较低，拟定一个中承式变矢跨比的桥型方案，别具一格。

桥梁孔径、桥墩高度式样的变化、桥面的起伏、索的辐射、缆的优美曲线及拱的弯曲等都形成了韵律与节奏。

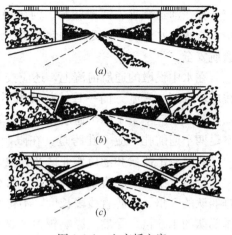

图 9-3-1　立交桥方案

从美观上讲，梁桥或拱桥相邻跨度的比值一般（小跨比大跨）宜在 0.4～1.0 内。接近 0.618 时，墩跨变化会显得平顺、流畅，有韵律感与节奏感。梁桥墩高与跨度之比宜在 0.25～0.85 内，接近 0.618 时，桥高与跨度的比例最为和谐。拱桥之矢跨比宜在 1/8～1/4 内。斜拉桥索塔高度（自桥面算起）与中跨之比宜在 1/7～1/4 内，边跨与中跨之比宜在 1/3～1/2 内。悬索桥大缆矢跨比宜在 1/7～1/11 内，边跨与中跨之比宜在 1/4～1/2 内。

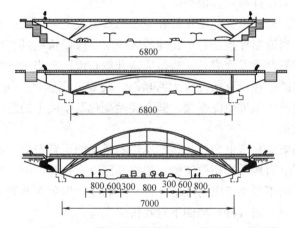

图 9-3-2　跨越城市道路的立交桥方案比较

9.3.1.2　桥位选择与布置

城市桥梁的桥位选择，应根据城市规划，近、远期交通流量和流向的需要，水文、航运、地形、地质等条件，以及对邻近构筑物和公用设施的影响大小来确定。

为保证线路的平顺性，中、小桥桥位宜服从城市道路的走向布置。桥梁纵轴线宜与河流成正交，这样不仅桥长最短，有利于桥梁和线路安全，而且上、下部构造的布置比较简单，受力明确，便于设计计算和施工，桥梁本身外观也较好。如受现场条件、路线走向等要求限制，亦可考虑修建斜桥或弯桥。

桥位选择，要适应城市车辆、行人的流向、流量需要，吸引各种车辆和行人过桥，以便充分发挥其功能。

跨越一条河流时，一般以设置一座桥为宜。当一条河流有两个或两个以上的稳定河槽，或滩地流量占设计流量比重较大，且水流不易合并时，宜分设桥梁。

但若两桥相距不远、有连通设桥条件时，应连通设为一长桥。水中设墩的桥位置应选择在河道顺直、河滩较窄、河床稳定的河段，且桥位处高水位水流流向与中、常水位水流的流向之间的偏差角应最小，以保证桥梁基础和中、常水位时的通航安全。

在水中设墩的通航河流上，还应按下列情况考虑：桥墩（台）沿水流方向轴线应尽可能与水流方向一致，其偏角不得超过 5°，如超过，则通航净宽须相应加大，一般应不小于两个通航孔。水运繁忙的较宽河流上，应设多孔通航。河宽不足两个通航孔，应一孔跨过。在限制性航道上，宜一孔跨过。桥位应离开险滩、弯道、汇流口和港口作业区及锚地。

桥位上游河道的直线段长度，不得小于顶推船队长度的 4 倍，拖带船队或拖排船队的 3 倍。下游直线段长度，不得小于顶推船队长度的 2 倍，拖带船队或拖排船队的 1.5 倍。受潮汐影响较大（双向流水）的河流，其上、下流直线长度不得小于顶推船队长度的 3 倍，拖带船队或拖排船队的 2 倍。相邻两桥的轴线间距，对 Ⅰ 至 Ⅴ 级航道不得小于船队长度加船队下水 5min 航程之和，对 Ⅵ、Ⅶ 级航道为 3min。若不能保证桥位上、下游河道的直线段长度或相邻两桥的轴线间距，必须在通航的设计布置方面采取航行安全措施。

桥位宜选在河槽较窄、地质良好和地基承载力较大的河段；不宜位于河岸有滑坡坍塌之处。当道路穿越某些不良地质区段时，应设桥通过。墩、台基础不宜设置在断层、溶洞严重发育之处。桥位应避开泥石流区，当无法避开时，宜建大跨桥跨过泥石流区。在没有条件建大跨桥时，应避开沉积区，可在流通区跨越。桥位不宜布置在河床纵坡由陡变缓、断面突然变化及平面上的急弯处，以免引起泥石流的阻塞沉积。

桥位上方的架空高压电力线，将严重影响桥梁的运营安全，所以桥位上方不得布置架空高压电力线。当桥位旁侧有架空高压电力线跨河时，桥边与架空电力线之间的水平距离不得小于电力线塔（杆）架高度，以免在遭受暴风雨、雪、雷击、地震等灾害时，塔（杆）架倒下危及桥梁安全。

9.3.2 城市桥梁纵、横断面设计和平面布置

9.3.2.1 桥梁纵断面设计

桥梁纵断面设计包括确定桥梁的总跨径、桥梁的分孔、桥道的标高、主桥桥面和桥头引道的纵坡以及基础的埋置深度等。

一、桥梁总跨径的确定

城市跨线桥一般根据交通发展和城市建设的需要，确定其总跨径。

对于一般跨河桥梁，总跨径可参照水文计算来确定。桥梁的总跨径必须保证桥下有足够的排洪面积，使河床不致遭受过大的冲刷。另一方面，根据河床土壤的性质和基础的埋置情形，设计者应视河床的允许冲刷程度，适当缩短桥梁的总长度，以节约总投资。

因此，桥梁的总跨径应根据具体情况经过全面分析后加以确定。例如，对于在非坚硬岩层上修筑的浅基础桥梁，总跨径应该大一些，不使路堤压缩河床。

对于深埋基础，一般允许较大的冲刷，总跨径就可适当减小。山区河流一般

水流流速本来已经很大，应尽可能少压缩或不压缩河床。平原区的宽滩河流可以允许较大的压缩，但必须注意壅水对河滩路堤以及建筑物可能造成的危害。

二、桥梁的分孔

对于一座较长的桥梁，应当分成几孔，各孔的跨径应当多大，这不仅影响到使用效果、施工难易和美观等问题，也关系到桥梁的总造价。

跨径越大，孔数越少，上部结构的造价就越高，墩台的造价就减少。反之，则上部结构的造价降低，而墩台造价将提高。这与桥墩的高度以及基础工程的难易程度有密切关系。一般来说，地质越差或下部结构投资越大，就越宜采用较大的跨度，以减少支承结构的工程量，从而节省投资，反之亦然。因此，桥梁孔跨布置往往表现为：引桥小于主桥，边跨小于中跨。城市桥梁孔径，应按批准的城市规划中的河道及航道整治规划，结合现状布设。若无规划，则根据现状，按设计洪水流量满足泄洪和通航要求布置。不宜过大改变水流的天然状态。对于跨线桥，桥梁的分孔要根据城市交通发展规划，满足现状和将来桥下车辆、行人的安全畅通。

当桥梁上跨道路时，为了避免采用较大的跨度，降低建筑高度，节省投资，往往考虑是否可于道路的中央分隔带处设墩，从而两跨或多跨跨越道路。

在互通式立交桥中，桥梁的布设应尽量避免出现分叉或大曲率桥，若无法避免时，应于分叉处、桥面宽度变化处或急转弯处设置桥墩，使桥梁受力状态良好。另外，在互通式立体交叉中，桥梁在水平面上的布置应力求作到匀称，桥下通透性良好。引桥起桥高度一般为 2～3m。对于跨越河流后又要与滨河路实现互通式立交的大型桥梁，要妥善处理好跨河分跨与立交桥群布置关系的问题。

对于通航河流，在分孔时首先应考虑桥下通航的要求。桥梁的通航孔应布置在航行最方便的河域。对于变迁性河流，鉴于航道位置可能发生变化，就需要多设几个通航孔。

在平原地区的宽阔河流上修建多孔桥时，通常在主槽部分按需要布置跨径较大的通航孔，而在两旁浅滩部分则按经济跨径进行分孔。如果经济跨径较通航要求者还大，则通航孔也应取用较大跨径。

在桥梁较高、河面较宽、水深流急时，或需在水库上修桥时，在技术经济条件许可的情况下常常增大水中桥跨跨度，甚至可采用特大跨径单孔跨越。尽可能将桥墩设在岸上、浅水区或礁石上，最大限度地减少深水桥墩基础，降低洪水对桥墩及基础施工的影响，有利于泄洪及水上交通，减少船舶撞击桥墩的几率。

在布置桥孔时，有时为了避开不利的地质段（如岩石破碎带、裂隙、溶洞等），也要将桥基位置移开，或适当加大跨径。对于跨度不超过 50m 的简支梁桥，应采用标准跨径，以方便设计与施工，取得经济效益。

对于某些体系的多孔桥梁，为了合理地使用材料，做到经济、美观，各孔跨径应有合宜的比例关系。例如，为了使钢筋混凝土连续梁桥的中跨和相邻边跨的跨中最大弯矩接近相等，其中跨与相邻边跨的跨径比值，对于三跨连续者约为 0.80：1.00：0.80，对于五跨连续者约为 0.65：0.90：1.00：0.90：0.65。为了使多孔悬臂梁桥的结构对称，最好布置成奇数跨。

在具有较长历史的城区，建造桥梁选择墩位，应对桥址区域内现有的或残留的构筑物进行调查，如地下管线（给、排水管道，通讯光缆，电缆，煤气管道等）、驳岸、码头、防汛墙、堤岸及抛石护岸等各类水工构筑物，各种房屋建筑物的性质及结构情况等，以便确定桥墩基础是否避让，或原有构筑物拆迁、改造，或对紧靠基础的构筑物采取防护措施等。必要时，应对临近建筑物、构筑物或土体稳定性进行评估。

从战备方面考虑，应尽量使全桥的跨径做得一样，并且跨径不宜太大，以便于战时抢通和修复。

跨径的选择还与施工能力有关，有时选用较大跨径虽然在经济上是合理的，但限于当时的施工技术能力和设备条件，也不得不采用较小的跨径。对于大桥施工，基础工程往往对工期起控制作用，在此情况下，从缩短工期出发，就应减少基础数量而修建较大跨径的桥梁。

一座桥梁既是交通工程结构物，又是自然环境的美化者，对于一些特别重要的桥梁，更应该显示出时代特点，因此在整体规划桥梁分孔时必须重视美观的要求。

总之，对于大、中桥梁的分孔是一个相当复杂的问题，必须根据使用任务、桥位处的地形和环境、河床地质、水文等具体情况，通过技术经济等多方面的分析比较，才能作出比较完美的设计方案。

三、桥道标高的确定

对于跨河桥梁，桥道的标高应保证桥下排洪和通航的需要。对于跨线桥，则应确保桥下安全行车。在平原区建桥时，桥道标高的抬高往往伴随着桥头引道路堤土方量的显著增加。在修建城市桥梁时，桥高了会使两端引道延伸影响到市容，或者需要设置立体交叉、高架栈桥，而导致提高造价。因此，必须根据设计洪水位、桥下通航（或通车）净空等需要，结合桥型、跨径等一起考虑，以确定合理的桥道标高。在有些情况下，桥道标高在路线纵断面设计中已作规定。下面介绍确定桥道标高的有关问题。

（一）流水净空的确定

对于非通航河流，为了保证桥下流水净空，梁式桥，梁底一般应高出设计洪水位（包括壅水和浪高）不小于 0.50m，高出最高流冰水位 0.75m。支座底面应高出设计洪水位不小于 0.25m，高出最高流冰水位不小于 0.50m（图 9-3-3）。

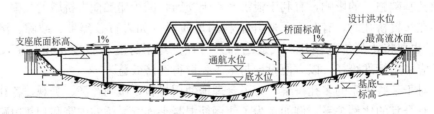

图 9-3-3　梁式桥纵断面规划图

对于无铰拱桥，拱脚允许被设计洪水位淹没，但淹没深度一般不超过拱圈矢高 f_0 的 2/3（图 9-3-4）。并且在任何情况下，拱顶底面应高出设计洪水位

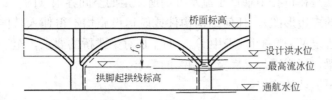

图 9-3-4 拱桥桥下净空图

1.0m，即 $\Delta f_0 \geqslant 1.0$m。拱脚的起拱线应高出最高流冰水位不小于 0.25m。

当在河流中有形成流冰阻塞的危险或有漂浮物通过时，桥下净空应按当地具体情况确定。对于有淤积的河床，桥下净空应适当加高。

跨河建筑物通航净空尺寸　　　　　　　　　　　　　　表 9-3-1

航道等级	天然及渠化河流(m)				限制性航道(m)			
	净高 H_m	净宽 B_m	上底宽 b	侧高 h	净高 H_m	净宽 B_m	上底宽 b	侧高 h
I-(1)	24	160	120	7.0				
I-(2)	18	125	95	7.0				
I-(3)		95	70	7.0				
I-(4)		85	65	8.0	18	130	100	7.0
II-(1)	18	105	80	8.0				
II-(2)		95	70	8.0				
III-(2)	10	70	55	6.0				
III-(3)		60	45	6.0	10	85	65	6.0
III-(4)		40	30	6.0		50	40	6.0
IV-(1)	8	60	50	4.0				
IV-(2)	8	50	41	4.0	8	80	66	3.5
IV-(3)		35	29	5.0		45	37	4.0
V-(1)	8	46	38	4.0				
V-(2)		38	31	4.5	8	75～77	62	3.5
V-(3)	8.5	28～30	25	5.5,3.5	8.5	38	32	5.0,3.5
VI-(1)					4.5	18～22	14～17	3.4
VI-(2)	4.5	22	17	3.4				
VI-(3)	6	18	14	4.0	6	25～30	19	3.6
VI-(4)						28～30	21	3.4
VII-(1)	3.5	14	11	2.8	3.5	18	14	3.4
VII-(2)						29	14	2.8
VII-(3)	4.5	18	14	2.8	4.5	25～30	19	2.8

（二）通航净空的确定

在通航及通行木筏的河流上，必须设置保证桥下安全通航的通航孔。在此情况下，桥跨结构下缘的标高，应高出自设计通航水位算起的通航净空高度。所谓通航净空，就是在桥孔中垂直于流水方向所规定的空间界限（图 9-3-3 和图 9-3-4 中虚线所示的多边形图），任何结构构件或航运设施均不得伸入其内。我国对于通航净空的规定见表 9-3-1。表中 B_m、H_m 是对梁式桥的要求，至于拱桥或下缘带斜撑的桥梁，还应满足上底宽及侧高的要求。

四、桥道纵坡的确定

桥道标高确定后，就可根据两端桥头的地形和线路要求来设计桥梁的纵断面线型。桥面中心线纵断面可做成平坡、斜坡和竖曲线。对于特大桥、大桥和快速路上的桥面宜按第 4 章中有关竖曲线规定布设。

一般小桥，通常做成平坡桥。对于大、中桥梁，为了利于桥面排水和降低引道路堤高度，往往设置从中间向两端倾斜的双向纵坡。

在平原地区，当两端道路纵坡很小时，桥上纵坡应分别满足：机动车专用道不宜大于 4%；机动车与非机动车道混行时不大于 2.5%～3%；若非机动车流量很大，宜采用纵坡不大于 2.5%。山区城市桥梁的两端道路纵坡和坡段长度较大时，桥面纵坡和坡段长度可予增大，但不应大于两端道路的纵坡和坡段长度。

桥头引道纵坡不宜大于 5%，对位于混合交通繁忙处的桥梁，桥头引道纵坡不得大于 3%，纵坡发生变更的地方应按规定设置竖曲线。

9.3.2.2 桥梁横断面设计

桥梁横断面的设计，主要是决定桥面的宽度和桥跨结构横截面的布置。

一、桥面构造

桥面构造包括行车道铺装、排水防水系统、人行道（或安全带）、缘石、栏杆、照明灯具和伸缩缝等。图 9-3-5 示出桥面的一般构造。

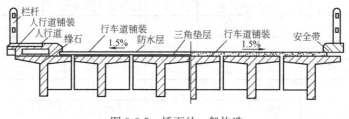

图 9-3-5 桥面的一般构造

二、桥梁横断面布置

（一）桥梁横断面布置的一般要求

下承式、中承式桥的主梁、主桁或拱肋和悬索桥、斜拉桥的索面及塔，可设置在人行道上或车行道分隔带上。但必须采取保护措施，保证在任何情况下不使车辆撞及。悬索桥、斜拉桥的索面及塔亦可设置在人行道栏杆外侧。

在一般情况下，桥上不应设绿化分隔带，因绿带土层薄，树木易枯萎；土层厚则对桥梁增加不必要的荷重。两端道路如设有较宽的分隔带或绿化带时，桥梁可考虑分体建设，横向做成分离式，如图 9-3-6，或用一般分隔带或划线代替绿化带。

桥梁人行道或安全道外侧，必须设置人行道栏杆，高度 1.0～1.2m。快速路、主干路、次干路，不论有、无非机动车道，若两侧无人行道，则两侧应设安

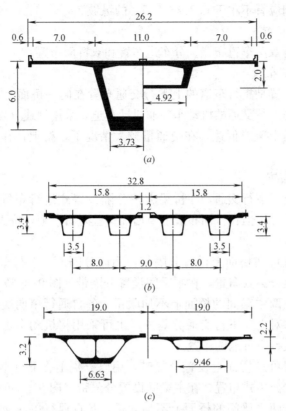

图 9-3-6 分车道的桥面布置（单位：m）

全道（执勤、养护、维修专用），宽度为 0.50～0.75m。

除快速路外，桥面上机动车道与非机动车道具有永久性分隔带的桥或专用机动车桥，两旁人行道或安全道缘石高出车行道 0.15～0.20m。

主干路、次干路、支路，桥面为混合行驶车道或专用机动车桥时，人行道或安全道缘石高出车行道 0.25～0.40m；若桥梁跨越急流、大河、深谷、重要道路、铁路、主要航道，或桥面常有积雪、结冰，缘石高度宜采用较大值；外侧采用加强栏杆。

快速路桥，若有非机动车道，则两侧人行道或安全道缘石高可取 0.25～0.40m，外侧采用加强栏杆；若无非机动车道，则两侧人行道或安全道缘石高度宜用 0.40m，并须在缘石处加设防护栏，安全道上防护栏与外侧栏杆之间净宽为 0.75m。

（二）桥面横坡

必须充分重视桥梁车行道排水问题。桥面积水不仅会降低桥梁使用寿命、有碍观瞻，也会因车轮与路面打滑而影响行车安全。桥面车行道应设置横坡，以利快速排水。在快速路和主干路桥上，横坡为 2%；在次干路和支路桥上，横坡为 1.5%～2%。

人行道应设置 1% 单向斜向车行道的横坡。

在路缘石旁须设置足够数量的泄水孔。很多桥梁纵向为平坡，为便于排水，要求在泄水孔间应有不小于 0.3%～0.5% 的纵坡。

（三）桥面布置

桥面布置有双向车道布置、分车道布置和双桥面布置。

1. 双向车道布置

双向车道布置是指行车道的上下行交通布置在同一桥面上，如图 9-3-5。在桥面上，上行与下行交通的机动车与非机动车道，采用划线分隔。车辆在桥上的行驶速度只能是中速或低速，在交通量较大情况下，桥上往往会形成交通滞流状态。

2. 分车道布置

行车道的上、下行交通，在桥梁上按分隔设置式进行布置，可提高行车速度，便于交通管理。但在桥面布置上要增加一些附属设施，桥面的宽度相应地要加宽些。

分车道布置可在桥面上设置分隔带，用以分隔上、下行车辆（图 9-3-6a）。也可以采用主梁分离式布置，在主梁间设置分隔带（图 9-3-6b）。有的桥梁采用分离式主梁，在两主梁间的桥面上不加联系，各自通行单向交通（图 9-3-6c）。分车道布置，除对上、下行交通分隔外，也可采用将机动车道与非机动车道分隔、行车道与人行道分隔的布置。

分车道布置可在桥面上设置分隔带，用以分隔上、下行车辆（图 9-3-6a）。也可以采用主梁分离式布置，在主梁间设置分隔带（图 9-3-6b）。有的桥梁采用分离式主梁，在两主梁间的桥面上不加联系，各自通行单向交通（图 9-3-6c）。分车道布置，除对上、下行交通分隔外，也可采用将机动车道与非机动车道分隔、行车道与人行道分隔的布置。

3. 双层桥面布置

双层桥面布置是桥梁结构在空间上提供两个不在同一平面上的桥面构造。钢桥受力明确，构造上也较易处理，用双层桥面布置已被普遍使用。

桥梁做成双层式，上层通机动车，下层通非机动车、行人及市政工程管线和轨道交通。交通快慢分流，有利于提高车辆和行人的通行能力，便于交通管理。同时，可以充分利用桥梁净空，在满足同样交通要求情况下，减小桥梁宽度，缩短引桥长度，达到较好的经济效益（图 9-3-7）。

图 9-3-7　多功能的双层桥面布置实例

图 9-3-8（a）所示为 1965 年建造的委内瑞拉 4×96m＋2×48m 的预应力混凝土连续梁桥卡罗尼河桥。桥的上层是 10.3m 宽的机动车道，下层 3m 宽的人行道设在箱梁底板挑出的悬臂板上。

1980 年建成的奥地利维也纳帝国桥是一座多功能的 10 孔预应力混凝土双层

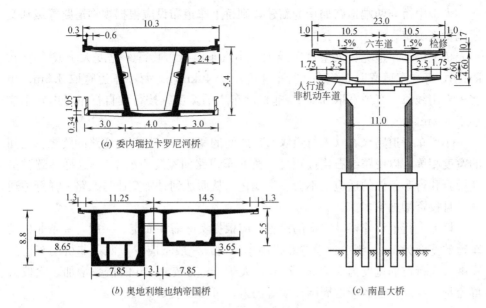

(a) 委内瑞拉卡罗尼河桥

(b) 奥地利维也纳帝国桥

(c) 南昌大桥

图 9-3-8　双层桥面布置实例（单位：m）

梁桥（图 9-3-8b）。桥的梁高 5.5～8m，上层桥面为机动车六车道，箱梁内通行地下铁路，箱梁外悬臂板设有 2×3.5m 人行道。并在位于新运河上的三孔设有地铁车站，在箱梁的腹板上开有五个椭圆孔洞，人行道悬臂拓宽到 8m 多。

图 9-3-8（c）是南昌大桥双层桥面布置实例。

桥梁设计采用双层桥面布置，往往桥面较窄，横梁弯矩减小，桥跨体系传递竖向荷载的路径也较明确。

三、桥面净空尺寸的确定

城市以及位于大、中城市近郊的桥梁，其桥面净空尺寸，应结合城市实际交通量和今后发展的要求来确定。

图 9-3-9 表示桥面净宽相同的上承式桥和下承式桥的横截面布置。由于结构布置上的需要，下承式桥承重结构的宽度 B 要比上承式桥的大，而其建筑高度 h 却比上承式桥的为小。

为了使桥上车道路幅与道路车道路幅交接平顺，桥面车道路幅宽度宜与所衔接道路的车道路幅布置得一致。大、中桥车行道宽度，可取两端道路车行道有效宽度的总和（不计分车带宽度），此时应在引道上设变宽的缓和段与两端道路顺接。

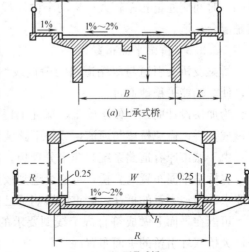

(a) 上承式桥

(b) 下承式桥

图 9-3-9　横截面布置

257

大、中桥与两端道路如均为新建，则桥上车道布设应根据规划道路等级和交通流量来确定。

桥上机动车道宽：大型汽车或大、小汽车混行，其行车速度大于或等于 40 km/h，每一车道宽取 3.75m；行车速度小于 40km/h，每一车道宽取 3.5m；小客车专用线每一车道宽取 3.5m。非机动车道的宽度（按行驶自行车考虑）不应小于 3.0m。

小桥车行道路缘石（人行道缘石）之间的宽度，宜与两端道路的路缘石之间的宽度相等，以使路缘石连接顺直（桥面车道路面宽度不缩窄）。这样，驾驶员在视野和行车条件的适应上不会发生变化，从而达到过桥交通与原路一样舒适通畅，且投资增加不多。

桥上人行道和非机动车道的设置、应根据实际需要而定。一般，一条非机动车道的宽度为 1m。当单独设置非机动车道时，一般不应少于两条非机动车道的宽度。人行道的宽度为 0.75m 或 1m，大于 1m 时按 0.5m 的倍数增加。除按人群流量计算外，还需考虑周围环境等因素，可参照表 9-3-2。

桥面人行道宽度表   表 9-3-2

桥梁等级及地段	人行道宽度（单侧）
火车站、码头、长途汽车站和其他行人聚集地段	3～5m
大型商店和大型公共文化机关附近,商业闹市区	2.5～4.5m
一般街道地段	1.5～3m
大桥、特大桥	2～3m

当特大桥、大桥所处路段具有下列条件之一时、机动车与非机动车可按混合行驶考虑：每一车道平均交通量少于 300pcu/h；同向机动车与非机动车的交通流量高峰不在同一时间；双向的交通流量高峰不在同一时间；机动车与非机动车在同一时间交通量相差较大；机动车设计行车速度小于 30km/h；两端连接的车道是混合车道。

9.3.2.3 桥梁平面布置

桥梁及桥头引道与两端道路的衔接线型应符合路线布设的规定，要保持平顺，使车辆能平稳地通过。

为加快设计周期，便于施工，保证工程质量，降低工程造价，桥梁在平面上宜做成直桥，避免桥梁与河流，或桥下路线斜交。

由于城市原有道路系统并非十分理想，已有建筑比较密集，交通设施布设复杂，将桥梁平面布置为直桥，可能会遇到较大困难，如满足不了道路路线上的技术要求、增加大量的拆迁，严重地影响了已有重要建筑及重要设施的使用等。为此，可以在平面上做成符合规定线型要求的斜桥或弯桥。图 9-3-10 是哈尔滨松花江大桥双环引桥的平面布置。

引桥坡度较大或与滨河路相交时，可适当拓宽引桥宽度（主桥桥面宽度不变），以增加车道数；或者修建立体交叉，跨越交通流量较大的滨河路。

图 9-3-10　哈尔滨松花江大桥引桥平面布置

9.4　城市桥梁基本体系

　　桥梁可按结构基本体系大致划分为梁式桥、拱式桥、刚架桥、悬索桥及组合体系桥等类型。各种类型的桥梁，其适用的跨度并不相同；同一种类型桥梁，由于其具体的受力体系（如梁式桥可分为简支梁、悬臂梁、连续梁等）、材料、荷载、工程条件和施工方法等的不同，跨度也不相同。常用的桥式经济跨度的范围见表 9-4-1。

常用桥式经济跨度的大致范围　　　　　　　　　　　表 9-4-1

桥式	经济跨度大致范围(m)	桥式	经济跨度大致范围(m)
简支梁	5～50	连续桁架	100～400
连续梁	25～200	拱桥	45～500
连续刚构	100～300	斜拉桥	100～600
简支桁架	50～150	悬索桥	500～3000

9.4.1　梁式体系桥

9.4.1.1　按承重结构的截面形式划分

一、板桥

　　板桥的承重结构就是矩形截面的钢筋混凝土板预应力混凝土板（图 9-4-1a）。主要特点是构造简单，施工方便，而且建筑高度较小。这种板在车辆荷载作用下除了沿跨径方向受力弯曲外，在横向也发生挠曲变形，是一块双向受力的弹性薄板。

　　有时为了减轻自重，也可做成留有圆洞的空心板桥，或将受拉区稍加挖空的矮肋式板桥（图 9-4-1b）。

　　图 9-4-1 (c) 所示为跨径在 1.5～8.0m 的钢筋混凝土板桥标准图中，通常采用的装配式实心板截面。它由几块预制的实心板条，利用板间企口缝，填入混凝土，拼连而成。每块板宽度为 1m。这种装配式实心板不是双向受力的整体宽

板，而是一系列单向受力的窄板式的梁，板与板之间借铰缝传递剪力而共同受力。每块窄板主要沿跨径方向承受弯曲和扭转。

装配式板桥也可做成横截面被显著挖空的空心板桥（图 9-4-1d），以达到减轻自重和加大跨径的目的。跨径在 8～16m 的预应力混凝土板桥（先张法）标准图中，也采用装配式空心板截面。

图 9-4-1 (e) 是一种装配—整体组合式的板桥。它利用一些小型预制构件安装、就位后作为底模，在其上再浇筑混凝土，结合成整体。在缺乏起重设备的情况下，这种板桥能收到较好的效果。

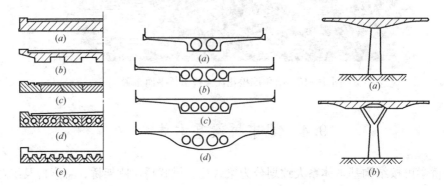

图 9-4-1　板桥横截面　　图 9-4-2　异形板横截面　　图 9-4-3　城市高架道路的板桥截面

图 9-4-2 和图 9-4-3 为现代高架道路上采用的各种异形板截面形式。图 9-4-3 的单波和双波式横截面的板桥，在与柱形桥墩的配合下，桥下净空大，可布置与桥梁同向的线路，造型也美观。但这种结构的施工较为复杂。

二、肋梁桥

在横截面内形成明显肋形结构的梁桥称为肋板式梁桥，或简称肋梁桥。肋梁式截面有三种基本类型：Π形、I形和 T 形（图 9-4-4）。

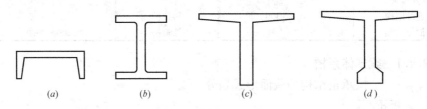

图 9-4-4　肋梁式截面

肋板式梁桥，梁肋（或称腹板）与顶部的钢筋混凝土桥面板结合在一起作为承重结构（图 9-4-5），显著减轻了自重。对于仅承受正弯矩作用的简支梁来说，这种构造既充分利用了扩展的混凝土桥面板的抗压能力，又有效地发挥了集中布置在梁肋下部的受力钢筋的抗拉作用，从而使结构构造与受力性能达到了理想的结合。

图 9-4-5 (a)、图 9-4-5 (b) 所示为整体式肋梁桥的横截面形状。在设计整体式梁桥时，梁肋尺寸不受起重安装机具的限制，可以根据钢筋混凝土体积最小的经济原则来确定。有时，为了减小桥面板的跨径，还可在两主梁之间增设内纵

梁（图 9-4-5b）。

装配式肋梁桥，考虑到起重设备的能力、预制和安装的方便，一般采用主梁间距在 2.0m 以内的多梁式结构。图 9-4-5（c）是常用的装配式肋梁桥（也称装配式 T 梁桥）的横截面。在每一预制 T 形梁上通常设置待安装就位后相互联结用的横隔梁，以保证全桥的稳定性。

三、箱形梁桥

截面呈一个或几个封闭的箱形梁桥称为箱形梁桥（图 9-4-6）。这种结构除了梁肋和上部翼缘板外，在底部尚有扩展的底板，因此它提供了能承受正、负弯矩的足够的混凝土受压区。箱形梁桥的

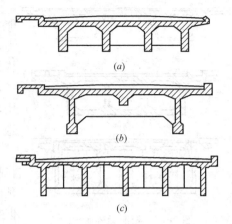

图 9-4-5　肋板式梁桥横截面

另一特点，是在一定的截面面积下能获得较大的抗弯惯矩，而且抗扭刚度也特别大，在偏心荷载作用下各梁肋的受力比较均匀。因此，跨径大于 40m 的预应力混凝土悬臂梁桥和连续梁桥，横截面大多采用箱形截面。

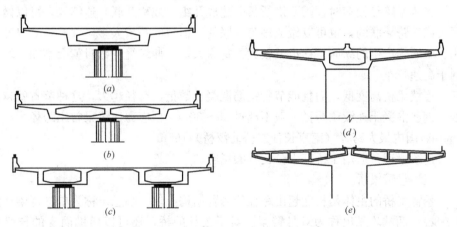

图 9-4-6　城市高架桥的箱形截面形式

图 9-4-7（a）、图 9-4-7（b）所示为单室和多室的整体式箱形梁桥的横截面。图 9-4-7（c）表示装配式的多室箱形截面，腹板和底板的一部分构成 L 形和倒 T 形的预制构件，在底板上留出纵向的现浇接头，顶板采用微弯板形，以节省材料。

截面高度沿跨径方向不发生变化的称为等截面（图 9-4-8a），否则称为变截面（图 9-4-8b、9-4-8c）。连续和悬臂体系梁桥，横截面常常采用变截面的箱梁。

一般地，整体现浇的梁桥具有整体性好，刚度大，易于做成复杂形状（如曲线桥、斜交桥）等优点。但其缺点是施工速度慢，工业化程度较低，还要耗费大量支架模板材料。

9.4.1.2　按承重结构的静力体系划分

一、简支梁桥

简支梁桥是建桥实践中使用最广泛、结构最简单、施工最方便的梁式桥（图

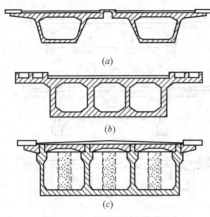

图 9-4-7　箱形梁桥横截面

9-4-8*a*）。简支梁属静定结构，对地基承载能力的要求不高，且相邻桥孔各自单独受力，故最易设计成各种标准跨径的装配式构件。多孔简支梁桥各跨的构造和尺寸划一，能简化施工管理工作，并降低施工费用，但跨径较小。当跨度较大时，可修建悬臂或连续梁桥。

对装配式钢筋混凝土简支梁桥而言，在技术经济上合理的跨径约在 20m 以下。预应力混凝土简支梁的最大跨径已达 76m，但超过 50m 时，桥形笨重，也不经济。我国预应力混凝土简支梁的标准跨径在 40m 以下。

二、连续梁桥

连续体系梁桥的特点是：承重结构（板、T 形或箱梁）不间断地连续跨越几个桥孔，形成一个超静定的结构（图 9-4-8*b*）。

当桥梁跨径较多时，需要沿桥长分建成几组（或称几联）连续梁，可以做成两跨或三跨一联的，也可以做成多跨一联的。但每联跨数太多，混凝土受温度变化、胀缩等产生的纵向位移也就较大。每联太短，伸缩缝的数目就会增加，均不利于高速行车。

连续梁桥高度低，而且能节省钢筋混凝土数量，跨径越大，这种节省就越显著。钢筋混凝土连续梁跨径一般不超过 25～30m。预应力连续梁常用跨径为 40～160m。国内最大跨径（南京长江二桥北汊桥）165m。

连续梁通常适用于桥基十分良好的场合。

三、悬臂梁桥

悬臂梁桥的主体是长度超出跨径的悬臂结构。仅一端悬出称为单悬臂梁（图 9-4-8*c*）。两端均悬出称为双悬臂梁。对于较长的桥，还可以借助简支的挂梁与悬臂梁一起组合成多孔桥。悬臂梁与连续梁相仿，可以节省材料用量。

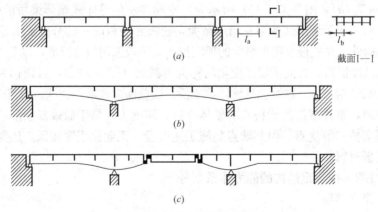

图 9-4-8　梁式桥的基本体系

国内薄壁箱形钢筋混凝土悬臂梁桥最大跨径为 55m。国外一般也在 70～80m 以下。世界上最大跨径的预应力混凝土悬臂梁桥为 150m，一般多在 100m 以下。

悬臂梁桥一般为静定结构，可在地基较差的情况下使用。

9.4.2 拱式体系桥

9.4.2.1 拱桥的特点

拱式桥是一种使用很广泛的桥梁体系。拱式桥的主要承重结构是拱圈或拱肋（拱箱），如图 9-4-9。在竖向荷载作用下，桥墩或桥台将承受水平推力（图 9-4-9b）。水平推力将显著抵消荷载所引起在拱圈（或拱肋）内的弯矩作用。因此，与同跨径的梁相比，拱的弯矩和变形要小得多。由于拱桥的承重结构以受压为主，通常就可用抗压能力强的圬工材料（石、混凝土）和钢筋混凝土等来建造。

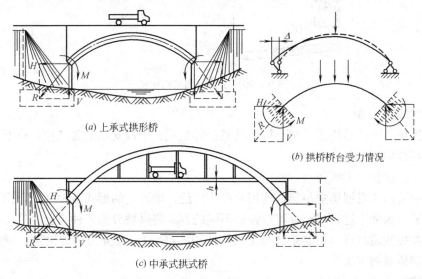

(a) 上承式拱形桥

(b) 拱桥桥台受力情况

(c) 中承式拱式桥

图 9-4-9 拱式桥

拱桥的主要优点是：跨越能力大，能够就地取材，耐久性好，养护、维修费用少，外形美观，构造较简单。

拱桥的缺点是：水平推力大，为确保拱桥安全，增加了下部结构的工程量。当采用无绞拱时，对地基条件要求高。对连续多孔的大、中桥梁，为防止一孔破坏而影响全桥，需采取较复杂的措施，增加了造价。上承式拱桥建筑高度较高，使用范围受到一定限制。

目前，世界最大跨径钢拱桥跨径达 550m，钢筋混凝土拱桥达 420m。

9.4.2.2 拱桥的组成和分类

一、拱桥的主要组成

拱桥也是由上部结构（桥跨结构）及下部结构两大部分组成。拱桥的上部结构是由拱圈及其上面的拱上建筑所构成（图 9-4-10）。拱圈是拱桥的主要承重结构。

桥面系与拱圈之间有传递压力的构件或填充物（称为拱上结构或拱上建筑），以使车辆能在平顺的桥道上行驶。桥面系包括行车道、人行道及两侧的栏杆或砌

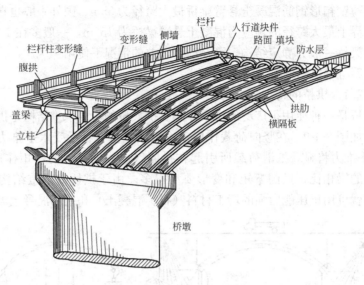

图 9-4-10　拱桥上部结构构造

筑的矮墙等构造。

拱桥的下部结构由桥墩、桥台及基础等组成，用以支承上部结构，将上部结构的荷载传至地基。

二、拱桥的主要类型

拱桥由于发展历史很长，使用又极为广泛，因而它的形式多种多样，构造各有差异。为便于进行研究，可以按照不同的方式将拱桥分为各种类型。

如按建桥材料（主要是针对主拱圈使用的材料），可分为圬工拱桥、钢筋混凝土拱桥及钢拱桥等。

按拱上结构的形式，可分为实腹式拱桥（图 9-4-11a）与空腹式拱桥（图 9-4-11b）。

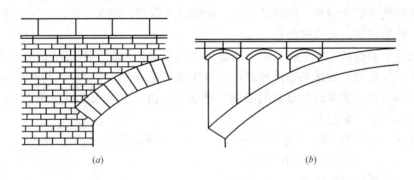

(a)　　　　　　　　　　　　　　(b)

图 9-4-11　实腹式和空腹式拱桥概貌

又如按主拱圈所采用的拱轴线的形式，可将拱桥分为圆弧拱桥、抛物线拱桥或悬链线拱桥等。

9.4.3　刚架体系桥

9.4.3.1　刚架桥

　　刚架桥的主要承重结构是梁，或板和墩台（支柱）整体结合在一起的刚架结构。梁和柱的联结处具有很大的刚性（图 9-4-12*a*），在竖向荷载作用下，主梁端部产生负弯矩，柱脚处还具有水平反力（图 9-4-12*b*），其受力状态介于梁桥与拱桥之间。因此，对于同样的跨径，在相同的荷载作用下，刚架桥的跨中正弯距要比一般梁桥的小。根据这一特点，刚架桥跨中的建筑高度就可以做得较小。

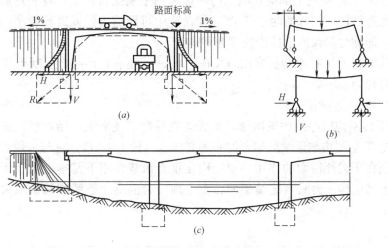

图 9-4-12　刚架桥

　　刚架桥可以是单跨或双跨，单跨刚架桥支柱可以做成直柱式或斜柱式（图 9-4-12*a*、图 9-4-13）。

图 9-4-13　斜腿刚架桥

　　在城市中，当遇到线路立体交叉或需要跨越通航江河时，采用这种桥型能尽量降低线路标高，以改善纵坡，减少路堤土方量。当桥面标高已确定时，能增加桥下净空。刚架桥施工比较复杂，对地基要求高，一般用于城市桥或立交桥。

9.4.3.2　T形刚架桥

T形刚构是结合了刚架桥和多孔静定悬臂梁桥的特点发展起来的新颖结构（图9-4-12c）。结构的上部梁在墩上向两边采用平衡悬臂施工，首先形成一个T字形的悬臂结构，相邻的两个T形悬臂在跨中可用剪力铰或跨径较小的挂梁连成一体，即称为带铰或带挂梁的T形刚构。

钢筋混凝土T形刚构桥常用跨径在40~50m左右，预应力混凝土T形刚构的常用跨径为60~200m。

9.4.3.3　连续刚构桥

将T形刚构粗厚的桥墩减薄，形成柔性桥墩，使墩梁固结而形成连续刚构桥。它是T形刚构与连续梁结合的一种新体系（图9-4-14）。它与一般的连续刚架的区别在于柔性桥墩的作用，使结构在垂直荷载作用下基本上属于无推力体系，而上部结构主要具有连续梁的特点。预应力混凝土连续刚构桥最大跨径已达301m。

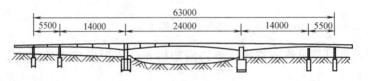

图9-4-14　连续刚构桥

9.4.4　悬索桥

传统的悬索桥均用悬挂在两边塔架上的强大缆索作为主要承重结构（图9-4-15）。在竖向荷载作用下，通过吊索使缆索承受很大的拉力，通常就需要在两岸桥台的后方修筑非常巨大的锚碇结构。悬索桥也是具有水平反力（拉力）的结构。现代的悬索桥上，广泛采用高强度钢丝编制的钢缆，以充分发挥其优异的抗拉性能，因此结构自重较轻，能以较小的建筑高度跨越其他任何桥形无与伦比的特大跨度（表9-4-2）。

悬索桥表（单位：m）　　　　　　　　　　　　　　　表9-4-2

桥名	跨度划分	塔高	车道	梁高	国家	年份
明石海峡大桥	960＋1991＋960		4		日本	1998
大贝尔特东桥	535＋1624＋535	254	4	4.0	丹麦	1997
恒比尔桥	280＋1410＋532	152	4	4.5	英国	1981
江阴长江公路大桥	328＋1385＋295	190	6	3.0	中国江苏	1999
青马大桥	355＋1377		6	公铁两用	中国香港	1998
金门大桥	343＋1280＋343	228	6		美国	1937
虎门大桥	302＋888＋349	148	6	3.0	中国广东	1997

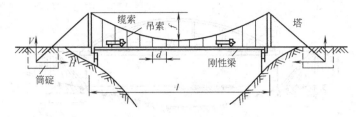

图 9-4-15 悬索桥

悬索桥上部结构由钢缆、塔、加劲梁和吊索组成，下部结构由支撑着塔的桥墩、锚固钢缆的锚碇组成。

悬索桥边跨与主跨之比一般应为 $0.3 \sim 0.4$，最小可达 0.21。为使横截面具有良好的抗风性能，加劲梁都采用扁平截面。

9.4.5 组合体系桥

根据结构的受力特点，由几个不同体系的结构组合而成的桥梁称为组合体系桥。

组合体系桥的种类很多，但究其实质不外乎利用梁、柱、拱、吊的不同组合，上吊下撑，墩梁固结以形成新的结构。

T 形刚构是悬臂梁与刚架、连续刚构是连续梁与刚架相结合的体系，有的书将它们列在梁式体系桥中、或组合体系桥中，本教材将它们列在刚架体系桥中讲述。

组合体系桥梁一般都可用钢筋混凝土来建造，对于大跨径桥以采用预应力混凝土或钢材修建为宜。

这里主要介绍梁拱组合体系桥和斜拉桥。

9.4.5.1 梁拱组合体系桥

梁拱组合体系中有系杆拱桥、桁架拱、多跨拱梁结构等，在拱式体系桥中已作了部分介绍。图 9-4-16 和图 9-4-17（a）、9-4-17（b）所示为梁和拱的组合体系桥。

图 9-4-16 是中跨采用中承式，边跨采用上承式的三跨梁拱组合桥，结构合理，建筑高度较低、经济、美观。

图 9-4-16 三跨梁拱组合桥

267

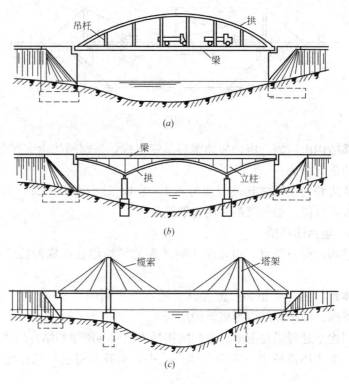

图 9-4-17　组合体系桥

图 9-4-17（a）利用梁的受弯与拱的承压特点组成联合结构。梁和拱都是主要承重结构，两者相互配合共同受力。由于吊杆将梁向上（与荷载作用的挠度方向相反）吊住，这样就显著减小了梁中的弯矩。同时由于拱与梁联结在一起，拱的水平推力就传给梁来承受，这样梁除了受弯以外尚且受拉。在预应力混凝土结构中，因梁体内可储备巨大的压力来承受拱的水平推力，使结构既具有拱的特点，而又非推力结构。这种组合体系桥能跨越较一般简支梁桥更大的跨度，而对墩、台没有推力作用，因此对地基的要求不高。

图 9-4-17（b）为拱置于梁的下方，通过立柱对梁起辅助支承作用的组合体系桥。这种结构施工比较复杂，一般用于城市跨河桥上，最大跨径突破了 150m。

9.4.5.2　斜拉桥

斜拉桥也是一种由承压的塔、承弯的梁体与受拉的斜缆相结合的一种组合体系（图 9-4-17c）。

悬挂在塔柱上的被张紧的斜缆将主梁吊住，使主梁像多点弹性支承的连续梁一样工作，这样既发挥了高强材料的作用，又显著减小了主梁截面，减轻结构自重，而能跨越很大的跨径。斜拉桥发展很快，最大跨径已达 890m。

预应力混凝土斜拉桥是在近 40 年中发展起来的，至今其最大跨径已达 530m。

斜拉桥索面根据桥宽和美观要求，选择双索面和单索面。索形一般有辐射形、扇形、竖琴形等。索型选择要根据跨度、塔高及塔形综合考虑。

桥塔对整个斜拉桥的造型影响很大，塔的造型和索的布置形成不同的桥式风格。

桥塔的横向形式可作成图 9-4-18 所示的各种结构。

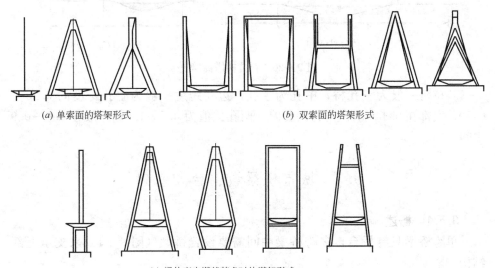

(a) 单索面的塔架形式　　　　　　　　　　(b) 双索面的塔架形式

(c) 梁体高出塔基甚多时的塔架形式

图 9-4-18　桥塔的横向形式

桥塔的纵向形式一般为单柱形（图 9-4-19a），在需要将桥塔的纵向刚度做得较大时，可用 4 根塔柱来分散塔架的内力，做成图 9-4-19（b）、9-4-19（c）所示的倒 V 形或倒 Y 形。倒 V 形也可增设一道横梁而成 A 形，如图 9-4-19b 中虚线部分。

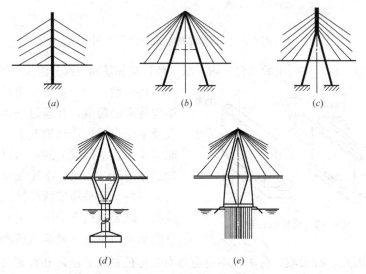

(a)　　　　　　(b)　　　　　　(c)

(d)　　　　　　(e)

图 9-4-19　桥塔的纵向形式

桥塔的有效高度 H 是从桥面以上算起的，桥塔 H 越高，斜索的倾角越大，斜索垂直分力对主梁的支承效果也越大，但桥塔与斜索的材料数量也要增加。因此，桥塔的适宜高度 H 要通过经济比较来决定。图 9-4-20 所示是一般选取的斜拉桥桥塔高、跨比的范围值，可供参考。

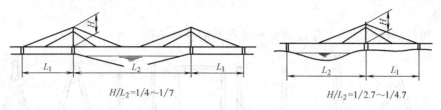

$$H/L_2=1/4\sim1/7 \qquad H/L_2=1/2.7\sim1/4.7$$

图 9-4-20　斜拉桥塔高跨比

斜拉桥一般为三孔桥，中孔为主孔，边孔跨度一般为主孔跨度的 0.25～0.50，大都在 0.4 左右。若为两孔时，两孔比值为 0.5～1.0，一般在 0.8～0.9 之间。

9.5　城市桥梁墩、台和基础

9.5.1　概述

单跨桥梁只有桥台，多跨桥梁中间需要设置桥墩（图 9-5-1）来支承上部结构。

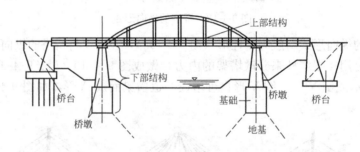

图 9-5-1　桥梁结构各部立面示意图

桥梁墩（台）主要由墩（台）帽、墩（台）身和基础三部分组成（图 9-5-2）。

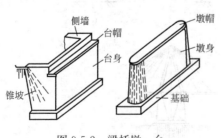

图 9-5-2　梁桥墩、台

桥梁墩、台的主要作用是承受上部结构传来的荷载，并通过基础又将此荷载及本身自重传递到地基上。桥墩还承流水压力，水面以上的风力以及可能出现的冰荷载、船只、排筏或漂浮物的撞击力。桥台又是衔接两岸接线路堤的构筑物，既要能挡土护岸，又要能承受台背填土及填土上车辆荷载所产生的附加侧压力。因此，桥梁墩、台不仅本身应具有足够的强度、刚度和稳定性，而且对地基的承载能力，沉降量，地基与基础之间的摩阻力等也都提出一定的要求，以避免在荷载作用下有过大的水平位移、转动或者沉降发生。这对超静定结构桥梁尤为重要。

桥梁结构物的全部荷载都由它下面的地层来承担，受结构物影响的那一部分地层称为地基。结构物与地基接触的部分称为基础。

地基与基础受到各种荷载后,其本身将产生附加的应力和变形,为保证结构物的使用与安全,地基和基础必须具有足够的强度和稳定性。根据地层变化情况、上部结构要求、荷载特点和施工技术水平等,可采用不同类型的地基与基础。

地基可分为天然地基与人工地基。直接放置基础的天然土层称为天然地基。如果天然地层土质过于软弱或有不良的工程地质问题,需要经过人工加固或处理后才能修筑基础,这种地基成为人工地基。

基础根据埋置深度分为浅基础和深基础。埋置深度较浅(一般在数米以内),且施工简单的基础称为浅基础。基础水下部分较深,或由于浅层土质不良,需将基础置于较深的良好土层上,且施工较复杂的基础称为深基础。深基础常采用桩基础。

9.5.2　桥墩的类型与构造

桥墩按其构造可分为实体墩、空心墩、柱式墩、框架墩等(图 9-5-3)。按其受力特点可分为刚性墩和柔性墩。按施工工艺可分为就地砌筑或浇筑桥墩、预制安装桥墩。按截面形状可分为矩形、圆形、圆端形、尖端形及各种截面组合而成的空心桥墩。墩身侧面可垂直,也可以是斜坡式或台阶式。

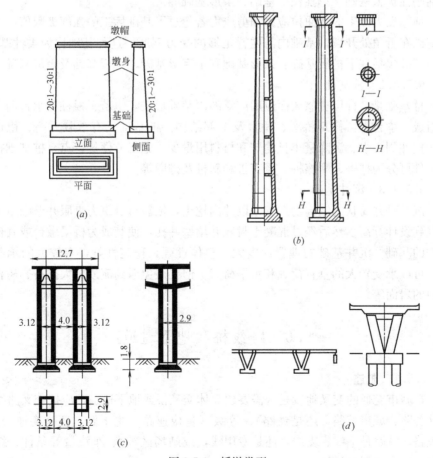

图 9-5-3　桥墩类型

9.5.3　桥台的类型与构造

桥台按其形式可划分为重力式桥台、轻型桥台、框架式桥台、组合式桥台和承拉桥台等。

城郊道路、公路的路堤边坡和桥台锥坡起着挡土护岸的作用。

在城市道路中，引桥、引道均采用挡墙。

跨线桥、大跨径跨河桥的桥梁高度较大，桥台均远离岸堤，不存在水流的冲刷。桥台前多为道路，有的桥台两侧还修建人行阶梯。桥台、挡墙也常常进行绿化。

城市中、小跨径跨河桥的桥梁高度较小。有护岸时，桥台不伸入河流，一般与岸堤紧贴或相距不远；没有护岸时，桥台锥坡高度也较小。

9.5.4　城市桥梁基础

基础分为浅基础和深基础（包括桩基础和沉井基础）两类。

9.5.4.1　浅基础

浅基础根据受力条件及构造可分为刚性基础和柔性基础两大类。

当基础圬工具有足够的截面使材料的容许应力大于由地基反力产生的弯曲拉应力和剪应力时，基础内不需配置受力钢筋，这种基础称为刚性基础。刚性基础包括刚性扩大基础、单独柱下基础、条形基础等。

地基反力产生的弯曲拉应力和剪应力若超过了基础圬工的强度极限值，为防止基础在折角处开裂，基础内需配置足够的受力钢筋，这种基础称为柔性基础。柔性基础包括柱下扩展基础、条形基础和十字形基础、筏板基础及箱形基础等。

9.5.4.2　桩基础

桩基础是一种历史悠久而应用广泛的深基础形式，由若干根桩和承台两个部分组成。承台上再修筑桥墩、桥台及上部结构。桩基础具有承载力高、稳定性好、抗冲刷性强、沉降量小且均匀和材料用量少、施工方便等特点。桩基础按受力条件可分为柱桩、摩擦桩、竖直桩和斜桩及桩墩等。

9.5.4.3　沉井基础

沉井是井筒状的结构物。它是以井内挖土，依靠自身重力克服井壁摩阻力后下沉到设计标高，然后经过混凝土封底并填塞井孔，使其成为桥梁墩台或其他结构物的基础。沉井基础的埋置深度大，整体性强，稳定性好，有较大的承载面积，可以承受较大的垂直荷载和水平荷载。但要避免遇到流砂、大孤石、树根和倾斜的岩面等。

9.6　跨线桥和地下通道

9.6.1　概述

在城市交通的交叉地段是否需要建立体交叉桥或地下通道，应按交叉路线种类（公路、城市道路，还是铁路）、等级（是快速路、主干路，还是高速公路、一级路，铁路是干线、支线，还是专用线，或站场区等）、车流量等条件，综合考虑，作出规划与设计。

设计立体交叉时，其平面布置、结构形式（上跨或下穿），跨径结构布置等组合的方案是比较多的，除应符合适用、安全、经济、美观基本要求外，还应按以下各条综合分析。

城市立体交叉牵涉面较广，建成后再要拓宽，加长，提高标准比较困难。所以，宜按规划一次兴建；特殊情况下（如相交道路暂不兴建等），其次要部分或近期不需要的部分可分期建设。

城市征地、拆迁（尤其对较大建筑）是个大问题，有时往往控制着整个工程能否实施，所以，要尽量减少工程占用的土地及房屋拆迁。

妥善处理街区间交通相互关系，解决好附近街区因修建立交而带来的交通问题。在建引道时，可能会对邻近原有街区的交通出入考虑不够，特别是填土或下挖的引道往往引起消防、救护和抢险车辆出入困难，给邻近街区行人及非机动车交通也带来麻烦。为此，常需在引道两侧另辟地方道路（这就增加工程规模），所以在设计时应全面考虑。

注意立交结构的建筑造型，街景处理、立交桥布置和外形若处理不当，会带来不良景观。高架桥下空间的利用要事先通盘考虑，如作停车场，则桥下须需满足车辆出、入和进、出口等要求，这样也许会影响到桥跨布置和墩、台形式。作立交处必为交通枢纽，在桥下不应设商场或辟作自由集市，以免干扰交通，影响立交作用。

地形、地物将影响立交平面布置（直、斜、弯）。地质、地下水情况及地下工程设施对选用上跨桥还是下穿地道起决定作用，设计时须仔细衡量。

城市中特别是干路上各类重要管线较多，使用不能中断。在建立交时应考虑设计的结构和采用的施工工艺对这类管线的影响。如有的管线需预先另外接通，才能移动原来的，这样会出现先期二次拆迁增加投资。又如设计地道时会碰上自流的排水干管等麻烦，故在设计时应妥善解决。

在旧城市中拟建立交的附近会有较多建筑物，立交采用的形式、结构、施工工艺会对附近原有建筑产生不同影响。通常，总是在重要的交通繁忙的交叉口才需要建立交，故在施工中仍需维持必要的交通，尤其是与铁路立交，要保证铁路所需的运行条件。

在设计中选用的结构，尤其是基础，要考虑今后规划中，附近兴建建筑物对拟建立交的要求和影响。

立体交叉的平面及纵、横断面设计，应符合与其相衔接的道路技术标准相适应，以满足立交区域道路行车需要。纵断面设计时要结合当地气候条件、车辆类型及爬坡能力等因素，选用恰当的纵坡值。下穿地道两端设有凹形竖曲线，竖曲线最低点不宜设在地道内，可将其设在露天引道内。横断面设计时，机动车道与非机动车道之间，可设置分隔带，以疏导交通。

立交区段的各种杆、柱、架空线网的布置，要注意保持该区段的整洁、开阔，不要呈凌乱状。照明灯具布置要与两端道路结合良好，地道引道的杆、柱要设置在分隔带上或路幅以外，立交区段的杆、柱横向间距应与相连道路的杆、柱的横向间距大致相同。

为防止在下穿交叉道路内发生车祸危及紧靠的柱、墩、台、墙，同时也需减少"墙效应"的影响。机动车道路缘带外侧至墩、台、墙表面的安全带宽度及要求应符合下列规定：当下穿道路紧靠柱式墩或薄壁的墩、台、墙时应设防护栏，保护柱、墩、台、墙；防护栏应独立支承，面向机动车道，其表面距路缘带外侧，距墩、台、墙表面至少 0.6m。当下穿道路为快速路、主干路和次干路时，其安全带宽度大于 7m 时，可不设防护栏。当下穿道路为支路时，机动车所需的安全带宽度不小于 0.5m，可不设防护栏。当下穿交叉道路紧靠实体墩、台、墙时（如大体积圬工体），快速路、主干路和次干路机动车所需的安全宽度不小于 0.6m，支路不小于 0.4m。下穿交叉道路的非机动车道路缘带外侧，距墩、台、柱、墙表面不小于 0.25m。当下穿交叉道路路缘带外侧与墩、台、柱、墙之间设有 0.50～0.75m 宽的安全道，而大于所需的安全带时，则可不再设安全带。

9.6.2　跨线桥

跨线桥下，严禁有生产易燃、易爆和有毒气体等危险品的工厂、车间，或存放此类物品的仓库。若附近有上述危险品设施时，应在平面上与桥保持一定安全距离，距离较近时应设置安全防护设施。

当跨线桥跨越行驶蒸汽机车的铁路线，从国内已建成的跨线桥情况来看，梁下缘常年受到烟熏，既有碍观瞻，又对桥梁上部结构（钢结构和钢筋混凝土）有侵蚀作用，所以，跨线桥上部构造底部应设置防烟板。

跨线桥跨度小于 30m，并为宽桥跨过街道时，对在下面穿越道路上的人们，墙式桥墩会防碍斜向视线。而且由于墙面过大，使人们产生压抑感，所以采用柱式桥墩较好。但应合理安排桥墩横向墩柱数目与大小，以免墩柱数目过多产生凌乱感觉。

9.6.3　地下通道

洞口至洞口的净长小于 50m 或小于 10 倍净高的下穿构筑物，称为地道。它一般用于立交，其长度较短，对照明、通风无特殊要求。地道照明虽无特殊要求，但应高于两端的道路照明标准。

按当前采用的顶推工艺施工水平，斜交地道斜交角过大会导致施工十分困难，对结构受力也不利，故斜交角不大于 $45°$。

城市地道有时下穿铁路站场区或作业区，故在布置这类地道长度时，除满足铁路本身轨线外，还要满足管线、沟槽、信号标志等附属设施和人行（铁路员工工作需要）等需要的总宽度。

各类管线、电缆敷设在地道内，应便于维修、养护。以敷设在非机动车道或人行道下为宜。

地道中有机动车道、非机动车道和行人道时，应根据不同净高要求，采用不同高程。地道与其引道的路面结构应高于两端道路标准，路面面层需用粗糙沥青混凝土铺装。受地下水影响路段，应采用水泥混凝土垫层。寒冷地区还须考虑冻胀影响。

第10章　隧　道

隧道——地下人工建筑，是人类社会发展的产物，人类智慧的结晶。古代，人类利用洞穴栖息。最早的人工坑道，可追溯到古代战争时期，作为转移通道，在我国安徽亳县发现的三国时代建的曹操地下运兵坑道至今仍十分完好。此外，古人还利用坑道作为引水设施。近代坑道及隧道被广泛用于开矿、交通以及军事设施中，随着现代交通的不断发展，隧道在交通运输中的地位及重要性不断提高，用于交通运输中的隧道几乎遍及世界各大城市。

10.1　交通隧道基本要求

城市交通隧道按其埋置深度可分为深埋隧道和浅埋隧道，按其功能则有地铁隧道、机动车隧道以及人行隧道，根据围岩介质的不同，又可分为岩石隧道、硬土隧道、软土隧道以及水底隧道。城市交通隧道的规划包括确定断面的大小以及平面布局、纵向坡度等要素，而这些因素的确定，往往与隧道的施工工法密不可分，甚至由隧道工法所确定，为此必须了解成熟的隧道工法及其适用条件。

10.1.1　隧道工法简介

10.1.1.1　新奥法

新奥法是在传统的山岭隧道暗挖法基础上发展起来的一种隧道工法，即主要利用锚定螺栓与喷射混凝土形成支护结构，充分发挥围岩介质的自身强度，进行现场监测管理。新奥法是在岩石介质中建造隧道的标准工法，现阶段和其他辅助工法（如冷冻法）相结合已推广应用至各种围岩介质中。

对城市交通隧道而言，新奥法最大的优势在于断面可自由选择，同时根据需求断面可扩大（缩小），甚至可以分叉，如图10-1-1所示。在岩石中新奥法隧道

图 10-1-1　新奥法道路断面

的最大断面可达 1500m²，最大的埋置深度为 1000m；土层中最大断面目前可达到 155m²，最小覆土为 2～5m。

10.1.1.2　盾构工法与 ECL（Ejecting Concrete Lining）工法

盾构工法和 ECL 工法是适用于软土与硬土地层中的隧道暗挖工法，盾构工法采用预制混凝土管片，如图 10-1-2 所示。ECL 工法则采用现浇混凝土衬砌，并可以最大限度地控制地表沉降，在城市中对上部建筑沉降有严格要求的地区可选用 ECL 工法。由于两者均在两端设置工作井分段施工（最大工作段长度 2500m），所以对无法建设工作井的地区不适用。

图 10-1-2　国产盾构施工隧道

盾构法隧道的断面常为圆形，最大直径为 14.14m，隧道最小曲率半径为 $5D$（D 为盾构外径）。

10.1.1.3　顶进工法

顶进工法包括箱涵顶进工法与顶管工法两种。箱涵顶进工法主要用于城市中建设穿越铁路的地下人行通道与车行立交隧道；顶管工法主要用于建设各种市政隧道，也可用于建设小断面的人行短隧道。

10.1.1.4　沉管工法

沉管工法主要为修建水底隧道时采用。沉管工法先在船坞中预制隧道管段，利用驳船将预制管段拖至预先设定的位置，并沉放到预定深度，再将各管段采用特殊的技术连接成为一个整体。与其他工法修建的隧道相比，沉管法隧道的断面可自由选择，如采用沉管工法可以将机动车与地铁布置在同一隧道之中。一般而言，当城市中有废弃的船坞，或者修建大断面水底隧道时，沉管法为首选的隧道工法。

10.1.1.5　明挖工法

明挖工法主要用于在土层中修建各种隧道。采用明挖工法修建的隧道，断面形式可以自由选择，隧道长度不限，甚至可以用于修建整条地铁线路。与其他隧道工法相比较，明挖工法造价较低，但对城市交通、沿线建筑物以及城市环境等有较大的影响。但当城市利用旧河道修建隧道时，明挖工法为首选的隧道工法，如我国的天津、日本的东京、加拿大蒙特利尔、德国汉堡等城市均有利用旧河道，采用明挖工法修建的地铁。

10.1.2　城市道路隧道基本要求

目前我国关于城市交通隧道尚未制订统一的规范，一般情况下，隧道内部

"建筑限界"的形式与尺寸必须满足隧道通行交通工具的净空要求。为机动车通行的城市隧道，坡道纵坡度应与城市桥梁的坡度要求一致。在隧道内宜尽可能做到坡度平缓，一般不大于3‰～4‰，在特殊情况下也可达到5‰。为了保证快速排水，隧道纵坡度不宜小于0.2‰～0.3‰。

隧道平面线形应尽量避免设置小半径弯道，如果必须设置时，城市道路隧道的曲线半径必须符合城市道路设计规范的要求，必要时需对车行道的车道加宽。由于城市交通需求、隧道工法、结构限制等因素的制约，不得不采用上、下行分开的形式时，在长隧道中每隔一定的长度应有横向通道相连，单向双车道的车行道右侧要设紧急停车港湾，以利救援车辆进行工作，同时车行道两侧应设防撞侧石，车行道一侧还应设置高于路面的检修巡逻道。

通风设施是城市交通隧道的重要组成部分，单向行驶的隧道可利用车辆行驶时产生的活塞风采取自然通风的方式。而双向行驶的隧道需采取机械通风的方式。通风方式、通风量与隧道机动车流量、隧道纵坡度等要素密切相关。值得注意的是，当隧道采用机械通风方式时，通风竖井并非单纯的工程附属设施，对城市的景观有着非常重要的影响，其建筑设计应与周围的建筑环境相协调。

隧道出入口应通过规划与设计措施（如调整隧道走向、采取光过渡等措施）避免明亮的天空或阳光直射出口车辆，以防产生眩光，发生意外事故，所以隧道口常做成弯道。图10-1-3所示为上海延安东路越江隧道出口。当隧道为收费隧道时，规划阶段就应保证出入口有足够的场地设置收费广场，使收费站总的通过能力与隧道的通行能力相匹配，以免产生隧道堵塞。一般人工收费时，一车道要配2～3个收费口。

图10-1-3　延安东路隧道的光过渡

位于丘陵及山岭地区的城市，如桂林、重庆等，在完善道路网的功能时，有必要修建一些山岭隧道。隧道的通行能力应与所连接的道路的通行能力相适应，新奥法作为山岭隧道的标准工法，除特殊的地质条件外，基本能够在横断面上满足隧道的交通需求。

10.2　地下铁道隧道

自 1863 年伦敦建成世界第一条地下铁道以来，地铁作为一种大运量的公共交通工具，在世界各国都得到了广泛的应用和发展。我国的第一条地下铁道 20 世纪 60 年代在北京建成，20 世纪 90 年代继北京、天津之后，上海、广州的地铁一期工程也相继建成并投入运营，在城市的客运交通系统中发挥了巨大的作用。1993 年我国颁布了国家标准《地下铁道设计规范》（GB 50157—2003），从而将地下铁道的建设规范化。

10.2.1　地铁隧道基本要求

地下铁道由地铁车站、区间隧道（或者地面线、高架线）以及地铁车辆段组成，我国《地下铁道设计规范》（GB 50157—2003）规定，地下铁道线路应为右侧行车的双线线路，并采用 1435mm 的标准轨距，故此地下铁道区间隧道除换乘需求外，有两种基本形式，即双线地铁隧道与单线地铁隧道。双线地铁隧道是指上、下行线位于同一隧道之中，而单线地铁隧道则为上、下行线分别位于两个隧道之中。对于双线地铁隧道，当两线间无墙柱及其他设备时，两设备限界之间应有不小于 100mm 的安全量。

10.2.2　地铁区间隧道的结构形式

地下铁道隧道的结构形式与施工工法、隧道的埋置深度、工程地质条件、隧道沿线周围建筑的分布与结构形式等因素密切相关，并且主要由施工工法决定。地铁隧道的施工工法有明挖工法、盾构工法、矿山法（新奥法）、顶进工法等。明挖工法主要适用于浅埋地铁隧道。相对于其他工法，明挖工法造价低，但对于城市交通与城市环境的影响较大。当城市利用废弃的旧河道修建地铁时，明挖工法为首选的隧道工法。采用明挖工法修建的地铁隧道，常见的结构断面形式有以下几种，如图 10-2-1 所示。

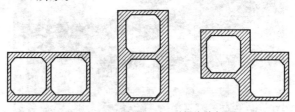

图 10-2-1　明挖工法地铁隧道断面

盾构工法主要适用于在软土地层地区修建地铁，其覆土厚度不宜小于隧道的外轮廓直径，常见的结构断面形式如图 10-2-2 所示。

矿山法（新奥法）适用于硬土及岩石地层地区修建地铁，如北京、青岛等城市。根据工程地质条件的差异以及建设环境等因素的制约，矿山法（新奥法）可建设单线或双线地铁隧道。

10.2.3　地铁车站的结构形式

10.2.3.1　明挖工法地铁车站

采用明挖工法修建的地铁车站造价相对较低，断面选择的自由度较大，适应性强。对于客流量大、地铁换乘站以及城市空间利用强度高、地下、地上空间需要综合规划开发利用的地区，如与地下街、共同沟、地下车库、城市立交工程合建等，明挖地铁车站尤为适用。但明挖地铁车站的施工拆迁量大，同时施工时受外界气候条件的影响较大，并且对于正常的城市交通秩序与居民生活有较大的影响。为了克服上述的弊端，近年来在我国的地铁建设中又逐步采用了逆作法及半逆作法地铁车站，并取得了良好的经济及社会效益。所谓逆作法是先在地表向下做围护结构和中间桩柱，随

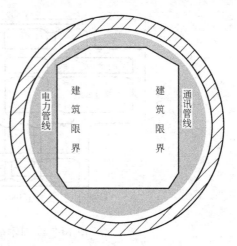

图 10-2-2　盾构工法地铁隧道断面

后即可开挖表层土至主体结构顶板底面标高，利用未开挖的土体作为土模浇注顶板，待回填土后将道路复原，并恢复交通。然后在顶板的覆盖下自上而下逐层开挖，并建造主体结构直至底版。半逆作法与逆作法的区别在于顶板完成及恢复交通后，向下挖土至设计标高后先浇注底版，再依次向上逐层浇注侧墙与楼板。在上海等软土地区，逆作法的维护结构大多采用地下连续墙。即在地面用一种特殊的挖槽设备，依靠泥浆（又称稳定液）护壁的支护，开挖一定槽段长度的沟槽，再将钢筋笼放入沟槽内，并采用导管在充满泥浆的沟槽中进行混凝土现场浇注。混凝土由沟槽底部逆行向上抬起并充满了沟槽，同时置换出泥浆，形成钢筋混凝土墙。明挖地铁车站的结构形式有矩形框架、拱形结构、装配式结构等，通常采用明挖工法时，应与城市中的其他设施统一规划、统一建设，如图 10-2-3、10-2-4 所示。

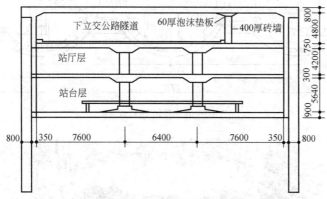

图 10-2-3　上海地铁徐家汇站

10.2.3.2　盾构工法地铁车站

盾构工法地铁车站适用于软土深埋暗挖地铁建设，施工时对周围环境的影响较小，按结构形式可分为以下几种：

一、双圆形盾构车站

双圆形盾构车站是最简单的盾构车站，如图 10-2-5 所示。其宽度较小，可

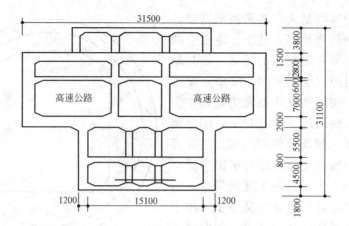

图 10-2-4　日本东京地铁 12 号线车站

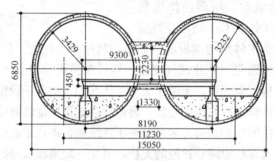

图 10-2-5　伦敦地铁盾构车站

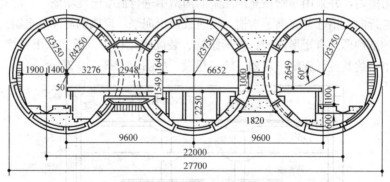

图 10-2-6　基辅地铁车站

图 10-2-7　日本三圆形盾构

设置在较窄的道路之下。该车站一般施工简单，适用于客流量较小的车站，在盾构法地铁车站中，工期与造价均优于其他形式的盾构车站。

二、三圆形盾构塔柱式车站

三圆形盾构塔柱式车站两侧为行车隧道和站台，中间隧道为集散厅，用横向通道将 3 个隧道连成一体，如图 10-2-6 所示。车站为复合型站台，在集散厅范

图 10-2-8　日本三圆形盾构

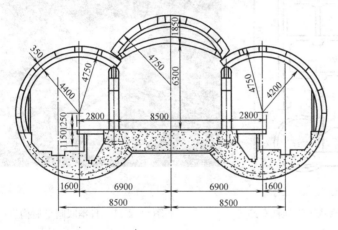

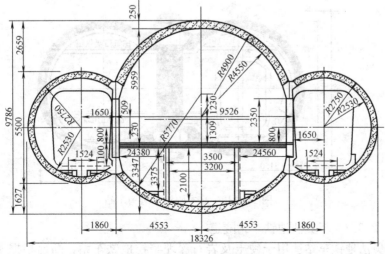

图 10-2-9　莫斯科与圣彼得堡地铁

围内为岛式站台、集散厅以外部分由于两旁侧隧道被斜隧道隔开，为侧式站台，适用于中等客流量的车站。目前日本已研制开发了三圆形盾构机，如图 10-2-7、10-2-8 所示，可直接用于车站的建设，极大地减少了建设投资、缩短了施工周期。

三、立柱式车站

立柱式车站是最为典型的岛式站台。它大多为三跨结构，先采用单圆盾构建设两旁侧隧道，然后施工中间站厅部分，再将其连成一体。视施工方法不同，中间站厅可以是拱顶的，也可以是平顶，如图 10-2-9、10-2-10 所示。虽然与三圆形塔柱式车站相比，立柱式车站具有总宽度较窄、能满足大客流量需求的优点，但施工工序多，工程难度大造价也相应高。为此，日本研制开发了眼镜形盾构，用于立柱式车站的建设。按这种方式建设的立柱式车站也称为眼镜形车站，如图 10-2-11、10-2-12 所示。

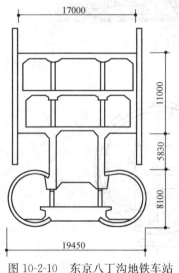

图 10-2-10　东京八丁沟地铁车站　　　　　图 10-2-11　日本眼睛形盾构机

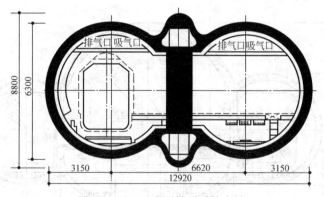

图 10-2-12　日本眼镜形盾构车站

10.2.3.3　新奥法地铁车站隧道

新奥法地铁车站适用于硬土及岩石深埋暗挖地铁车站，断面根据不同的条件，可选用单拱、双拱或三拱，同时根据需求可做成单层或双层，开挖断面一般

为 $150\sim250\mathrm{m}^2$，如图 10-2-13 所示。

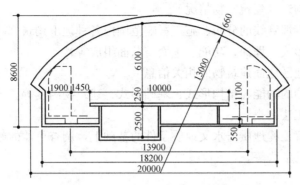

图 10-2-13 拟建的重庆地铁车站

10.3 地下铁道线路规划

10.3.1 地下铁道线路规划的一般原则

地下铁道的线路规划首先是城市交通规划的重要内容，除必须满足城市客运的要求外，还必须兼顾土木工程技术及城市土地的综合利用。从有效的使用土地、节约建设投资、缩短建设工期、线路运营后能方便乘客等方面考虑，在城市中心区，通常由于建筑密集、道路狭窄、交通拥挤，为减少建设中的困难和噪声、振动等对城市的影响，并带动城市向地下空间拓展，线路宜设在地下。而当地下铁道线路进入地面建筑稀少、路面宽阔的地区及郊区，可考虑设在高架桥或地面上以降低工程造价。线路设在地面时，必须充分考虑对城市道路造成的切割，以及由此而对城市地面交通产生的巨大冲击和影响。

为最大限度地发挥地铁大运量、高效、快捷、安全、准点的运输特性，地下铁道的线路应尽可能地与城市主要交通流向相吻合。同时为最大限度地吸引客流和方便乘客，地下铁道车站通常应设置在客流量大的地方，如商业中心、文化娱乐中心及地面交通枢纽等处。为便利不同线路间的换乘，在地下铁道不同线路的交汇处也应设置车站。地下铁道线路所经地，应通过设置地铁车站来串联主要客流集散点。车站站距一般来说，在市区范围内由于人口密集，大型集散点较多，车站布置宜密一些；郊区建筑稀疏、人口较少，车站间距可以大一些。根据国内外已投入运营的地下铁道的使用经验，在市区站间距离为 1km 左右，郊区不宜大于 2km。

10.3.2 地下铁道线路规划调查

当拟订线路走向时，必须对车站和区间隧道的位置和埋深，隧道的基本断面形状、施工方法等做初步的确定。为此，必须通过调查来准确而全面地了解拟选线路沿线的所有相关信息。调查的主要内容包括：

一、工程地质与水文地质条件

地层的构成、地质构造（如地层分布、土体或岩石的类别与性状、断层、褶曲等）、地层的物理、力学性质、地应力情况、地层的抗震性（地层的动力特性）

283

以及地下水情况等。

二、地下构筑（建筑）物情况

沿线各种直埋管线的分布、施工影响范围内各种地下构筑（建筑）物的信息和桩基（结构形式、埋深、功能、平面与断面组成等）。

三、沿线地区地面建筑物的相关信息

包括建筑物的功能、结构形式、基础形式、建筑物高度等。

四、施工工法调查

在充分了解工程地质与水文地质条件的基础上，调查可能的施工工法，包括主要工法与辅助工法等。

10.4 水底隧道

水底隧道是指修建在江、河、湖、海水面以下应用于交通的隧道构筑物。随着经济的发展，城市逐渐扩大，往往因河流分割带来限制，为此需在河流上架设桥梁，但在通航的河流上桥位由于受通航宽度、高度的制约，要求建造大跨度、高桥位的桥梁，由此而使引桥长度大大增加，这在密集的市区很难实现。开启桥虽能降低桥梁高度和引桥长度，但由于桥梁的开启与复位直接影响交通的连续性，也影响了桥上车辆的通过能力。盾构法和利用压缩空气疏干地层开挖技术的出现，才使得修建水底隧道的施工技术得以突破，并能与架桥过河方式展开竞争与比选。

10.4.1 水底隧道形式

水底隧道的横断面形式，根据所通行交通的种类、交通量、埋置深度、跨越河段的地质条件和所采用的施工工法所确定，后者往往是水底隧道横断面的控制因素。

对于城市中重要的航运河道，当航运不允许受干扰时，应选用盾构以及新奥法等暗挖工法。盾构法适用于软土地层，其隧道横断面为圆形。受盾构机具的限制，目前我国对于机动车隧道，采用盾构法修建时一般为双车道，如果双车道隧道无法满足城市交通车流量的需求，可采用上下行分流的双线隧道，同时两条隧道的水平间距原则上应大于 D（D 为隧道外径）。

图 10-4-1 所示为上海黄浦江延安东路越江隧道横断面，该隧道采用盾构法

图 10-4-1　延安东路越江隧道横断面

施工，内径 9.9m，由 8 块预制混凝土管片拼装而成，隧道全长 2261m，弯道半径为 500m，纵坡 3‰，内设单向双车道，并由现代化的计算机监控系统，其纵断面呈 V 字形，如图 10-4-2 所示。

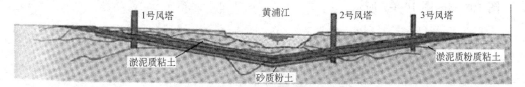

图 10-4-2 延安东路越江隧道纵断面

沉管法主要用于修建大断面水底隧道。当城市中有废弃的船坞时，沉管工法更为经济合理，但采用沉管工法时，对航运有一定的影响。沉管隧道横断面常为

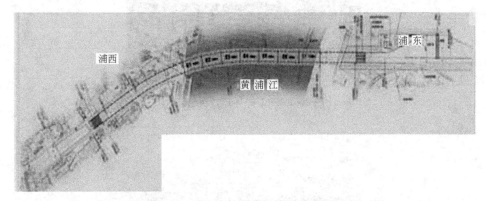

图 10-4-3 上海外环线沉管隧道总平面

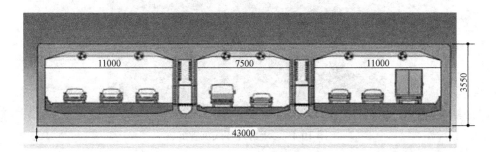

图 10-4-4 上海外环线沉管隧道横断面

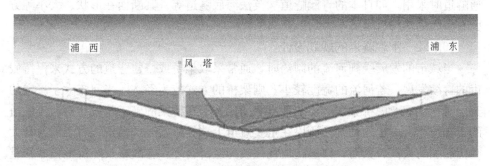

图 10-4-5 上海外环线沉管隧道纵断面

矩形，可将多种交通工具组合布置于同一隧道之中。近年来随着我国经济的不断发展和科学技术水平的不断提高，沉管隧道的建设技术也在我国得到了成功的应用。上海外环线黄浦江隧道即为采用沉管工法施工的双向六车道的大型隧道，如图 10-4-3～图 10-4-7 所示。

图 10-4-6　上海外环线沉管制作

图 10-4-7　上海外环线沉管沉放

建设水底隧道时，新奥法主要适用于岩石围岩介质条件，大多为修建海底交通隧道时采用，如日本的青涵隧道、英法海底隧道等。其断面在形状、大小等方面有较大的选择自由。

10.4.2　水底隧道的规划设计

当城市的发展受到河流的制约时，通常采取架桥或修建隧道的方式来保持城市的持续发展。若河流的宽度较小，则架桥的方式较为经济，当河流大于一定的宽度时，就应考虑桥梁和隧道两种方案的比选。在桥梁的施工阶段，对河流航道的正常通行有一定的干扰，所以在重要航道上选择桥梁时应慎重。对于能通行大吨位船舶的大江、大河，修建隧道往往较为经济合理。在战略及经济地位非常重要的城市中，至少应有一条隧道，以备战时需要。一般对于桥隧方案的比选，应从以下几方面综合考虑：河道的通航要求、施工工程量及施工难易程度、综合造价（拆迁费用、工程造价、管理费用、完工后的使用费用等）、对城市环境与景观的影响等。

10.4.2.1 隧道选址

经过桥隧方案的比选，确定修建隧道时，隧道选址应综合考虑以下因素：

（1）应具有良好工程地质及水文地质条件。在软土地层地区，要避开有含水包等不利施工的区域。在岩石及硬土地层地区，应尽量选在古老的沉积岩和岩浆岩等石质比较坚硬、连续沉积和岩相相对稳定的岩层中。一般不要选在岩溶地带，同时隧道轴线应尽可能避开大断层破碎带、不整合接触带及软弱夹层地带，并且不宜平行于断层走向。难以避开时，应尽可能与断层垂直相交，否则要采取必要的加固措施。

（2）隧道宜建在河流顺直、河床较窄、水深较浅、无深槽的地段。当完全满足有困难时，应考虑河床宽窄与河流水深的关系，综合选择。

（3）合理的隧道建设区域，应是引道段拆迁量小、便于引道展线、利于通风井的布置，同时隧道出入口具有足够的施工场地，对于收费隧道还应保证必要的场地设置收费广场。

（4）隧道的建设既要有利于经济发展又要兼顾战备要求，尽可能避开战略目标集中的地区，尽量做到社会效益、经济效益、环境效益与战备效益的统一。

（5）隧道选址应考虑与城市路网结构及道路交通系统的协调，避免由于隧道的建成而对城市原有的交通模式产生巨大的冲击，导致交通有序性的破坏。

10.4.2.2 水底隧道的平面线形

水底隧道的平面线形，对于建成后运用条件的好坏关系极大，但它的确定取决于隧址的地形地质特征和与城市道路网的连接条件等主要因素，要经过多个方案的比较来确定。通常有"S"形与"一"字形两种形式。

"一"字形隧道线路短、运行费省，适用于河流两岸为平原或丘陵地区，在多山地区，因洞口标高较高造成展线过长、坡度较陡，而不宜采用，如图 10-4-8 所示。

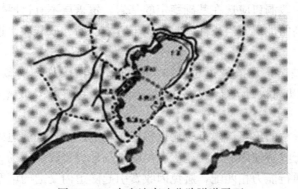

图 10-4-8 东京湾高速公路隧道平面

"S"形线形有利于降低出入口标高、缩短隧道长度，使出入口连接圆顺，便于组织光线过渡。同时因两出入口朝向不同，在战时有利于防冲击波。缺点是弯道有时较长、行车条件差些，施工也比较复杂，如图 10-4-9 所示。

图 10-4-9　上海黄浦江延安路隧道平面

选择隧道平面时，应根据地形、地质、水文、经济、运用条件等进行反复比选，以确定最优方案。同时隧道的平面和纵断面在技术上，应与其相连接线路的技术标准相同。但应指出处于河流下的水底隧道，当洞口标高以及隧道埋深确定后，隧道的纵向坡度对隧道的埋深起着决定作用，应进行恰当选择。为缩短隧道的长度，一般在两端引道采用最大坡度值（不大于 4%），隧道部分的坡度应由施工、行车条件和通风要求来考虑。当坡度过小，则隧道长度增加。另外考虑排水要求，河床中间部分的纵断面往往作成最小的单向坡（3‰~5‰），以保证水能流向低处。在某些情况（河床转折点）下，中间部分也有分别设置朝向河岸的双向最小坡（3‰~2‰）的情况。但这些坡度的设置都应与河床断面相适应。隧道不宜设平坡，隧道中最小坡度不应小于 3‰，在极个别情况下可采用 2‰。

10.4.2.3　出入口位置的选择

出入口位置的选择是水底隧道平面设计中的关键问题之一，因直接影响到主隧道长度、工期及使用状态，应进行认真比选。城市道路水底隧道进出口的位置应与城市河岸建筑及街道规划统筹考虑。选择时主要考虑以下因素：

（1）在土层地区，出入口位置的选择主要考虑隧道与城市道路网的衔接、施工场地的大小、拆迁量、施工及使用过程中对周围城市环境的影响等因素。在岩石地区，除上述因素外，洞口位置的选择在很大程度上还受工程地质与水文地质条件的制约，一般洞口应选在基础稳定的基岩，覆盖层不宜过厚，并尽可能找岩体完整、强度高的地层。当条件差时，也不宜挖深槽、砍陡坡、过多破坏原来的地形地貌。

（2）连接城市道路的隧道出入口的朝向，在白天任何时候都应避免阳光直射出入口，以利机动车行驶安全，若难以避免则应采取光过渡的措施来解决。

（3）道路隧道的出入口附近应能设置停车场，以便处理隧道内发生紧急情况时停车用。对于收费使用隧道，还应有足够的场地设置收费广场。收费广场的大小应与隧道的通行能力相匹配，避免因收费引起隧道内交通的堵塞。

（4）确定隧道出入口的标高，必须进行详细而周密的水文调查。隧道出入口处排水沟的最低标高，一般要比历史最高水位（100 年一遇）至少高出 1.0m，同时还应考虑可能产生的积水和波浪高度。

10.5 人行过街地道

城市中重要的干道交叉口，当车辆与人行交通相交时，为保证交通的畅通和行人安全穿越街道，常修建人行过街地道或者人行天桥。与人行过街地道相比，人行天桥造价低，施工简单且容易建造，建成后也易撤除，但对于地震以及人防设防城市，应避免人行天桥倒塌而堵塞战时疏散及震后救援交通。城市中的重要广场、景观轴线等道路上（如北京的天安门广场、上海的外滩等）不宜建造人行天桥，在城市的商业中心以及人流较集中的其他地区，人行天桥可和周围的商业设施以及公共建筑相互连通，以最大限度地使人车分流，保证地

图 10-5-1　香港的人行天桥

面交通的畅通。这种做法在香港地区极为普遍（图 10-5-1），为此应使沿街建筑的底层具有相同的层高，以能与人行天桥的高度保持协调。

由于人行过街地道一般埋置较浅，上下比人行天桥省力，同时先下后上比先上后下更容易吸引人流，并且不影响城市景观，所以人行过街地道使用效果较好。

10.5.1　人行过街地道的结构形式

人行过街地道均为浅埋式地下结构，采用明挖工法或箱涵顶进工法施工，其横断面多为矩形闭合框架（图 10-5-2a）。在覆土厚度超过 4～5m 时，为降低工程造价，也采用直墙拱形的结构形式（图 10-5-2b）。当地道宽度大于 5～6m 时，可采用双跨矩形闭合框架（图 10-5-2c），以减小顶板的水平受力。在上海等软土地层以及地下水位较高的地区，人行过街地道常采用整体浇筑建设，在地基强度较高而地下水位较低的地区，可采用侧墙与顶板分离的方式建设。

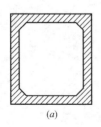
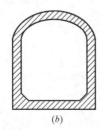
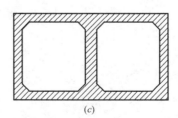

(a)　　　　　　　(b)　　　　　　　　　　(c)

图 10-5-2　过街人行地道断面

10.5.2　人行过街地道的规划与设计

在过街人行地道的规划中，为了避免隧道与市政管线的位置发生矛盾，隧道

应与管线综合布置，并容许各种管线在隧道顶盖上方通过。相对于人行天桥，人行过街地道一旦建成就很难改建或者拆除，所以在建设时序上最好与街道、道路的改建同时进行，以成为永久性的交通设施。另一方面，人行过街地道的建设应与地面街道的改造以及城市地下空间的综合开发利用统一规划，否则建成后，有可能成为城市再开发的障碍。

除了功能单一、规模较小的人行过街地道之外，对于规模较大的人行过街地道，在规划阶段应使之与各种地下公共空间相互连通，如与地铁车站、大型公共建筑地下室相互连通，以最大限度地发挥地下空间在城市中的综合效益。在美国、加拿大、日本等国家的一些城市，人行过街地道与地下轨道交通系统、地下商业系统相互配合，形成了规模相当大的地下步行道系统，极大地改善了地面的交通状况。

我国的哈尔滨、大连、太原、成都、长春、吉林等城市，在市中心广场或干道交叉口处结合城市改建而建设的人行过街地道与地下商业、地面公共建筑相结合，形成了具有交通和商业双重功能的综合体，较功能单一的人行过街地道，使用效果更为明显，如图 10-5-3 所示。

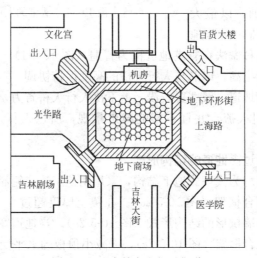

图 10-5-3　吉林市人行过街道

参 考 文 献

1 建设部. 城市道路设计规范（CJJ 37—90）. 北京：建筑工业出版社，1990.

2 建设部. 城市规划基本术语标准（GB/T 50220—95）. 北京：建筑工业出版社，1995.

3 建设部. 城市道路和建筑物无障碍设计规范（JGJ 50-2001）. 北京：建筑工业出版社，2001.

4 交通部. 公路工程技术标准（JTG B01—2003）. 北京：人民交通出版社，2004.

5 交通部. 公路路线设计规范（JTG D20—2006）. 北京：人民交通出版社，2006.

6 交通部. 公路路线勘测规程（JTJ 061—85）. 北京：人民交通出版社，1986.

7 交通部. 公路路基设计规范（JTG D30—2004）. 北京：人民交通出版社，2004.

8 张廷楷. 高速公路. 北京：人民交通出版社，1990.

9 张廷楷，张金水. 道路勘测设计. 上海：同济大学出版社，1998.

10 张正林. 公路工程. 北京：人民交通出版社，1991.

11 张廷楷. 道路路线设计. 上海：同济大学出版社，1990.

12 陆鼎中，程家驹. 路基路面工程. 北京：中国建筑工业出版社，1992.

13 徐家钰. 城市道路设计. 北京：中国水利水电出版社，2005.

14 徐家钰，程家驹. 道路工程. 上海：同济大学出版社，1995.

15 周占荣. 城市道路设计. 北京：人民交通出版社，1988.

16 北京建筑工程学院. 汽车库建筑设计规范（JGJ 100—98）. 北京：中国建筑工业出版社，1998.

17 交通部. 道路工程制图标准（GB 50162—92）. 北京：中国计划出版社，1993.

18 中国公路学会. 交通工程手册. 北京：人民交通出版社，1995.

19 上海市公安局交警大队. 机械式停车库设计规定（DBJ 08—60—97）. 上海，1997.

20 王元庆，周伟. 停车设施规划. 北京：人民交通出版社，2003.

21 中华人民共和国公安部. 汽车库、修车库、停车场设计防火规范（GB 50067—97）. 北京：中国计划出版社，1997.

22 孙家骃，朱晓兵等. 道路设计资料集6——交叉设计. 北京：人民交通出版社，2001.

23 贺栓海等. 道路立交的规划与设计. 北京：人民交通出版社，1994.

24 同济大学. 城市道路平面交叉口规划与设计规程（DGJ 08—96—2001）. 上海：同济大学出版社，2001.

25 张南鹭. 道路建筑材料. 上海：同济大学出版社，1992.

26 姚祖康，朱以敬. 道路路面工程. 北京：中国建筑工业出版社，1987.

27 方左英. 路基工程. 北京：人民交通出版社，1987.

28 方福森. 路面工程. 北京：人民交通出版社，1987.

29 北京市市政工程研究院. 城市人行天桥与人行地道技术规范（CJJ 69—95）. 北京：中国建筑工业出版社，1996.

30 上海市政工程设计研究院. 城市桥梁设计准则（CJJ 11—93）. 北京：中国华龄出版社，1994.